# 玉米生产技术大全

## （第二版）

赵久然　　王荣焕　　主编

中国农业出版社

北京

**图书在版编目（CIP）数据**

玉米生产技术大全／赵久然，王荣焕主编. -- 2 版.
北京：中国农业出版社，2025. 1. -- ISBN 978 - 7 - 109
- 32046 - 8

Ⅰ. S513

中国国家版本馆 CIP 数据核字第 2024UA1004 号

玉米生产技术大全

**YUMI SHENGCHAN JISHU DAQUAN**

中国农业出版社出版

地址：北京市朝阳区麦子店街 18 号楼

邮编：100125

责任编辑：郭银巧　黄　宇　　文字编辑：郝小青

版式设计：王　晨　　责任校对：吴丽婷

印刷：中农印务有限公司

版次：2012 年 1 月第 1 版　　2025 年 1 月第 2 版

印次：2025 年 1 月第 2 版北京第 1 次印刷

发行：新华书店北京发行所

开本：880mm×1230mm　1/32

印张：11.5　插页：4

字数：320 千字

定价：80.00 元

**版权所有·侵权必究**

凡购买本社图书，如有印装质量问题，我社负责调换。

服务电话：010 - 59195115　010 - 59194918

# 《玉米生产技术大全（第二版）》

## 编写人员名单

主　编：赵久然　王荣焕

副主编：陈传永　刘月娥　徐田军

# 目 录
CONTENTS

# 第一章　玉米生产概况

## 第一节　世界玉米生产概况

玉米已成为世界上种植范围最广的作物，除南极洲外，在其他各洲的 160 多个国家都有玉米种植。玉米种植南界在南非、智利、澳大利亚、阿根廷等国南部地区，达到了南纬 40°地区，北界位于英国、德国、波兰等欧洲国家，哈萨克斯坦、俄罗斯、加拿大、中国等的北纬 50°地区。青贮玉米、鲜食玉米种植还可延伸到北纬 50°以北地区。从低于海平面 20 米的中国新疆吐鲁番盆地直到海拔 4 000 米的青藏高原都有玉米种植。

从地理位置和气候条件来看，世界玉米种植区域集中分布在北半球温暖地区，即 7 月等温线 20～27 ℃、无霜期 140～180 天的区域范围内。其中，美国中北部玉米带，中国东北平原和华北平原，欧洲多瑙河流域，南美洲的秘鲁、巴西、阿根廷，非洲南部等地是世界上最适宜种植玉米的地区。中国的黄淮海夏玉米区是全球独特的大规模一年两熟（夏玉米—冬小麦）种植区域。

从玉米生产水平来看，因自然气候条件差异和科技发展不平衡，世界各玉米产区间存在较大差异。北美洲的美国及欧洲的德国、法国等在玉米育种、种质资源创新、栽培管理、机械化、规模化等方面均处于世界领先水平，而南美洲的巴西、阿根廷等国虽机械化程度较高，但玉米育种与种质资源创新水平中等。东南亚与非洲玉米生产技术与其他产区还有巨大差距。中国在育种等科研方面已经位于前列，但因生产基础和自然条件限制，在规模化和全程机械化等方面还有待提高，玉米生产水平在全球处于中等地位。

据联合国粮食及农业组织（FAO）2021 年统计，20 世纪 70 年代世界玉米种植面积为 17.10 亿亩*左右，进入 20 世纪 80 年代后，随着玉米高产杂交种的培育、先进耕作与栽培技术的应用以及化肥施用量的增加，世界玉米种植面积迅速增长。20 世纪 80 年代，世界玉米种植面积为 19.50 亿亩左右，90 年代达到 20.25 亿亩左右；进入 21 世纪以来，玉米种植面积达到 22.50 亿亩左右，2021 年世界玉米种植面积为 30.88 亿亩。

目前，世界上约有 165 个国家和地区种植玉米，其中中国、美国、巴西、印度、阿根廷的玉米种植面积位居前 5 位，其玉米种植面积之和占世界玉米种植面积的 55% 左右。中国是世界玉米种植面积最大的国家，玉米种植面积约 6.5 亿亩，占世界玉米种植面积的 21.04% 左右；其次是美国，玉米种植面积约 5.18 亿亩，占世界玉米种植面积的 16.78% 左右；巴西列第 3 位，种植面积约 2.85 亿亩，占世界玉米种植面积的 9.24% 左右；印度与阿根廷玉米种植面积分别为 1.48 亿亩和 1.22 亿亩，分别占世界玉米种植面积的 4.79% 和 3.96%。

随着玉米种植面积的增加和生产技术水平的不断提高，世界玉米总产量也不断增加。20 世纪 80 年代，世界玉米总产量为 4.4 亿吨左右，20 世纪 90 年代达到 5.5 亿吨左右。2001 年以来，玉米已超过水稻和小麦成为世界第一大粮食作物，并且这种超过幅度越来越明显。2004 年以来，世界玉米总产量稳定在 7 亿吨以上，2008 年已突破 8 亿吨，2013 年突破 10 亿吨，2017 年世界玉米总产量为 11.39 亿吨，2021 年突破 12 亿吨（表 1-1）。

2021 年，世界玉米总产量排在前 10 位的有美国、中国、欧盟、巴西、阿根廷、乌克兰、印度、墨西哥、印度尼西亚、南非，其玉米总产量分别占世界玉米总产量的 31.72%、22.52%、11.72%、7.31%、5.00%、3.48%、2.62%、2.27%、1.65%、

---

\* 亩为非法定计量单位，1 亩＝1/15 公顷。下同。——编者注

1.39%（图1-1）。其中，中国、阿根廷、乌克兰、印度、印度尼西亚的玉米总产量增加较快。

表1-1　近年来世界三大粮食作物的产量（亿吨）

| 作物 | 2013年 | 2014年 | 2015年 | 2016年 | 2017年 | 2018年 | 2019年 | 2020年 | 2021年 |
|------|--------|--------|--------|--------|--------|--------|--------|--------|--------|
| 玉米 | 10.14 | 10.38 | 10.11 | 10.60 | 11.39 | 11.24 | 11.38 | 11.63 | 12.10 |
| 小麦 | 7.39 | 7.41 | 7.37 | 7.49 | 7.51 | 7.61 | 7.53 | 7.69 | 7.87 |
| 水稻 | 7.11 | 7.29 | 7.40 | 7.41 | 7.72 | 7.32 | 7.64 | 7.57 | 7.09 |

数据来源：2021年FAO数据库。

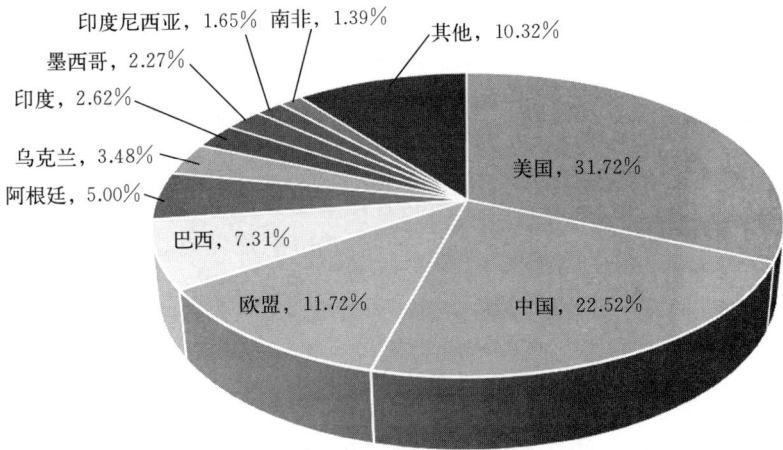

图1-1　不同国家、组织玉米总产量占世界总产量比例
（数据来源：2021年FAO数据库）

世界玉米生产技术的发展和玉米生产水平的提高带动了玉米单产水平的不断提高。1971—1980年，世界玉米平均单产为186.67千克/亩，1981—1990年为226.67千克/亩，1991—2000年达到266.67千克/亩，2001—2010年世界玉米平均单产为321.52千克/亩，2011年以后达到371.70千克/亩。其中，玉米种植面积较大、平均单产水平较高的国家有美国、加拿大、法国、阿根廷、中国，玉

米单产分别为 740.73 千克/亩、670.44 千克/亩、660.78 千克/亩、495.31 千克/亩、435.47 千克/亩。世界上种植玉米面积较小但平均单产较高的国家集中在中东地区的约旦、科威特、以色列、卡塔尔等国，均在 1 000 千克/亩以上。

# 第二节　美国玉米生产概况

美国是世界上第一大玉米生产国、消费国和出口国，也是世界上玉米生产水平和科技水平最先进的国家。美国玉米的生产和消费动态在很大程度上影响着世界玉米市场的供需状况。美国玉米持续增产得益于优越的自然生态条件和先进的种植技术。

## 一、美国玉米生产发展历史

美国玉米生产经历了先扩大种植面积后提高单产的历程。1866—1909 年，美国玉米年均种植面积为 1.8 亿亩，到 1932 年已增加到 6 亿亩；第二次世界大战后，玉米种植面积开始减小，至 20 世纪 60 年代已达到年均 3.54 亿亩的历史最低点，之后种植面积虽逐渐增加但仍低于 1932 年的历史最高水平（2005 年 FAO 数据）。

尽管美国玉米种植面积在第二次世界大战后开始减小，但玉米平均单产水平却提高得很快。其中，品种的遗传改良对提高美国玉米产量起了决定性作用。美国玉米品种经历了开放授粉品种、双交种、单交种和转基因品种 4 个阶段。1866—1936 年，美国种植的是开放授粉品种，多年平均单产保持在 100 千克/亩，自 20 世纪 30 年代开始推广应用杂交种，20 世纪 40 年代美国玉米平均单产达到 146.7 千克/亩，20 世纪 50、60、70、80 年代美国玉米平均单产分别为 179.7 千克/亩、295.1 千克/亩、374.8 千克/亩和 440.8 千克/亩（图 1-2）。自 1996 年以来，转基因玉米品种在美国玉米生产中的推广应用更是促进了美国玉米单产的增加。

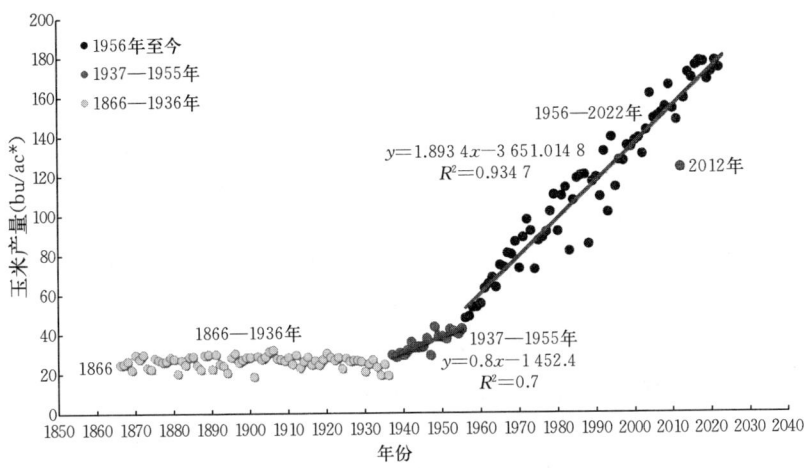

图 1-2　美国玉米产量

近年来，美国玉米种植面积稳定在 5 亿多亩。2021 年，美国玉米种植面积为 5.18 亿亩，而玉米单产已由 20 世纪 30 年代的 100 千克/亩增加至 2021 年的 740.73 千克/亩。随着美国玉米单产水平的迅速提升，尽管目前玉米种植面积较 20 世纪 30 年代有所减小，但玉米总产量却由 20 世纪 30 年代的年均 0.6 亿吨增加到 2021 年的 3.83 亿吨。

除品种遗传改良的贡献外，种植区域化、规模化、机械化、信息化、保护性耕作和科学施肥等也对美国玉米生产的发展发挥了重要促进作用。

## 二、美国玉米持续增产的主要原因

美国以政策支持为保障，通过充分发挥自然优势并以农业机械化、信息化和转基因技术等为应用重点，已经成为世界上玉米生产和科研水平最高的国家。总结美国玉米持续增产的原因，概括起来主要包括以下几个方面：

---

* 注：bu/ac 为非法定计量单位，1 bu/ac＝0.067 25 吨/公顷。

## （一）政府政策保障及玉米需求和出口拉动

美国政府对农业生产的多项支持保护政策是促进玉米生产快速发展的重要原因。美国农业补贴政策始于20世纪30年代。农业补贴政策主要包括：①重视农业科研投入，农业科研公共拨款占比不断提高。②向中小规模农场主提供优惠信贷政策和农产品抵押贷款。③对农业实行特殊的补给和扶持政策以防止农产品价格大幅波动，2002—2007年美国农业新法案的实施更是加大了对农业补贴额的优惠政策；2014—2018年美国政府安排总额为564亿美元的财政预算用于支持农产品贸易、农业研究、可再生能源和粮食援助等项目。④通过政策导向促进和拉动玉米的加工与需求，如根据农业贸易发展政策输出剩余农产品、实行出口补贴以及实施《新能源法案》等。《新能源法案》鼓励生物质能源生产，大幅增加了生物燃料乙醇的使用量，必将在长期内提高对玉米的需求，从而大大促进玉米的生产。

## （二）区域化种植

因地制宜安排作物布局、实现玉米区域化种植是美国玉米高产的一个显著特点和重要经验之一。早在20世纪40年代，美国就形成了包括艾奥瓦州、伊利诺伊州、印第安纳州、内布拉斯加州和密苏里州5个州在内的世界上典型的专业化玉米生产带。目前，玉米带已扩展到西起内布拉斯加州、东至俄亥俄州、北起威斯康星州、南至密苏里州等包括10多个州在内的区域。

美国玉米带气候温暖湿润，降雨充足且分布均匀，地形平坦开阔，土壤肥沃，已形成玉米与大豆及牧草的长期轮作体系。密西西比河、五大湖及稠密的铁路网也为玉米带上的玉米生产提供了便利的交通运输条件。目前，美国玉米带的玉米种植面积和总产量均占美国玉米种植总面积和总产量的80%以上。

## （三）土壤基础好，有机质含量高

美国玉米带土层深厚、松软、透气性好，且肥力水平较高，有机质含量3%～5%。较好的土壤地力一方面与美国长年坚持玉米与大豆及牧草进行合理轮作、大量进行秸秆还田有关，另一方面还得益于美国的科学施肥理念。美国施肥量充足、方法合理，肥料质量高、品种齐全，科学施肥在保证较高肥料利用率的同时还培肥了地力。

美国比较重视基肥，一般在秋翻时施入氮肥全量的 2/3，其余 1/3 作追肥。大部分玉米田含磷量较低，每隔 2～3 年要大量施用磷肥，一般秋翻时撒施或播种时作为种肥施用，后效可达 3～4 年。钾肥每隔 2～3 年集中施用 1 次，秋翻时撒施后翻入土壤，后效可维持 2～3 年。施用微量元素肥料对提高玉米产量和品质均有明显作用，在高产水平下施用锌肥、锰肥、铝肥、硼肥等微量元素肥料增产效果显著，施用锌肥增产效果最显著，一般可增产 8%～12%。

美国玉米带发达的畜牧业为玉米生产提供了大量有机肥。美国还十分重视发展新型肥料如三元复合肥、含微量元素的复合肥和高浓度肥等，高浓度肥的有效成分为 85%～95%。美国坚持常年大量施用有机肥和复合肥（复合肥施用量占化肥总施用量的 80%），化肥与有机肥搭配合理，同时还大量施用高效复合肥和微量元素肥，并通过施用缓效肥和氮肥稳定剂等来提高肥料利用率。此外，美国还建立了完善的农化服务体系，提倡通过测土配方施肥和植株营养诊断来确定施肥的时期、种类、用量和方法。

### （四）生产过程规模化、机械化、信息化

美国玉米生产已实现规模化、机械化和信息化。美国农业资源的特点是人少地多，且随着工业化和城市化进程的推进，农业人口不断减少。目前，美国农民在劳动力总数中所占的比例还不到 3%。美国玉米生产实行的是大规模农场化经营管理，一般农场种植面积约 10 000 亩。早在 20 世纪 40 年代前后美国已基本实现农业机械化。进入 20 世纪 80 年代后，美国玉米生产由机械化开始转向利用全球定位系统、地理信息系统、连续数据采集传感器等高新技术对自然环境及玉米进行实时监测和管理，对在田间作业的联合收获机和播种机进行精确定位，并及时获取产量数据和分布图以及土壤信息和病虫害等环境因素的信息化生产。

目前，美国农场规模越来越大、数量越来越少，并且一般都配

备有大型联合收获机、播种机和施肥撒药机等现代化机械设备。这些机器上几乎都装有卫星定位系统，对玉米生产过程中的施肥、播种、收获、单产测定及土壤养分分析等都能实现精细的数据化管理，玉米劳动生产率和玉米单产水平大大提高。

### （五）通过育种手段不断提高品种产量潜力和抗性

美国是世界上最早研发和大规模应用玉米杂交种的国家。1919年，美国生产出世界上第一批玉米杂交种，1922年开始在玉米生产上进行应用，1933年玉米杂交种播种面积占玉米总播种面积的10％，1940年扩大至50％，1955年则基本普及。

美国非常重视通过育种手段不断挖掘玉米品种的产量潜力。在常规育种方面：①特别重视对玉米种质资源的搜集和利用，并积极进行种质扩增及改良，如1995年启动了玉米种质扩增计划（GEM）；②根据商业育种需求将杂种优势群简化为母本群（BSSS）和父本群（NSSS）两个群，并将以配合力为核心的IPT选系方法（以单株配合力测定为核心的自交系和杂交组合选配的系统选育技术）与以耐密植为核心的多抗选系方法相结合；③在品种推出之前，需要进行严格鉴选（一般有300个以上点的数据），同时还要进行耐低温萌发试验、耐旱试验、耐密试验、抗病虫鉴定，有的甚至还要进行耐阴试验、耐肥试验等，以类似于工业产品的零缺陷理念保证所推出的品种具有很好的高产性、稳产性、适应性和抗性等。

在生物技术育种方面，美国已采用SSR（简单重复序列）和SNP（单核苷酸多态性）等分子标记对玉米的抗性、品质甚至产量性状进行了定位和标记辅助选择研究，并将分子标记辅助育种与田间常规育种手段相结合、将DH（单倍体快速诱导及加倍）技术与分子标记技术相结合，大大提高了育种效率。近年来，转基因育种技术基因编辑育种技术、全基因组选择技术等也成为美国不断挖掘玉米品种产量潜力的重要育种手段。

### （六）转基因玉米种植面积不断增加

美国从1996年开始种植转基因玉米，是转基因玉米种植最早的国家。目前，转基因玉米主要涉及抗虫和抗除草剂两种类型，近年来已由单基因向多基因多性状叠加转变，如将抗虫基因和抗除草剂基因叠加，从而使转基因玉米品种更具竞争力。

因在产量和抗性等方面的强大优势，转基因玉米在美国的种植面积呈逐年稳步上升趋势。至2021年，美国转基因玉米种植面积达到4.82亿亩，居世界第一位，其种植比例已由2000年的25%上升到93%，其中，以既抗除草剂又抗虫的品种为主的转基因玉米的种植面积占玉米总种植面积的77%。随着基因组学和蛋白质组学等研究领域的不断发展，美国在营养品质和抗旱、抗逆的第二代和第三代转基因玉米的研究方面也取得了很大进展，转基因抗旱玉米DroughtGard™2013年首次在美国种植，之后种植面积猛增，从2013年的75万亩增加到2015年的1 215万亩，反映了种植者对它的高接受度。

### （七）高质量和高附加值的种子

美国虽然不实行品种审定制度，但有专门机构负责良种区域试验，并根据严格的品种试验结果确定推广品种。在美国，玉米杂交种生产已形成产业。美国具有健全的良种繁育体系和严格的种子管理制度，种子生产的全过程包括纯度检测、发芽率检测、包衣处理等均实行严格的质量控制和精细加工。近年来，随着美国转基因玉米种植比例的不断增加，为适应生产需要，许多公司也将基因检测确定为种子检测的一项内容。

### （八）保护性耕作

美国从20世纪40年代开始推出保护性耕作技术，是世界上最早开展保护性耕作的国家。美国的保护性耕作并不过分强调完全免耕，多是覆盖耕作、少（免）耕播种相结合，播种后地表作物残茬覆盖率不低于30%，且主要用农药或中耕控制杂草和病虫害。

目前，美国学者认为保护性耕作的最佳模式是深松（少耕）加大量秸秆覆盖，且需要70%以上甚至100%的秸秆覆盖率来充分发挥保护性耕作的效益。今后，美国的保护性耕作将发展为集耕作、秸秆覆盖、轮作、覆盖作物、病虫害防治等技术于一体的综合性生产系统。

### （九）种植密度不断提高

通过调整种植方式、增强品种耐密性和抗逆性来提高种植密度，并推广高产配套技术是美国玉米大面积高产的关键措施之一。20世纪30年代以来，美国主要通过提高品种耐密性、增加穗数实现玉米增产，而单株穗重并未增加。

20世纪30年代，美国玉米生产大多采用行距107厘米的方格宽行种植方式，种植密度不到2 000株/亩，亩产100～200千克；20世纪60—70年代，随着缩小行距及点播、条播技术在玉米生产中的大面积推广应用，玉米种植密度增加到3 000株/亩，亩产提高到300～400千克。随着机械化作业的普及以及选育和推广耐密玉米品种，目前美国的玉米种植密度为5 000～6 000株/亩，亩产提高到700千克以上；而高产田的种植密度则为5 700～7 300株/亩，亩产达到1 000千克以上。

从发展趋势来看，随着高产耐密型品种的进一步推广应用及各项配套技术措施的改进和提高，美国玉米种植密度还会增加。

### （十）高产竞赛

美国主要通过玉米高产竞赛不断创造玉米高产纪录。目前，世界玉米最高产量纪录是由来自美国弗吉尼亚州的大卫·胡拉（David Hula）于2023年的玉米高产竞赛中创造的39 615.65千克/公顷[623.843 9蒲式耳/英亩（含水量为15.5%），品种为P14830VYHR]，折合我国的标准含水量产量为2 594.98千克/亩（含水量为14.0%）。

美国玉米高产竞赛在很大程度上带动和促进了整个美国玉米生产的不断发展。参赛者共划分为9个组别：A组，传统非灌溉组；B组，传统非灌溉（玉米带）组；C组，免耕非灌溉组；D组，免耕非灌溉（玉米带）组；E组，条播/起垄非灌溉组；F组，条播/起垄非灌溉（玉米带）组；G组，免耕灌溉组；H组，条播/起垄灌溉组；I组，传统灌溉组。其中B组、D组、F组是专门为玉米带区域相关各州设立的。

美国第一次玉米高产竞赛于1920年在艾奥瓦州举行，随后逐渐扩大到全国。目前，美国玉米高产竞赛规则如对参赛人、参赛级别、参赛地块的要求及验收规则等也趋于完善。美国玉米高产竞赛已成为美国各大种子公司展示和宣传各自品种以及玉米种植者充分利用优良品种和配套栽培技术挖掘玉米品种产量潜力的重要平台。

# 第三节　我国玉米生产概况

我国是世界第二大玉米生产国和消费国。玉米是我国的第一大作物、粮食增产的主力军。玉米具有粮、经、果、饲、能等多元用途，对保证我国粮食安全、食品安全、能源安全及生态环境安全等都具有重要意义。近年来，我国玉米生产发展较快，在满足市场需求和保障国家粮食安全等方面均发挥了重要作用。我国虽然与美国同处于北半球，自然条件也有许多相似之处，但玉米生产水平和科技水平却有较大差距，我国玉米生产还有较大增产潜力。

## 一、我国玉米种植区划

玉米在我国分布很广，南至海南岛，北至最北端的漠河，东起台湾及沿海各省，西到新疆及青藏高原都有玉米种植，但分布不均衡，从东北平原起，经黄淮海平原，至西南地区形成一条"中国玉米带"，为我国的玉米主产区。

根据玉米分布范围、自然条件和种植制度，可将我国的玉米种植区域具体分为北方春玉米区、黄淮海夏玉米区、西南山地丘陵玉米区、南方丘陵玉米区、西北灌溉玉米区、青藏高原玉米区六大产区。

在国家玉米区域试验中则将我国玉米种植生产区划分为11个生态类型区：春播极早熟区、早熟区、中早熟区、中熟区、中晚熟区、京津冀早熟夏播区、黄淮海夏播区、西北区、东南区、西南区、热带玉米区。但实际上目前我国四大玉米主产区则主要是指北方春玉米区、黄淮海夏玉米区、西南玉米区、西北玉米区。

### （一）北方春玉米区

北方春玉米区包括黑龙江、吉林、辽宁、内蒙古玉米种植区的全部，北京、河北、陕西北部，山西中北部以及太行山沿线玉米种植区。该区玉米种植面积共 3 亿亩，占全国玉米种植总面积的 46.2%；玉米总产量 13 575.23 万吨，占全国玉米总产量的 49.8%；玉米单产 452.4 千克/亩，是全国平均水平的 1.05 倍（2022 年）。其中，包括黑龙江、吉林、辽宁和内蒙古东部（呼伦贝尔市、兴安盟、通辽市和赤峰市）在内的东北春玉米区是我国最大的玉米集中产区。东北春玉米区玉米播种面积 2.68 亿亩左右，占全国玉米种植总面积的 41.2%左右；总产量 12 350.2 万吨左右，占全国玉米总产量的 45.3%左右；玉米单产 461 千克/亩，比全国玉米平均单产高 7.5%左右（2022 年）。

该区属寒温带湿润、半湿润气候，冬季气温低，夏季平均气温 20 ℃以上；≥10 ℃年活动积温 2 000～3 600 ℃，无霜期 115～210 天，基本为一年一熟制。全年降水量 400～800 毫米，降水量的 60%集中在 6—8 月，一般能够满足玉米生产需要。土壤比较肥沃，以黑土、黑钙土、暗草甸土为主的东北大平原是我国农田土壤最肥沃的地区之一，也是我国的玉米高产区。该区北部由于热量条件不够稳定，活动积温年际变化大，个别年份低温冷害对玉米生产的威胁很大。另外，受自然条件和种植制度的限制，该区玉米生产基本处于雨养状态，干旱少雨对玉米生产的威胁也很大。

**（二）黄淮海夏玉米区**

黄淮海夏玉米区涉及黄河流域、海河流域和淮河流域，包括河南、山东、天津的全部，河北中南部，北京部分，山西和陕西中南部，江苏和安徽淮河以北区域。该区玉米种植面积共 2.10 亿亩，占全国玉米总种植面积的 32.29%；玉米总产量 8 187.17 万吨，占全国玉米总产量的 30.04%；玉米单产 390.13 千克/亩，相当于全国平均水平的 90.9%（2022 年）。

该区属暖温带半湿润气候，气温较高，年平均气温 10～14 ℃，无霜期从北向南 170～240 天，≥10 ℃年活动积温 3 600～4 700 ℃，年辐射 110～140 千焦/厘米$^2$，全年日照时长 2 000～2 800 小时，年降水量 500～800 毫米，并且多集中于玉米生长发育季节。自然条件对玉米生长发育非常有利，多为小麦—玉米两熟制，即收获冬小麦后种夏玉米。然而，区内阶段性干旱与病虫草害对玉米生产的威胁很大，需强化防治措施。

### （三）西南山地丘陵玉米区

西南山地丘陵玉米区主要由重庆、四川、云南、贵州、广西及湖北与湖南西部的玉米种植区构成，是我国南方最为集中的玉米产区。该区玉米种植面积 8 877.2 万亩，占全国玉米种植总面积的 13.66%；玉米总产量 3 152.5 万吨，占全国玉米总产量的 11.57%；玉米单产 355.12 千克/亩，相当于全国平均水平的 82.8%（2022 年）。

该区海拔 100～4 000 米，属亚热带湿润、半湿润气候，雨量充沛，水热条件较好，光照条件较差，各地气候因海拔不同而有很大变化，立体生态气候明显，除部分高山地区外，无霜期多在 240～330 天，4—10 月平均气温均在 15 ℃以上，全年降水量 800～1 200 毫米，多集中于 4—10 月，部分地区可进行多季玉米栽培。区内地形复杂，近 90% 的土地为丘陵山地，玉米从平坝一直种到山巅，种植制度为一年一熟制至一年多熟制，可间作、套种、单种。因该区是畜牧优势产业区，畜牧业发展对玉米需求量大，玉米具备扩种增产潜力。但因区内坡旱地占比大、土壤贫瘠、耕作粗放、灌溉设施差，是典型雨养农业区，季节性干旱问题突出，玉米单产低而不稳，但单产提升潜力较大。

### （四）南方丘陵玉米区

北与黄淮平原春玉米区、夏玉米区相连，西接西南山地套种玉米区，东部和南部濒临黄海、东海和南海，包括广东、海南、福建、浙江、江西、台湾、江苏、安徽的南部和广西、湖南、湖北的东部。该区玉米种植面积较小，占全国面积的 2% 左右。

该区属亚热带和热带湿润气候，气温较高，适合玉米生长发育的时间在 250 天以上，年降水量 1 000～1 800 毫米，雨热同步。全年日照时长 1 600～2 500 小时，可种植春、夏、秋、冬四季玉米。秋玉米主要分布在浙江、江西以及湖南和广西的部分地区，一般被作为三熟制中的第三熟作物；冬玉米主要分布在广东、广西和福建的南部和海南。

该区种植制度为一年两熟制至一年三熟或四熟制。典型种植方式：小麦—玉米—棉花（江苏），小麦（油菜）—水稻—秋玉米（浙江、湖北），春玉米—晚稻（江西），早稻—中稻—玉米（湖南），双季稻—冬玉米（海南）等。

### （五）西北灌溉玉米区

包括新疆的全部和甘肃的河西走廊以及宁夏河套灌溉区，是我国玉米最容易高产的地区。该区玉米常年播种面积 3 794 万亩左右，占全国玉米总种植面积的 5.8% 左右；总产量 1 919 万吨，占全国玉米总产量的 7.04% 左右；单产 505.79 千克/亩，是全国平均水平的 1.18 倍（2022 年）。

该区属大陆性干燥气候，年降水量 200～400 毫米，无霜期130～180 天，全年日照时长 2 600～3 200 小时；≥10 ℃年活动积温为 2 500～3 600 ℃，新疆南部可达 4 000 ℃。主要是一年一熟制春玉米。

### （六）青藏高原玉米区

青藏高原玉米区包括青海和西藏，是我国重要的牧区和林区，玉米是该区新兴的农作物之一，栽培历史很短，种植面积不大，不足全国玉米种植面积的 0.06%。该区海拔较高，地形复杂，高寒是其主要气候特点，在东部和南部海拔 4 000 米以下地区，≥10 ℃年活动积温为 2 400～3 200 ℃，全年日照时长为 2 400～3 200 小时，昼夜温差大，有利于玉米光合作用和干物质的积累。主要是一年一熟的春玉米栽培。

## 二、我国玉米优势区域布局规划

2003 年，为适应和满足市场需求、充分挖掘区域资源生产潜力、推进农业结构战略性调整向纵深发展、优化我国农业生产力布局、加快农业生产发展，农业部在对我国农业生产现状开展调研的基础上制定和实施了包括玉米在内的十四大优势农产品的区域布局规划（2003—2007 年）。

自优势农产品区域布局规划实施以来，我国农业生产区域布局和优势农产品产业建设取得了明显的阶段性成效，为促进农业生产稳定发展、农民持续增产增收、满足市场供应和保障国家粮食安全等均作出了重要贡献。但受体制机制、经济利益、地方政府重视程度和政策支持力度等多种因素的综合影响，其引导功能尚未充分展现，区域布局仍不尽合理、基础设施薄弱、社会化服务相对滞后、产业化组织化水平不高、扶持政策尚不完善等问题在优势区域依然突出。

在新的历史条件下，继续深入实施和推进优势农产品区域布局具有重要战略意义。推进优势农产品区域布局是走中国特色农业现代化道路的战略选择，是优化资源配置、保障农产品供给的重大举措，是发挥比较优势、增强农产品竞争力的客观要求，是促进农民持续增收、夯实主产区新农村建设产业基础的有效手段。

2008年，为最大限度优化资源配置、促进农业生产进一步向优势产区集中、形成合理的区域布局和专业分工、进一步加快农业产业发展、提高我国农业的生产水平和国际竞争力，农业部在全面总结2003年优势农产品区域布局规划的基础上，经过深入调查研究，发布和实施了包括十六大优势农产品在内的新一轮全国优势农产品区域布局规划（2008—2015年），总体目标是力争经过8年的努力使优势农产品区域布局更加优化，优势农产品质量、效益和竞争力明显提高，优势区域保障农产品基本供给、促进农民增收的能力进一步增强。

**（一）全国玉米优势区域布局规划**（2003—2007年）

全国玉米优势区域布局规划（2003—2007年）的主攻方向：以提高玉米的商品质量和专用性能为突破口，大力发展饲用玉米和加工专用玉米，优化玉米品种结构；实施订单生产，搞好产销衔接，降低生产成本；增强主产区的玉米转化加工能力，延长产业链条，提高综合效益。

全国玉米优势区域布局规划确定了要重点建设东北—内蒙古专

用玉米优势区和黄淮海专用玉米优势区。东北—内蒙古专用玉米优势区主要布局在黑龙江、内蒙古、吉林、辽宁4个省份的26个地市102个县市（旗）；黄淮海专用玉米优势区主要布局在河北、山东、河南3个省份的33个地市98个县市。

发展目标是到2007年2个优势产区玉米单产、总产量分别提高20％，专用玉米面积占玉米总面积的60％以上。在增强优势产区转化能力的基础上，扩大"北出"，抑制"南进"，形成有出有进、出大于进的贸易格局。

经过2003—2007年共5年的组织实施，我国初步形成了玉米区域化生产格局。2007年：我国玉米生产集中度高达70％；优势区域综合生产能力稳步提升；产业化水平明显提高，优势区域内玉米精深加工企业聚集度不断提高，玉米订单生产面积达7 940万亩，比2002年增长124％；市场竞争力不断增强，玉米品种优质化率达47.1％，比2002年提高了23.0％，且质量安全水平和国际竞争力进一步提高；促进了优势区域农民收入的快速增长。

**（二）全国玉米优势区域布局规划**（2008—2015年）

我国玉米生产中存在的问题：优良玉米品种相对较少、良种繁育体系不完善；区域性创新技术短缺，实用技术到位率和普及率低；生产规模小，全程机械化作业水平不高；农田基础设施落后，抗灾能力较弱；社会化服务体系不健全，产业化水平较低。这些是制约我国玉米生产发展的主要问题，全国玉米优势区域布局规划（2008—2015年）以"稳定面积，保证总产；一增四改，提高单产；优化布局，调整结构；增加投入，改善条件；立足国内，保障供给"为总体发展思路，以"满足国内需求、增加农民收入、提高市场竞争力"为总体发展目标，以"选育推广高产、优质、多抗、广适新品种；推广以'一增四改'为核心的关键技术；加强玉米病虫草害综合防治；加强农田基础设施建设；积极推进产业化经营；推动玉米现代产业技术体系建设"为主要任务。

按照自然资源禀赋、玉米生产条件和规模以及市场需求，以北方春玉米区、黄淮海夏玉米区、西南山地丘陵玉米区和东南特用玉米区为优势区域。并根据玉米生产规模和在粮食生产中的地位等指标，在北方春玉米区、黄淮海夏玉米区、西南山地丘陵玉米区确定575个县（市、区、农场）作为今后国家重点支持的对象。

**1. 北方春玉米区**

北方春玉米区主要包括233个重点县（市、区、农场）。发展目标是稳定玉米种植面积、增加单产和总产量。同时，结合区内奶业发展的需求，积极发展籽粒与青贮兼用型玉米生产，促进玉米生产结构的优化。力争到2015年末，玉米种植面积保持在2.0亿亩左右，其中233个玉米优势生产县（市、区、农场）玉米播种面积达到1.4亿亩左右，优质玉米种植面积占比提升至85%左右，单产提高15%。

主攻方向：选育推广优良抗性品种，优化品种结构；推广增密种植技术，提升水土资源利用率；推进机械化全程作业与标准化生产，提升玉米现代化生产水平；强化农田基本建设，促进玉米稳产高产；强化社会化服务，促进玉米增产增效。

**2. 黄淮海夏玉米区**

黄淮海夏玉米区主要包括275个重点县（市、区、农场）。发展目标是稳定面积、增加单产和总产量。进一步优化品种结构，以籽粒玉米生产为主，积极发展籽粒与青贮兼用型和青贮专用型玉米，适度发展鲜食玉米。到2015年末玉米种植面积稳定保持在1.7亿亩左右，其中275个玉米优势生产县（市、区、农场）玉米种植面积达到1.2亿亩，优质玉米面积占比达到85%左右，单产提高15%左右。

主攻方向：大力发展玉米机械化生产，推动玉米直播技术的应用；研发推广耐密、优质、高产、多抗品种与栽培技术，提升光热资源利用率，适当延迟收获；加强病虫草害综合防治，促进玉米稳产高产；推广节本增效技术，提升玉米生产效益；强化社会化服务体系，促进玉米产业协调发展。

**3. 西南山地丘陵玉米区**

西南山地丘陵玉米区主要包括67个重点县（市、区、农场）。发展目标：提高复种指数，适度扩大玉米种植面积，继续优化玉生产布局，促使玉米生产继续向优势县（市、区、农场）集中；积极发展青贮专用型和籽粒与青贮兼用型玉米等品种的选育和生产，促进玉米品种结构的优化。到 2015 年末发展到 8 000 万亩以上，其中 67 个玉米优势生产县（市、区、农场）玉米种植面积达到 5 600 万亩，优质玉米占比达到 85％左右，单产提高 15％左右。

主攻方向：选育推广高产抗病抗倒玉米品种和青饲、青贮玉米新品种，优化玉米品种结构；大力推广防灾避灾旱作技术，促进玉米稳产高产；推广增密技术，增加有效穗数；强化病虫害综合防治，降低玉米损失；强化农田地力建设，提高玉米产量；因地制宜地发展机械化生产。

通过玉米优势区域布局规划的组织实施，力争到 2015 年实现以下目标：

（1）生产发展目标　全国籽粒用玉米种植面积稳定在 4.6 亿亩左右，玉米总产量达到 1.8 亿吨以上，亩产提高至 400 千克左右，玉米总产量和单产分别比 2007 年约提高 15.2％和 18.2％。其中：优势区玉米面积稳定在 3.1 亿亩以上，占全国玉米总面积的 70％左右；总产量达到 1.4 亿吨以上，约占全国玉米总产量的 80％。

（2）品种与品质目标　全国籽粒用玉米面积保持在 4.6 亿亩左右，青贮青饲玉米面积 3 000 万亩左右。籽粒玉米的容重、含水率等各项指标均达到国家二级以上标准，二级合格率达到 85％以上，一级合格率达到 60％以上。

（3）效益目标　玉米优势区域每年因产量增加而增加效益 100 亿元以上，同时玉米精深加工企业大幅提高附加值。农民种植玉米的收益增加 15％以上。

（4）产业化发展目标　玉米订单生产比例达到 30％。同时，生产组织化程度大幅度提高，优势区域每省份发展省级玉米行业协会 3～5 个。

## 三、我国玉米生产发展历史

我国玉米生产在新中国成立后发展迅速，从新中国成立至 20

世纪末，我国玉米年种植面积、总产量和单产水平均基本呈逐年增加的趋势（因自然灾害频繁及人为因素影响，20 世纪 60 年代初我国玉米连年减产）。

20 世纪 50 年代初至 60 年代末，玉米生产水平和科学技术水平大大提高，我国玉米生产得到较大发展，玉米播种面积由 1949 年的 1.937 亿亩增加到 2.000 亿亩以上，最高达 2.401 亿亩，玉米单产由 1949 年的 64.1 千克/亩增至 100.0 千克/亩以上，最高达 121.0 千克/亩，玉米总产量由 1949 年的 0.124 亿吨增加了一倍以上，最高达 0.284 亿吨。

1970—1977 年，随着普遍应用杂交种、增施化肥和有效防治病虫草害等配套技术措施的运用，我国玉米生产迅速发展，玉米单产水平也大幅提高，已由 20 世纪 60 年代的年均 87.73 千克/亩增加至 1977 年的 165.76 千克/亩。

1978—1989 年，党的十一届三中全会以后，家庭联产承包责任制等农村和农业政策的调整和实施极大地解放和发展了农村社会生产力，大大调动了农民的生产积极性，促进了玉米单产水平的提高。玉米种植面积由 1977 年的 2.949 亿亩增加到 1989 年的 3.053 亿亩，单产由 167.5 千克/亩增加到 263.0 千克/亩，总产量由 0.494 亿吨增加到 0.804 亿吨。

1990—1999 年，随着紧凑型玉米品种的大力推广，玉米种植密度大幅提高，并且随着畜牧养殖业和玉米加工业的发展，玉米需求量逐步增大，促进了我国玉米生产的快速发展，玉米单产达到 300 千克/亩以上。到 1998 年，我国玉米播种面积、总产量和单产水平均达到了历史最高水平。玉米种植面积由 1989 年的 3.053 亿亩增加到 1998 年的 3.786 亿亩，单产由 263.00 千克/亩增加到 351.27 千克/亩，总产量由 0.804 亿吨增加到 1.330 亿吨。1999 年，我国玉米播种面积为 3.886 亿亩，单产为 329.67 千克/亩，总产量为 1.281 亿吨，单产水平虽比 1998 年有所下降，但种植面积和总产量总体保持稳定。

　　2000—2003 年，我国经历了种植结构调整人为压缩玉米种植面积的过程。因前一阶段我国玉米生产相对过剩，玉米价格降低，农民种植玉米的积极性下降，政府于 2000 年采取了种植结构调整政策，玉米种植面积、单产和总产量均有较大幅度下降。玉米种植面积由 1999 年的 3.886 亿亩降至 2003 年的 3.610 亿亩，单产由 329.67 千克/亩下降到 320.87 千克/亩，总产量由 1.281 亿吨下降到 1.158 亿吨。

　　2004 年至今，国家为保障粮食生产安全，出台了一系列政策，支持粮食生产发展，玉米生产开始了恢复性增长。玉米种植面积由 2003 年的 3.61 亿亩增加到 2022 年的 6.46 亿亩，单产由 320.87 千克/亩增加到 2022 年的 429.07 千克/亩，总产量由 1.16 亿吨增加到 2022 年的 2.77 亿吨（图 1-3）。

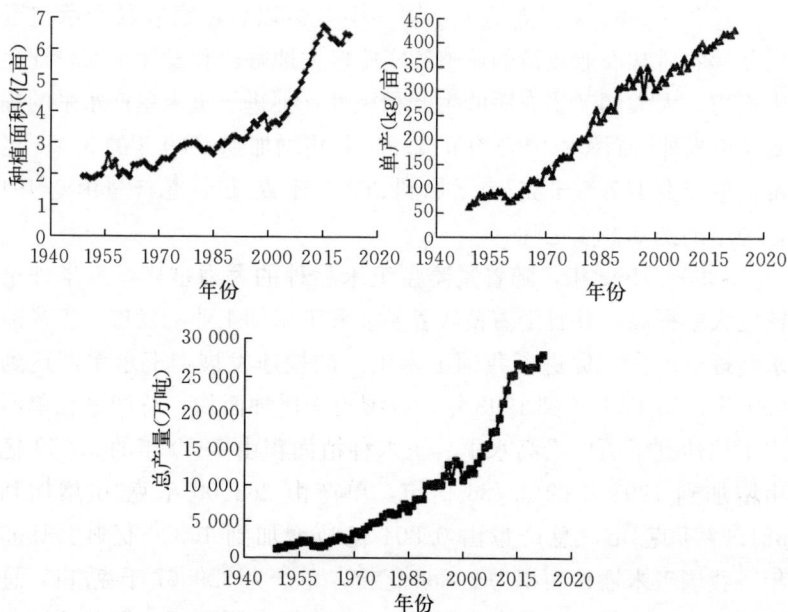

图 1-3　新中国成立以来我国玉米种植面积、单产、总产量变化

## 四、我国玉米生产现状

### （一）玉米生产发展势头良好，是我国粮食增产的主力军

近年来，我国玉米生产发展势头良好，已成为粮食增产的主力军。自 2004 年起，我国玉米生产开始恢复性增长，玉米种植面积持续增加。2006 年，全国玉米种植面积突破 4 亿亩，2007 年为 4.42 亿亩，并超过水稻成为我国种植面积第一大作物，2010 年玉米种植面积进一步扩大到 4.87 亿亩。2022 年，我国玉米总产量 2.77 亿吨。

近年来，我国玉米生产的快速发展为粮食连年增产作出了重要贡献，玉米总产量增加对全国粮食增产的贡献率高达 44％以上，位居各大粮食作物之首。并且，在国务院《国家粮食安全中长期发展规划（2008—2020 年）》所制定的 2009—2020 年新增 1 000 亿斤 * 粮食目标中，玉米是我国粮食增产的主力军，要承担 53％的增产份额，并且 2020 年已实现保持基本自给的目标。

2023 年，中央 1 号文件对抓好粮食和重要农产品稳产保供做出全面部署，实施新一轮千亿斤粮食产能提升行动，要求全力抓好粮食生产，千方百计稳住面积、主攻单产、力争多增产。开展吨粮田创建，实施玉米单产提升工程，努力提高粮食单产。

### （二）国家出台多项惠农政策，玉米生产补贴力度不断加大

国家的政策支持是促进我国玉米生产发展的重要因素。近年来，党中央、国务院高度重视农业、重视粮食生产，并出台了一系列促进粮食生产发展的优惠政策。目前，我国农业补贴政策主要包括种粮农民直接补贴、农资综合补贴、良种补贴和农机具购置补贴，并且玉米良种补贴已实现了按面积全覆盖。此外，各地方政府在认真落实国家各项惠农政策的同时，也积极出台了各项相关政策大力扶持玉米生产发展，对调动农民的种粮积极性发挥了重要作用。

---

\* 斤为非法定计量单位，1 斤＝1/2 千克。下同。——编者注

## （三）大力开展玉米高产创建，推广玉米"一增四改"关键技术

为全面提升我国农业产出率和综合生产能力，保障国家粮食安全，农业农村部自 2008 年起在全国范围内组织开展粮食高产创建活动，且高产创建的规模逐年扩大。

目前，全国已有多个万亩示范片亩产达到或超过 800 千克，此外，还涌现出了一批亩产超过 900 千克的万亩片，并且各地玉米创高产的经验也更加丰富。玉米高产创建是集优势区域布局规划、高产优质品种、高产高效栽培技术和优质高效投入品于一体的科技成果转化和推广活动，对积极推进"一增四改"关键技术和带动玉米增产、农民增收均发挥了重要作用。目前，玉米"一增四改"关键技术已成为我国玉米生产主推技术。并且各地的玉米生产实践证明，该技术在我国各玉米主产省份的全面实施和推广均产生了良好效果，对全面提升我国玉米生产的科技含量和促进玉米生产发展发挥了重要作用。

## （四）玉米生产区域优势进一步突显

随着近年来我国玉米生产的快速发展，目前我国玉米生产已形成"三区两专"（即三个玉米主产区和两个专用玉米产区）的生产格局。

近年来，黑龙江省为缓解大豆重茬压力调整了种植结构，玉米种植面积进一步扩大，2021 年黑龙江省玉米种植面积 9 000 万亩以上。高寒山区极早熟玉米品种和甘肃省全膜双垄沟播技术的大面积推广应用以及南方稻区改种玉米和广东省冬种玉米的迅速发展等，使得我国玉米生产区域进一步扩大。同时，通过实施玉米优势区域布局规划，促进了玉米生产进一步向优势产区集中，区域比较优势更加明显。西南地区为我国玉米主产区之一，近年来在畜牧业的拉动下玉米生产快速发展。在我国的广东、福建和浙江等东南沿海地区，随着旅游业和农产品出口业的发展，鲜食玉米作为特色产业发展较快，鲜食玉米种植面积快速增加，这些地区已成为我国鲜食甜糯玉米的主要产业区。目前，全国鲜食甜糯玉米种植面积为

800 万亩左右，其中广东甜玉米种植面积则高达 200 万亩以上。此外，近年来内蒙古和黑龙江专业青贮玉米生产有所发展，为畜牧养殖业提供了饲料支撑。

### （五）品种和品质结构进一步优化

近年来，我国玉米新品种的选育进程加快，生产中推广的玉米品种增多，农民选择品种的余地增大，我国玉米品种的更新换代步伐加快。近年来，随着我国玉米生产中种植面积相对较大的郑单 958、浚单 20、农大 108、先玉 335 和京科 968 等一大批优质高产品种的大面积应用，玉米生产用种基本实现了良种化，商品化杂交种比例达到 95％以上，优质品种占比由 2003 年的 28％提高到 2007 年的 47％。鲜食玉米和青饲玉米等专用玉米异军突起，发展势头很好，玉米品种结构进一步优化，基本满足市场多方位的需求。

### （六）玉米科研投入力度不断增加，科技支撑能力逐步增强

近年来，转基因重大专项、863 计划、973 计划、科技支撑计划、粮食科技丰产工程、超级玉米、行业科技、国家重点研发计划等国家重大科技项目的相继启动促进了玉米科研快速发展，为玉米生产发展提供了强有力的科技支撑。国家玉米产业技术体系、农业农村部玉米专家指导组、农业科技入户工程、地方科技创新团队等的建设与启动则全面推进了科学技术的到位率和普及率。

以政府为主导的多元化、多渠道科研投入体系的建立促进了科技资源的有效整合以及科研人员的大联合、大协作，玉米高产优质品种选育、高效栽培技术模式和资源高效利用等的研究均取得了新的突破，并在引导农民选择优良品种、应用先进适用技术，调动农民学科学、用科技积极性，提高先进技术到位率和农民科学种粮技能等方面发挥了重要作用。

### （七）国外种业巨头纷纷进入我国，国内玉米种业竞争形势严峻

我国玉米常年种植面积约占世界玉米总种植面积的 20％，是国内外种子企业瞩目的强大市场。21 世纪以来，跨国种子企业加快了进入我国的步伐，并且玉米种业排在前列。虽然通过引进优异

种质资源和先进科学技术，可以在丰富和拓展我国玉米种质基础、加快育种进程、提高育种水平和增强我国种业竞争力等方面发挥积极作用，但同时我们也应该看到，跨国种子企业进入我国种业市场对我国种业而言既是机遇也是挑战，国内种业今后将面临更加激烈的竞争形势。

## 五、我国玉米生产发展潜力

### （一）面积潜力

从发展历史来看，我国玉米播种面积已由新中国成立时的1.94亿亩发展到2022年的6.46亿亩，共增加了4.52亿亩。从玉米供求关系来看，近年来，随着我国居民对肉、蛋、奶等需求的不断增加，玉米饲料消费刚性增长。同时，玉米深加工业规模的不断扩张也导致国内玉米需求不断增长。国内外玉米消费需求的持续刚性增长刺激我国玉米种植面积进一步增加。从各地自然条件来看，在现有玉米种植面积的基础上，我国玉米种植面积增加潜力不大。

### （二）区域潜力

我国大部分地区的土壤条件、气候条件基本适合玉米生长发育，但不同生态区域间、同一生态区的省际、同一省份县际单产水平均有较大差距。东北地区玉米单产水平最高，黄淮海地区次之，而西南地区最低。2022年：东北地区玉米单产水平最高的是辽宁省，平均为491.50千克/亩；黄淮海地区玉米单产水平最高的是山东，平均为442.99千克/亩；西南地区玉米单产水平最高的是四川，平均为391.01千克/亩。同一省份光、热、水、土等资源分布不均衡，各县的玉米生产发展也不平衡。并且，即使是同一地块、同一品种，不同农户的生产水平也存在较大差距。

由此看来，我国各地通过选用优良玉米品种及其配套的栽培技术措施来进一步挖掘我国玉米生产潜力，把专家的产量转化为农民的产量，把小田块高产转化为大面积的均衡增产，实现玉米大面积均衡增产的潜力还很大。

### （三）单产潜力

从世界玉米生产情况来看，目前我国玉米单产仅略高于世界平均水平，排在世界第 47 位，单产是排名前 10 位的国家平均水平的 25%，与美国等发达国家相比则差距更大。2022 年，美国玉米平均单产达 740.73 千克/亩，比我国玉米单产最高水平仍高出 311.66 千克/亩。

从我国玉米生产发展历史来看，新中国成立初期我国玉米单产仅 64.10 千克/亩，到 1998 年提高到 351.27 千克/亩，2004 年以后玉米生产开始恢复性增长，到 2022 年单产达到历史最高水平，为 429.07 千克/亩。

从现有品种潜力来看，我国玉米新品种的区域试验产量均远远高于全国玉米平均单产水平。2007 年，全国玉米新品种平均区域试验产量为 720 千克/亩，而同期全国玉米平均单产仅 429 千克/亩，二者相差 291 千克/亩。

从国内玉米大面积高产情况来看，目前我国已经实现了较大范围玉米亩产 800 千克，并在适宜生态区和较好的技术条件下实现了亩产 1 000 千克的产量水平。近年来，在我国西北的陕西榆林、甘肃武威及东北等地涌现出了诸多亩产 1 000 千克以上的玉米高产地块。

从全国各地玉米高产纪录来看：2005 年，山东莱州李登海的夏玉米高产田创造了 1 402.86 千克/亩的全国夏玉米高产纪录；2007 年，陕西榆林两块百亩连片玉米田分别创造了 1 198.4 千克/亩和 1 234.3 千克/亩的大面积高产纪录；2008 年，陕西榆林再次创造了千亩集中连片过"吨粮"全国玉米高产纪录，并创造了小面积 1 326.4 千克/亩的我国春玉米高产纪录；吉林创造了雨养条件下百亩连片玉米田平均 1 089.6 千克/亩、最高 1 130.1 千克/亩的我国春玉米高产纪录；四川宣汉创造了 1 181.6 千克/亩的西南地区玉米高产纪录；中国农业科学院作物科学研究所李少昆团队 2014 年在万亩连片田块创造了 1 227.6 千克/亩的全国玉米大面积高产纪录，2017 年在 1 100 亩连片田块进行机械籽粒收获测产，平均产量达到 1 229.8 千克/亩；2020 年，中国农业科学院作物科学研究所栽培与生理创新团队创造了我国春玉米最高产纪录，为 1 663.25 千克/亩。

今后，通过培育和推广高产耐密型优良品种及其配套关键技术，不断改善生产条件，保障玉米创高产的各项需求，充分挖掘玉米品种的光温增产潜力，若无大的自然灾害且各项措施保障到位，至 2030 年，我国万亩连片示范田有望在北方春玉米区突破 1 200 千克/亩、在西北灌溉玉米区突破 1 500 千克/亩、在黄淮海夏玉米区突破 1 000 千克/亩，有望达到或超过美国的大面积玉米高产田水平。

### （四）技术潜力

在栽培技术方面，我国大部分地区玉米栽培技术落后或不到位。综合运用各项栽培技术措施仍可进一步挖掘现有玉米品种的高产潜力。

**1. 合理增加种植密度增产潜力**

目前，我国大部分地区玉米种植密度偏低，且各区域密度不均衡。黄淮海夏玉米区大部分为 3 500～4 000 株/亩，一部分在 3 000 株/亩左右；北方春玉米区大部分密度为 3 000～3 500 株/亩；西南山地丘陵玉米区密度最低，大部分不足 3 000 株/亩。高产田的种植密度一般在 5 000 株/亩左右。在目前的密度水平上，每亩适当增加 500 株左右，并通过增施肥料等相应配套措施，可提高玉米产量 50 千克/亩左右。

**2. 科学施肥增产潜力**

目前，因没有科学合理搭配肥料种类、比例、数量、时间及采用地表撒肥等不合理的施肥方法，我国化肥利用率总体水平较低。通过测土配方施肥和植物营养诊断施肥不仅可提高肥料利用率，还可充分发挥高产品种的产量遗传潜力。

**3. 提高种子质量增产潜力**

目前，我国玉米种子的纯度和净度基本达标，与美国等发达国家在种子质量方面的差距主要是种子发芽率较低。目前，美国等发达国家玉米种子的发芽率一般≥95％，基本可以实现一粒种子一棵苗。而我国规定的一级玉米种子发芽率指标仅为≥85％。因种子发芽率较低，再加上用种量不足、播种质量差等因素的影响，玉米生产中普遍存在出苗率低、缺苗断垄严重、群体整齐度较差等问题。

通过建立健全的玉米良种繁育体系和严格的种子管理制度，对种子的生产全过程实行严格质量控制和精细加工，并提高我国玉米种子的发芽率指标，可实现一次播种出全苗、保障合理密度和提高群体整齐度，从而有利于进一步提高玉米产量水平。

**4. 充分利用水土资源增产潜力**

目前，我国玉米生产大部分是在生产条件差、投入少、栽培管理粗放的中低产田进行的，高产田在玉米总种植面积中所占的比例还不足1/3。充分利用我国的中低产田土地资源，针对玉米中低产田的高产限制因素进行专项研究，并集成遗传育种、植物保护、土壤肥料、栽培耕作等各学科的玉米增产成果，逐步建立完善的中低产田抗逆增产技术体系，可进一步挖掘其玉米增产潜力，提高我国玉米生产总体水平。

我国是一个水资源严重短缺的国家。干旱是我国最严重的自然灾害之一，旱灾频繁发生且分布不均。春旱和"卡脖旱"是我国玉米生产所面临的严峻挑战。通过兴修水利、实施保护性耕作充分利用自然降水等措施可充分挖掘水资源利用潜力、进一步扩大玉米种植区域、提高玉米产量水平。但从可持续发展的角度来看，要尽量减少并避免抽取地下水资源，应大力推广保护性耕作技术及雨养旱作技术等。

**5. 防灾减灾增产潜力**

我国气候条件比较复杂，各地的光照、雨水、积温等自然条件分布很不均匀。造成我国玉米减产的自然和生物因素：一是干旱，我国干旱和半干旱地区的雨养玉米种植面积约为65％，完全保障灌溉的面积为20％，干旱是影响高产稳产的主要因素。春旱影响玉米出苗导致缺苗断垄，伏旱影响果穗发育，秋旱影响籽粒灌浆。二是黄淮海地区长时间阴雨寡照，授粉结实常常受到影响。三是东北地区的春季低温冷害经常导致粉种、毁种，秋季霜冻危害影响籽粒灌浆和正常成熟。四是局部地区风灾和雹灾所引起的倒伏（折）。五是局部发生的病虫草害和鼠害。上述各种灾害可造成我国玉米产量损失 20% 以上，严重地区这一比例则更高，甚至造成绝产。

若采取各种积极有效的防灾减灾措施，则可将损失降至 5% 以下。此外，随着近年来转基因技术的飞速发展，具有抗病、抗虫、抗除草剂、抗旱等特性的转基因玉米的大规模推广应用将大大提高我国玉米生产的防灾减灾能力，从而降低玉米生产损失。

### （五）品种潜力

近几年我国玉米新品种的区域试验平均产量，北方极早熟春玉米组为 640 千克/亩左右，东北中早熟春玉米组为 800 千克/亩左右，东华中熟春玉米组为 890 千克/亩左右，东华中晚熟春玉米组为 860 千克/亩左右，西北春玉米组为 1 060 千克/亩左右，黄淮海夏玉米组为 620.00 千克/亩左右，西南玉米组为 570 千克/亩左右。而 2022 年我国玉米平均单产仅为 429.07 千克/亩。从我国玉米品种的最高单产水平来看，当前我国玉米品种的最高单产水平是 2020 年新疆奇台种植 MC670 所创造的 1 663.3 千克/亩，远远高于我国玉米平均单产水平。同时，我国的玉米制种产量也取得了重大突破，高产纪录是 2023 年在新疆伊犁河谷 NK815 的制种产量 1 034.62 千克/亩。

1866 年至 20 世纪 30 年代，美国种植的玉米是开放授粉品种，单产没有明显变化，基本保持在 100 千克/亩左右。但从 20 世纪 30 年代采用杂交种以来玉米单产水平迅速提高，目前已进入生物技术阶段，更是加快了美国玉米单产增加的速度。2021 年，美国玉米平均单产达 740.73 千克/亩。原来预计到 2046 年美国玉米单产水平还将比目前再增加一倍以上，目前随着转基因及分子标记辅助育种等生物技术应用的加快，预计美国玉米单产翻一番的时间可能提前 20 年到来。因此，今后通过育种手段加强品种的耐密性、抗性和适应性来提高我国玉米品种产量的潜力还很大。

### （六）耕作制度改革潜力

#### 1. 改套种为平播增产潜力

麦田套种在我国还有相当大的面积，特别是在黄淮海地区。套种限制了密度的进一步提高，玉米粗缩病等发生较重，群体整齐度降低，影响了玉米苗期的生长和产量的增加。改套种为平播不仅可增加种植密度、提高幼苗质量，还可提高光、热、水、土等资源的利用率，显著增加玉米产量、提高玉米品质。

#### 2. 适时晚收增产潜力

黄淮海夏玉米区普遍存在收获偏早"砍青"的问题，即玉米还没有完全成熟、灌浆还在进行时就已经开始收获。从苞叶刚开始变黄的蜡熟初期，每迟收 1 天，千粒重则增加 5 克左右，每亩增产 10 千克左右。因此，改套种为平播并适时晚收不仅可增加种植密度、提高幼苗质量，还可显著增加玉米产量、提高玉米品质。

#### 3. 秸秆还田和深松改土增产潜力

目前，我国仍是农户分散经营的农业生产模式，因小四轮拖拉机的耕作深度有限，其连年大规模使用导致土壤耕层与犁底层间形成了波浪形坚硬土层，致使耕层有效土壤量锐减，土壤接纳大气降水的能力和抗逆性减弱。据调查，玉米产区土壤的活土层厚度仅 16.5 厘米，低于适合玉米生长的最低耕层深度 22.0 厘米的基本要求，更低于美国对耕作土壤 35 厘米的要求。通过土壤深松、配合秸秆等有机物还田提高土壤肥力、减少化肥施用量、改善土壤环境、提高抗灾减灾能力，可进一步挖掘深松改土的技术增产潜力、大幅增强玉米生产能力。

#### 4. 机械化作业增产潜力

前几年我国玉米机械化作业水平较低。随着玉米机械化收获的不断普及和推广，玉米收获机的功能和性能也随着市场需求的不断提高而逐步得到改进完善和提升。2021 年，玉米的综合机械化率为 90%，其中，机耕率、机播率和机收率分别达到 98.27%、90.02% 和 78.95%。机械化作业可提高播种及幼苗质量，降低农民劳动强度，提高作业效率，节约生产成本，提高投入产出比。提高玉米机械化作业水平的增产潜力还很大。

## 六、我国玉米进一步增产的主要措施

近年来，农业农村部全面开展实施的高产创建活动推动了玉米"一增四改"、深松改土、密植水肥一体化等一批重大技术的集成和推广应用。今后我国玉米进一步增产的主要措施应重点突出和加强以下方面：①以增强抵御干旱和洪涝灾害能力为目标，加强农田基本水利建设；②以提高灌溉水和自然降水利用率为目标，优化集成多种抗旱节水农艺措施；③以提高土壤生产潜力、培肥地力实现可持续发展为目标，大力开展深松改土、秸秆还田，并增施有机肥；④以提高化肥利用率、节本增效为目标，进一步实施测土配方科学施肥和化肥深施；⑤以提高群体整齐度和果穗均匀度为目标，进一步提高种子质量特别是发芽率和播种质量，实现一次播种苗全、苗匀、苗壮；⑥以高产高效为主要目标，进一步加强高产稳产耐密型品种的良种良法配套和区域化栽培模式研究与示范；⑦以提高玉米籽粒成熟度和品质为主要目标，推广早熟耐密型高产稳产品种，防止品种越区种植，推广适时晚收和促早熟防早霜等技术；⑧以提高技术到位率为目标，进一步研究与示范推广全程机械化的精简高效栽培技术；⑨以防灾减灾减少灾害性损失为目标，加强病虫草鼠害的防治和灾害性天气的预测预报和预警；⑩以保持农民玉米生产积极性和玉米整体产业稳定发展为目标，加强宏观调控，进一步出台和强化支农惠农政策，增加可操作的技术措施补贴。

具体措施如下：

### （一）加强农田基本水利设施建设，增强抵御干旱和洪涝灾害的能力

干旱是影响玉米高产稳产的最主要因素之一。我国玉米主要分布在干旱和半干旱区域，并且玉米田灌溉比例低。春旱、"卡脖旱"及秋旱是我国玉米生产经常面临的严峻挑战。2009年的辽宁等省份大旱以及2010年的西南大旱都对玉米生产造成了严重影响。通过兴修水利、加强农田基本水利设施建设，可进一步增强玉米生产

对旱灾和洪涝灾害的抵御能力，大幅度提高玉米综合生产能力。

**（二）优化集成多种抗旱节水农艺措施，提高灌溉水和自然降水利用率**

我国农业用水资源缺乏，且大部分具备灌溉条件的地区多采用传统的大水漫灌方式，农业用水有效利用率低。从可持续发展角度来看，在大力发展节水灌溉的同时还要发挥旱作农业的技术优势，主要是进一步优化集成抢墒播种、坐水点种、行走式灌溉、全膜双垄沟播、膜下滴灌、"小白龙"、以肥调水等抗旱节水农艺措施，并形成适合不同区域的高效节水技术体系，进一步提高灌溉水和自然降水的利用率。

**（三）大力开展深松改土、秸秆还田，并增施有机肥，提高土壤生产潜力，培肥地力，实现可持续增产**

我国农户小规模的农业生产模式和小机械耕作模式导致土壤耕层变浅，犁底层不断加厚，土壤蓄水保墒保肥能力大幅降低，玉米根系分布在浅层难以向深层下扎生长，抗倒、抗旱能力大幅度下降。为提高土壤生产潜力、实现农田地力可持续发展，应大力开展土壤深松、秸秆还田、增施有机肥料等措施，并有效改造目前我国生产条件差、投入少、栽培管理粗放的中低产田，不断培肥地力、改善耕地质量、提高地力水平，为玉米高产稳产创造良好的土壤条件。

**（四）进一步实施测土配方科学施肥和化肥深施，提高化肥利用率、节本增效**

施用化肥是玉米生产的一项主要投入和增加生产成本的一个主要方面。我国的施肥技术和化肥利用率总体偏低。为进一步提高化肥利用率、充分发挥肥料的增产效应，在进一步实施测土配方科学施肥的基础上，应大力推广化肥深施的技术措施，追施的化学氮肥更要深施。这是快速提高化学氮肥利用率的一项简单有效易行的技术措施，同时深施还具有水肥耦合、以肥调水的作用。施用种肥要注意强调种、肥隔离，防止烧苗。还应重视长效缓施肥的推广应用。

**（五）进一步提高种子质量和播种质量，提高群体整齐度和果穗均匀度**

目前，我国玉米种子的发芽率标准偏低（一级玉米种子发芽率指标仅为≥85％），再加上播种质量差等因素影响，玉米生产中普遍存在出苗率低、缺苗断垄严重、大小苗参差不齐、群体整齐度较差等问题。为保障合理密度和提高群体整齐度，应进一步提高我国玉米种子质量标准，特别是应将目前的一级种子发芽率标准由≥85％提高到≥95％；同时，采取各种有效措施进一步提高播种质量，特别是加大机械化精量播种技术的推广，实现一次播种苗全苗齐苗壮，为后期玉米高产打下坚实的基础。

**（六）进一步加强高产稳产耐密型品种的推广和良种良法配套以及区域化高产高效栽培模式研究与示范**

选用优良的高产稳产耐密型品种是提高玉米产量的重要前提，但只有辅以合理的配套栽培技术措施，坚持良种良法配套，才能保障品种的高产潜力得到充分发挥。此外，我国气候条件较复杂，各玉米产区的自然气候条件、土壤条件、耕作制度、栽培特点等相差很大，适宜各玉米产区的高产高效栽培技术的研究集成与示范还有待进一步加强和完善。因此，应进一步加强高产稳产耐密型品种的良种良法配套和区域化高产高效栽培模式的研究与示范。

**（七）推广早熟耐密型高产稳产品种，防止品种越区种植，推广适时晚收和促早熟防早霜等技术**

各地应根据自然生态特点和生产水平选用通过国家或省级审定的高产、稳产、耐密、抗病、抗倒的优良玉米品种，最好是经过当地试种、示范，被证明具有增产潜力大、适应性好的品种，避免种植生育期偏长的品种或越区品种。为进一步提高籽粒的成熟度和品质，在黄淮海夏玉米区应大力推广适时晚收技术，在东北地区应大力推广促早熟、防早霜等技术措施。

**（八）进一步研究与示范推广全程机械化的精简高效栽培技术，提高技术到位率**

目前，我国玉米机械化作业水平总体较低，机收水平更低。为提高播种及幼苗质量、降低农民劳动强度、提高作业效率、节约生产成本、提高投入产出比，应进一步研究和推广以机械化为核心的简化栽培技术体系，推广精量播种、侧深施肥技术，提高播种质量和肥料利用率，实现玉米生产全程机械化，并通过与各种农民合作组织紧密结合，推动玉米生产规模化，促进我国玉米由传统生产向现代化生产转变。

（九）加强病虫草鼠害的防治和灾害性天气的预测预报和预警，防灾减灾，减少灾害性损失

干旱、阴雨寡照、低温冷害、风灾倒伏（折）、病虫草鼠害等造成我国玉米减产的自然和生物因素可导致玉米产量损失 20％以上，严重地区这一比例则更高，甚至造成绝产。因此，各地应根据玉米病虫草鼠害的发生发展规律，建立科学的预测预报和防治机制，大力推广种子包衣、生物防治、化学除草等技术，着力抓好玉米螟、大小斑病、丝黑穗病等重大病虫害的防治工作，同时加强对灾害性自然天气的预测预报和预警工作，提高防灾减灾能力，努力减少灾害对玉米生产造成的损失。

（十）加强宏观调控，进一步出台和强化支农惠农政策，增加可操作的技术补贴，保持农民玉米生产积极性，推动玉米整体产业稳步发展

近年来，党中央、国务院高度重视农业、重视粮食生产，已出台了一系列促进粮食生产发展的优惠政策，如补贴政策、减免税收政策和粮食价格政策等。政府的政策导向及玉米市场需求拉动是调动农民种植玉米积极性和促进我国玉米生产发展的重要因素。应继续加强宏观调控力度，以多种形式加大对玉米生产的补贴力度，促进农民合作组织发展，推进玉米生产向规模化、机械化等现代农业生产方向发展。

# 第二章 玉米的生物学基础

## 第一节 玉米的分类

玉米，俗称棒子、苞米、蜀黍、苞谷等，禾本科，玉蜀黍属，一年生草本植物。染色体数 $2n = 20$。起源于中南美洲，16 世纪上半叶传入我国。

根据玉米的植物学和生物学特性及其在生产中的应用情况，可将其分成不同的类别，最常见的是按籽粒形态和结构、生育期、株型、植株高度、制种方式、种植时间、收获物用途等进行分类。

### 一、按籽粒形态和结构分类

根据籽粒有无稃壳、籽粒形状及胚乳性质，可将玉米分成 9 个类型。

**1. 马齿型**

果穗粗大，多呈圆筒形，穗轴比较细，出籽率高。籽粒大、扁长形或楔形，籽粒的两侧为角质淀粉，中央和顶部为粉质淀粉，成熟时顶部粉质淀粉失水干燥较快，籽粒顶端凹陷呈马齿状。籽粒质地比较软，品质较差；籽粒黄色、白色或紫色，生产栽培黄色、白色居多。籽粒食用或饲用，适合制造淀粉或酒精，秸秆适宜作青贮饲料。

**2. 硬粒型**

又称燧石型，适应性强，耐瘠、早熟。果穗圆锥形或长锥形，出籽率低，籽粒品质好。籽粒顶部呈圆形，籽粒顶部和四周均为角质胚乳，中心部分为粉质胚乳，因此籽粒外表透明，外皮具光泽且坚硬，多为黄色。食味品质优良，产量较低。

**3. 半马齿型**

介于硬粒型与马齿型间，籽粒顶端凹陷深度比马齿型浅，角质胚乳较多，种皮较厚，产量较高。

**4. 粉质型**

又名软粒型，果穗和籽粒外形与硬粒型相似。籽粒全部由粉质胚乳组成，无角质胚乳或仅在外有薄薄的一层角质胚乳，籽粒乳白色，组织松软而无光泽，是制造淀粉和酿造的优良原料。容重很低，易感染病害和遭受虫害。吸湿性强，贮藏期间易发生霉变，我国很少栽培。

**5. 蜡质型**

又称糯玉米、黏玉米，起源于我国云南地区的西双版纳。果穗较小、平滑、坚硬、无光泽，籽粒中胚乳几乎全由支链淀粉构成，不透明，无光泽如蜡状。支链淀粉遇碘液呈红色。食用时黏性较大。

**6. 甜质型**

又称甜玉米，植株矮小，果穗小。胚乳中含有较多的糖分及水分，成熟时因水分蒸散而种子皱缩，多为角质胚乳，坚硬呈半透明状，多作蔬菜或制作罐头。

**7. 甜粉型**

籽粒上部为甜质型角质胚乳，下部为粉质胚乳，在世界上较为少见。

**8. 爆裂型**

可分为米粒型（顶端带尖）和珍珠型两种（顶端圆滑）。籽粒小，质地坚硬、光亮，胚乳几乎全部由角质淀粉构成。白色、黄色、紫色、黑色或有红色斑纹。在我国各地有零星栽培。

**9. 有稃型**

玉米的一种原始类型，果穗上每个籽粒的外面均由长大的稃（内外颖和内外稃）包被，自交不孕，籽粒外皮坚硬，外层环生角质胚乳，雄花序发达，籽粒坚硬，脱粒困难。

本书关于籽粒形态和结构的分类区别于其他书籍的传统分类（马齿型、硬粒型、粉质型、蜡质型、甜质型、甜粉型、爆裂型和有稃型），增加了半马齿型，原因是现在生产上推广的大量玉米品种为半马齿型，因此在本书中增加了半马齿型的分类。

## 二、按生育期分类

根据生育期的长短，可将玉米分为早、中、晚熟类型。我国幅员辽阔，地域差异大，品种类型多，各地划分早、中、晚熟的标准也不尽一致。赵久然将玉米按生育期分为 7 个等级：①极早熟。②早熟。③中早熟。④中熟。⑤中晚熟。⑥晚熟。⑦极晚熟。

**1. 极早熟玉米类型**

生育期小于 105 天，≥10 ℃年活动积温 2 200 ℃以下。植株较矮，生长期较短，水分需求量较大。该类型品种主要分布在东北极早熟春玉米区，包括黑龙江北部及东南部山区第四积温带、内蒙古、吉林、河北、山西海拔 1 200 米以上地区、宁夏南部山区海拔 2 000 米以上地区、甘肃海拔 2 000 米以上地区以及新疆等地。代表性品种有德美亚 1 号等。

**2. 早熟玉米类型**

生育期 105～110 天，≥10 ℃年活动积温 2 200～2 350 ℃。植株较矮，叶片数较少，对肥水条件的要求不高，产量潜力不大。该类型品种分布在东华北早熟春玉米类型区和京津冀早熟夏玉米类型区。主要包括黑龙江中北部及东南部山区第三积温带、内蒙古、吉林、宁夏南部山区海拔 1 800～2 000 米的地区，山西北部地区、甘肃海拔 1 800～2 000 米地区以及河北、北京、天津夏播区。代表性品种有德美亚 3 号、吉单 27 等。

**3. 中早熟玉米类型**

生育期 110～120 天，≥10 ℃年活动积温 2 350～2 500 ℃。该类型品种主要分布在东华北中早熟春玉米区、京津冀夏玉米区等。代表性品种有京农科 728 等。

**4. 中熟玉米类型**

生育期 120～125 天，≥10 ℃年活动积温 2 500～2 650 ℃。这类品种的适应地区较广，在全国各地都有分布。代表性品种有先玉 335 等。

**5. 中晚熟玉米类型**

生育期 125～135 天，≥10 ℃年活动积温 2 650～2 850 ℃。该类品种适应地区较广，在全国各地都有分布，在东华北中晚熟春玉米区、黄淮海夏玉米区、西北春玉米区等地种植面积较大。代表性品种有郑单 958、京科 968 等。

**6. 晚熟玉米类型**

生育期 135～140 天，≥10 ℃年活动积温 2 850～3 200 ℃。植株高大，叶数较多，籽粒较大，一般对水肥条件的要求较高，产量潜力较大。代表性品种有农大 108 等。

**7. 极晚熟玉米类型**

生育期大于 140 天，≥10 ℃年活动积温 3 200 ℃以上。该类型玉米品种较少。

FAO 依据从播种到开花的天数、从播种到成熟的天数及积温（表 2-1）的标准划分玉米品种的熟期。按此标准，将 100、200 熟期组定为极早熟品种，将 300、400 熟期组定为中早熟品种，将 500、600 熟期组定为中晚熟品种，将 700、800 熟期组定为晚熟品种。

**表 2-1 FAO 划分玉米品种熟期的标准**

| 熟期组 | 从播种到开花天数（天） | 从播种到成熟天数（天） | 从播种到成熟活动积温（≥10 ℃） | 从播种到成熟有效积温（≥10 ℃） |
| --- | --- | --- | --- | --- |
| 100 | 44～49 | <110 | 2 600～2 700 | 950～1 000 |
| 200 | 55～56 | 110～115 | 2 700～2 800 | 1 000～1 100 |
| 300 | 54～58 | 115～120 | 2 800～2 900 | 1 100～1 200 |
| 400 | 58～63 | 120～125 | 2 900～3 000 | 1 200～1 300 |
| 500 | 60～66 | 125～130 | 3 000～3 100 | 1 300～1 400 |

（续）

| 熟期组 | 从播种到开花<br>天数（天） | 从播种到成熟<br>天数（天） | 从播种到成熟<br>活动积温（≥10℃） | 从播种到成熟<br>有效积温（≥10℃） |
|---|---|---|---|---|
| 600 | 66～77 | 130～135 | 3 100～3 250 | 1 400～1 450 |
| 700 | 70～80 | 135～140 | 3 250～3 400 | 1 450～1 500 |
| 800 | ＞80 | ＞140 | ＞3 400 | ＞1 500 |

玉米是短日照植物，对玉米品种进行南北向引种时，其生育期会发生变化。一般情况下，当北方品种向南方引种时，常因日照短、温度高而生育期缩短，反之，当南方品种向北方引种时，其生育期会有所延长。生育期的变化幅度取决于品种本身对光温的敏感程度，一般对光温越敏感其生育期变化越大。

## 三、按株型分类

### 1. 平展型

植株高大，叶片宽大，穗位以上叶片与主茎之间的夹角大于45°，叶片平伸、顶尖下垂，整个株型呈倒三角形，单株生产潜力大，不耐密植。

### 2. 紧凑型

植株稍小，叶片窄小，穗位以上叶片与主茎之间的夹角小于30°，叶片上举，单株生产潜力小，耐密植，群体生产潜力大。

### 3. 半紧凑型

又称中间型，介于紧凑型和平展型之间，穗位以上叶片与主茎之间的夹角30°～45°，叶片斜举。

## 四、按照植株高度分类

目前对玉米杂交种植株高度标准尚未进行明确界定，笔者认为，玉米株高可划分为五个等级：①超高秆，≥340厘米。②高秆，280～340厘米（310厘米±30厘米）。③中秆，220～280厘米（250厘米±30厘米），其中250～280厘米可称为中高秆，220～250

厘米可称为中矮秆。④矮秆，160～220 厘米（190 厘米±30 厘米）。⑤超矮秆，<160 厘米。

## 五、按制种方式分类

### 1. 农家种

农家种是经过长期反复种植、选择而形成的品种，类似于综合种，抗逆性强，产量低但比较稳定，可以连年种植，目前已基本被淘汰。

### 2. 综合种

综合种是由配合力较好的几个自交系或单交种以等量种子混合播种，使其充分进行异花授粉，从中选择优良个体后再混合脱粒，经过比较鉴别后所选出的开放授粉群体，综合杂交种杂种优势稳定，配种 1 次，可在生产上连续使用多年，不必年年制种，但要注意每年选优留种。

### 3. 双交种

又称双杂交种，由 4 个自交系先配成 2 个单交种，再以 2 个单交种杂交而成。整齐度不及单交种，制种较复杂，但制种产量高，种子成本低。

### 4. 三交种

三交种由 3 个不同的自交系经过 2 次杂交而成。一般整齐度不如单交种，制种技术比单交种复杂，但制种产量高。

### 5. 单交种

单交种由 2 个不同的自交系杂交而成。一般较当地农家种增产 50％以上。单交种植株整齐，生长健壮，增产潜力大。

## 六、按播种时间分类

### 1. 春玉米

4 月下旬至 5 月上旬播种，一年一熟；生育期长，产量高。在我国种植地域较广，主要分布在东北、西北和华北北部地区，在西南丘陵山区也有一定的分布。

**2. 夏玉米**

6月上、中旬播种，9月底收获，主要分布在黄淮海夏玉米区。

**3. 秋玉米**

秋季播种，主要分布在浙江东部、广西中南部和云南南部。

**4. 冬玉米**

冬季播种，收获水稻后种植，主要分布在海南、广东、广西和福建的南部地区。

## 七、根据收获物用途分类

按收获物用途与加工利用价值可将玉米分为鲜食玉米、籽粒用玉米、青贮玉米。

**1. 鲜食玉米**

指以收获具有特殊风味和品质的幼嫩玉米果穗为主，用来鲜食或制作各种罐头与菜肴的玉米，包括甜玉米、糯玉米、甜加糯玉米、笋玉米。

（1）甜玉米　又称蔬菜玉米，既可以生食或煮熟后直接食用，也可制成各种风味的加工食品和冷冻食品。因遗传因素不同，又可分为普甜玉米、加强甜玉米和超甜玉米三类，其中适合直接生吃的超甜玉米被称为水果玉米。

（2）糯玉米　又称黏玉米，胚乳淀粉几乎全由支链淀粉组成。具有较高的黏性及适口性，可以鲜食或制罐头。糯玉米食用消化率高，还可以作为饲料提高饲养效率。在工业方面，糯玉米淀粉是食品工业的基础原料，可作为增稠剂使用，还被广泛地用于胶带、黏合剂和造纸等行业。

（3）甜加糯玉米　在同一个果穗上既有甜质籽粒也有糯质籽粒，在果穗上随机分布，两者的数量比一般为1∶3（也有7∶9等）。作为鲜食玉米食用时呈现以糯为主、糯中带甜的特殊口感及风味品质。

（4）笋玉米　指以采摘刚抽花丝而未受精的幼嫩果穗为目的的玉米。因幼嫩果穗下粗上尖，形似竹笋，故名笋玉米。笋玉米的食用部分为玉米的雌穗轴以及穗轴上一串串珍珠状的小花，可鲜食、制作菜肴、加工罐头等。

**2. 籽粒用玉米**

指以收获籽粒为主的玉米，根据籽粒营养成分与加工品质可分为普通玉米与特用玉米，其中特用玉米包括高油玉米、高赖氨酸玉米、爆裂玉米。

（1）高油玉米 比普通玉米籽粒平均含油量提高5％以上，籽粒含油量超过8％，85％的油集中在种胚部分，因而胚较大。

（2）高赖氨酸玉米 又称优质蛋白玉米，玉米籽粒中赖氨酸含量在0.4％以上，而普通玉米的赖氨酸含量一般在0.2％左右。

（3）爆裂玉米 果穗和籽实均较小，籽粒几乎全为角质淀粉，质地坚硬。粒色白色、黄色、紫色或有红色斑纹，有麦粒型和珍珠型两种。爆裂玉米籽粒的含水量决定了它的膨爆质量。优质爆裂玉米籽粒膨爆率达99％，籽粒含水量13.5％～14.0％。

**3. 青贮玉米**

指以收获玉米茎秆整株为主、贮藏用来作饲料的玉米。最佳收获期为籽粒的乳熟末期至蜡熟前期。

## 八、按照籽粒颜色（主要为胚乳颜色）分类

按我国新修订的国家标准和美国标准，依据种皮颜色可将玉米分为黄玉米、白玉米和混合玉米。

**1. 黄玉米**

种皮为黄色，也包括略带红色的黄玉米。美国标准中规定黄玉米中其他颜色玉米的含量不超过5.0％。

**2. 白玉米**

种皮为白色，并包括略带淡黄色或粉红色的玉米。美国标准中将淡黄色表述为浅稻草色，并规定白玉米中其他颜色玉米的含量不超过2.0％。

**3. 混合玉米**

我国国家标准中定义为混入本类以外玉米超过5.0％的玉米。

美国标准中表述为颜色既不能满足黄玉米的颜色要求，又不符合白玉米的颜色要求，并含有白顶黄玉米。

# 第二节　玉米的生长发育

从播种至新的种子成熟，经过种子萌动发芽、出苗、拔节、孕穗、抽雄开花、抽丝、受精、灌浆直到新的种子成熟完成整个生长发育过程，叫作玉米的一生。玉米从播种至成熟天数的长短因品种、播种期和温度而异，一般早熟品种生育期短，晚熟品种生育期长。同一品种春播生育期长，夏播生育期短；温度高生育期短，温度低生育期长。

## 一、生长发育时期

在玉米的一生中，由于其自身的量变和质变以及受环境变化的影响，其外部形态特征和内部生理特性均发生不同的阶段性变化，这些阶段性变化称为生长发育时期。

**1. 苗期**

幼苗第 1 片叶出土，苗高 2～3 厘米。

**2. 3 叶期**

植株第 3 片叶露出叶心 2～3 厘米。

**3. 拔节期**

茎基部有 2～3 个节间伸长，雄穗茎尖进入伸长期，叶龄指数 30% 左右。

**4. 小喇叭口期**

雌穗进入伸长期，雄穗进入小花分化期，叶龄指数 46% 左右。

**5. 大喇叭口期**

第 3 叶大部分伸出，但尚未全部展开，心叶丛生，形似大喇叭口；雄穗进入四分体期，雌穗处于小花分化期，叶龄指数约 60%。

**6. 抽雄期**

节根层数、基部节间基本固定，雄穗主轴露出顶叶 3～5 厘米。

**7. 开花期**

雄穗主轴小穗花开花散粉，雌穗分化发育接近完成。

**8. 吐丝期**

植株雌穗花丝露出苞叶 2 厘米左右，一般与雄穗开花散粉期同步或迟 1～2 天。

**9. 灌浆期**

植株果穗中部籽粒体积基本建成，胚乳呈清浆状。

**10. 蜡熟期**

植株果穗中部籽粒干重接近最大值，胚乳呈蜡状，用指甲可以划破。

**11. 完熟期**

苞叶松散，籽粒干硬，籽粒基部出现黑色层，乳线消失，并呈现品种固有的色泽。

一般大田或试验田以全田 50％以上植株进入该生长发育时期为标志。

## 二、生长发育阶段

在玉米一生中，按形态特征、生育特点和生理特性，可将其分为 3 个不同的生长发育阶段，每个阶段又包括不同的生长发育时期。

**1. 苗期**（苗期—拔节期）

主要形成根、茎和叶等营养器官，为营养生长阶段。此期形成的节根层数约占总节根层数的 50％，展开叶占总叶数的 30％以上，叶和茎节的分化已经完成。

田间管理的主要目标是促进根系发育、培育壮苗，达到苗早、苗足、苗齐、苗壮的"四苗"要求，为穗期的健壮生长和良好发育奠定基础。

**2. 穗期**（拔节期—吐丝期）

营养器官（根、茎、叶）生长和生殖器官（雄穗、雌穗）分化同时进行，是营养生长与生殖生长并进阶段。此期体内营养物质迅速向茎、叶和雄穗、雌穗输送，穗分化前期光合产物以供给茎叶为主，后期逐渐转向雄穗和雌穗，并且节根层数增加 3～5 层，占总节根层数的 50%以上，各节间长度与粗细基本定型，70%的叶片伸出并展开；同时，雌穗、雄穗的分化过程接近（或全部）完成，是玉米一生中生长发育最旺盛的时期，也是田间管理的关键时期。

田间管理的主要目标是增加穗部以上叶面积，提高茎秆强度，加强肥水调控，防止抽雄期缺水，控秆、促穗。植株健壮、根系发达、气生根多、基部节间短粗、叶色深绿、叶片挺拔有力的丰产长相才能为穗大粒多打好基础，注意防治玉米螟。

**3. 花粒期**（吐丝期—成熟期）

营养体停止生长，植株进入以开花散粉、受精结实和籽粒建成为中心的生殖生长阶段。此期绿色器官开始减少，根系功能也进入衰退期，营养器官内的贮藏物质开始输出，籽粒干物质的 85%～90%来自此期的光合产物。

田间管理的主要目标是延缓叶片衰老，提高光合强度与光合转化效率，减少籽粒败育，增加成粒数与千粒重，达到丰产的目的。此期田间管理的主要目标是追施粒肥，适当晚收。

# 第三节　玉米器官的形成特征及功能

## 一、根

### 1. 根的种类

玉米根系是须根系，由胚根和节根组成。

（1）胚根　又称初生根或种子根，在种子胚胎发育时形成，大约在受精 10 天后由胚柄分化而成。胚根只有 1 条，在种子萌动发芽时首先突破胚根鞘而伸出，也称初生胚根。初生胚根伸出后迅速生长，垂直入土。初生胚根伸出 1～3 天，在中胚轴基部盾片节的上面长出 3～7 条幼根，称为次生胚根，因其生理功能与胚根相似，故在栽培上将这层根与胚根合称为初生根。

初生根的作用主要是在幼苗出土的最初 2～3 周内吸收与供应

幼苗生长所必需的养分和水分。随着玉米的生长，其功能逐渐被节根代替，但初生根的生命活动一直保持到植株生命后期。

（2）节根 又称次生根或永久根，着生在茎的节间分生组织基部，在植物学上称为不定根。着生在地下节上的称为地下节根（次生根），着生在地上节上的称为地上节根（气生根、支持根、支柱根）。当玉米幼苗长出2～3片可见叶时，在着生第1片完全叶的节间基部、胚芽鞘节的上面开始发生第1层节根。第1层节根多为4条，也有5～6条的，一直向下延伸。以后随着茎节的形成及加粗，节根由下而上不断发生，在茎节上呈现一层一层轮生的节根系。节根层数一般为6～9层，多者可达10层以上，地下节根4～7层，至大喇叭口期完成，地上节根2～3层，至开花期全部完成。自下而上，随着根层的增加，地下节根条数逐渐增加，地上节根有逐渐减少的趋势，一般总条数为50～120条。自下而上根长度逐层变短，粗度逐层增粗，根层间距逐渐加长。但最上层的根的粗度有变细的趋势。节根是玉米主体根系，分枝多，根毛密。一株玉米根系干重占植株干重的12%～15%，而总长度可达1～2千米，其总面积为地上部绿色面积的200倍左右，这就使植株在耕作层中形成了一个强大而密集的节根系。

**2. 根的生长与分布**

玉米根在土壤中的伸展方向与根的种类及生育时期有关。胚根从伸出到衰亡都是直向伸长，各层节根都呈辐射状倾斜伸长。拔节后节根的伸展方向发生明显变化，由斜向伸长转为直向伸长。不同生长发育时期玉米的根在土壤中的分布是不同的。苗期根系分布在0～40厘米土层中，其中0～20厘米土层根量占该期总根量的90%左右，20～40厘米土层根量占10%左右；拔节期根的入土深度可达100厘米，其中0～40厘米土层根量占该期总根量的90%左右，40～100厘米土层根量占10%左右；至开花期，根系入土深度可达160厘米，0～40厘米土层根量占该期总根量的80%左右，40～160厘米土层根量占20%左右；至蜡熟期，根系入土深度可达180厘米，0～40厘米根量占该期总根量的55%左右，40～180厘米土层根量占 45％左右。玉米根系在不同土层深度对养分的吸收能力随生育进程而变化。

玉米的主体根系分布在 0～40 厘米土层中，后期深层根量增加。因此，在玉米生产实践中，基肥深施有利于根系吸收，若是追施化肥，则深施 10 厘米以上和距离植株 10 厘米较为合适。

**3. 根的功能**

玉米根系具有吸收养分和水分、支持植株和物质合成的作用。根系吸收水分和矿质营养是通过根毛进行的。根系吸收的无机盐，一部分通过导管被输送到植株各部分，另一部分就在根部合成复杂的有机物质（如氨基酸），这些氨基酸被水运到地上部分。

## 二、茎

### 1. 茎的发生

玉米茎由胚轴发育而来，茎由节和节间组成，随着种子萌发长成幼苗，顶端分生组织不断分化，增添新叶，扩大茎轴，分化出明显的节和节间。盾片是第 1 叶，其着生处是茎的第 1 节，胚芽鞘是第 2 叶，其着生处是茎的第 2 节。下胚轴是第 1 节间，中胚轴是第 2 节间。但生产上习惯将出苗后中胚轴伸长的部位叫作"根茎"（地中茎）。胚芽鞘着生处叫作胚芽鞘节，第 1 完全叶着生位置叫作茎节第 1 节。胚芽鞘与主茎之间的节间称为第 1 节间，余者节位依次类推。

### 2. 茎的形态与生长

玉米茎的高度因品种、土壤、气候和栽培条件的不同而有很大差异。最矮 0.5 米，高的 4.0 米，甚至达 7.0 米以上。一般低于 2.0 米的为矮秆型，2.7 米以上的为高秆型，2.0～2.7 米的为中间型。

玉米节间数与叶片数一致，一般玉米有 15～24 节，少的只有 8 节，多者达 48 节，其中 3～7 个茎节位于地面以下。第 1～4 节较紧密，节间很短，仅 0.1～0.5 厘米，从第 5 节间开始伸长。节间的粗度由茎基部向顶端逐渐变细；而节间长度从茎基部到顶端逐渐变长。但有些品种上部节间比中部节间短。

玉米茎秆的最外一层是表皮，由表皮细胞组成，其外壁细胞增厚，含角质，有保护作用。表皮内有 2～3 层木质化厚壁细胞组成的机械组织，是茎秆最坚硬的部分。茎中其余部分多为薄壁细胞组成的髓质，属基本组织。在茎的基本组织中排列有许多椭圆形的维管束，玉米维管束没有形成层，不能形成次生结构，其增粗借助初生结构形成过程中细胞体积和初生分生组织的增长。玉米茎的伸长有顶端生长和居间生长两种方式。顶端生长非常缓慢，主要是形成叶和茎节，玉米茎节数目至拔节期已经确定。拔节后则主要是居间分生组织增长，使节间不断伸长。各节间伸长的顺序是从下向上逐渐进行，每一个节间都经历一个慢、快、慢的伸长过程，节间伸长有重叠性。玉米茎秆的增长速度，一般小喇叭口期以前增长慢，以后增长加速，从大喇叭口期到抽雄期增长最快，从抽雄期到开花期，增长速度减慢。至雄穗开花期，茎的高度一般不再增加。

**3. 茎的功能**

茎除了担负水分和养分的运输功能外，还支撑叶片，使之均匀分布，便于光合作用的进行。茎也是贮藏养分的器官，后期可将部分前期贮存的养分转运到籽粒中。茎具有向光性和负向地性，当植株倒伏（折）后，它又能够弯曲向上生长，使植株重新站起来，减少损失。

玉米茎秆多汁，髓部充实而疏松，富含水分和矿物质。玉米茎部节间的横切面，最外一层为表皮，表皮内有 2～3 层小型厚壁细胞，形成排列紧密的厚壁组织。茎的基本组织中分散着很多椭圆形的维管束，是根与叶、花、果穗之间的运输管道。茎的基部节上的腋芽长成的侧枝称分蘖。分蘖多少与品种类型、土壤肥力、种植密度和播种季节有关。一般情况下，分蘖结穗的经济意义不大。但具有多分蘖是许多青饲玉米营养体高产的特征。

# 三、叶

**1. 叶的形态特征及生长**

玉米叶着生在茎节上，互生排列。玉米的叶片数因品种而异，变幅为 8～48 片，多数 13～25 片。早熟品种通常 14～17 片，中熟品种 18～20 片，晚熟品种 21～25 片。玉米完全叶可分为叶鞘、叶片、叶舌三部分。玉米叶舌着生于叶鞘和叶片连接处，紧贴茎秆，可防止雨水、病菌、害虫侵入叶鞘内侧。叶鞘包着节间，可保护茎秆和贮藏养分。叶片着生在叶鞘顶部的叶环上，是光合作用的主要器官；叶片中央纵贯一条主脉，主脉两侧平行分布着许多侧脉；叶片边缘带有波状皱纹。玉米多数叶片正面有茸毛，只有基部第 1～6 片叶（早熟种少，晚熟种多）是光滑无毛的，该特征可作为判断玉米叶位的参考。

鉴定叶位的方法：①光、毛叶片法，基部 1～5 光，第 6 叶边缘开始有毛称为"5 光 6 毛"，也有将第 6 叶归为光叶类，称为"6 光 7 毛"，一般早熟品种"4 光 5 毛"，中熟品种"5 光 6 毛"，晚熟品种"6 光 7 毛"，雨水充足时光叶数增加；②叶脉法，除第 1 叶外，第 2～9 叶的叶位数等于其对应叶一边的侧脉数减去 2（$n-2$）；③根层法，第 $n$ 层节根上的叶即第 $n$ 叶。

玉米最初的 5～7 片叶子（早熟种约 5 片，中熟种约 6 片，晚熟种约 7 片）在种胚发育时即已形成，故称胚叶。以后的叶片在玉米生长期间由茎尖不断分化形成，经历细胞分裂增大，直到最后展开定型。玉米叶片的横断面可分为表皮、叶肉及维管束。叶片的上下表皮都布满气孔。上表皮还有一些特殊的大型细胞，称运动细胞。这些细胞的细胞壁薄，液泡很大，有控制叶面水分蒸腾的作用。表皮内为叶肉组织，由薄壁细胞组成。叶肉维管束有特别发达的维管束鞘，内含许多特殊的叶绿体，这是 $C_4$ 作物的重要特征。

玉米一生主茎各节位叶面积的大小因品种而异。但所有品种都是中部叶片叶面积最大。一般果穗叶及其上下叶（棒三叶）叶片最长、最宽，叶面积最大，单叶干重最高。这种叶面积分布有利于果穗干物质的积累。

$$单叶叶面积＝叶片中脉长度×叶片最大宽度×0.75$$

## 2. 叶的分组与功能

玉米全株叶片可根据着生节位、特征和生理功能划分为基部叶组（根叶组）、下部叶组［茎（雄）叶组］、中部叶组（穗叶组）和上部叶组（粒叶组）。

（1）基部叶组　着生在地下稍伸长的茎节上。叶面积、增长速度、干物质重和光合势均小，功能期短，多无茸毛。本组叶片是从苗期至拔节期逐渐伸展形成的，制造的光合产物主要供给根系生长，故又称根叶组，叶龄指数为 0～30%。

（2）下部叶组　着生在地面以上的数个茎节上。叶面积、增长速度、干物质重、光合势均迅速增长，功能期长，叶片上有茸毛。本组叶片是从拔节期到大喇叭口期伸展形成的，制造的光合产物主要供给茎秆，其次是满足雄穗生长发育的需要，故又称茎（雄）叶组，叶龄指数为 30%～60%。

（3）中部叶组　着生在果穗节及其上下几个茎节上。叶面积、增长速度、干物质重、光合势均大而稳，功能期长。本组叶片是从大喇叭口期至孕穗期伸展形成的，制造的光合产物主要供给雌穗生长发育，故又称穗叶组，叶龄指数为 60%～80%。

（4）上部叶组　着生在雄穗以下几个茎节上。叶面积、增长速度、干物质重、光合势均逐渐下降，功能期缩短。本组叶片是从孕穗期到开花期伸展形成的，制造的光合产物主要供给籽粒生长发育，故又称粒叶组，叶龄指数为 80%～100%。

玉米在某一生长发育时期的主要生长器官可称为生长中心（如根、茎、穗、粒等器官），为生长中心提供光合产物的主要叶片可称为供长中心叶（如根、茎、穗、粒叶组等）。但玉米全株叶片是一个有机整体，叶片分组是相对的，叶组之间存在物质交流和补偿作用。当玉米生长发育中期基部叶组叶片衰亡时，根系需要的光合产物则转由下部叶组供给。当生长发育后期下部叶组衰亡时，根系需要的光合产物则由上部叶组供给。中部叶组制造的光合产物主要供给雌穗的发育和籽粒的生长。

## 四、雄穗、雌穗

玉米是雌雄同株异花作物，雄穗着生在植株顶端，雌穗着生在叶腋内，又有雄花先熟现象，天然杂交率 95% 以上，是典型的异花授粉作物。

### 1. 雄穗

玉米的雄穗又称雄花序，属圆锥花序，雄穗由一中央主轴和许多分枝组成，分枝的数目因品种而不同，一般 15～25 个，最多可达 40 个左右。雄穗主轴较粗，周围着生多行成对小穗，分枝较细，仅着生两行成对排列的小穗。每个节着生 1 对小穗，其中 1 个是有柄小穗，位于上方，另 1 个为无柄小穗，位于下方。每个雄小穗基部两侧各着生 1 个颖片（护颖），两颖片间生长两朵雄性花。每朵雄性花由 1 片内稃（内颖）、1 片外稃（外颖）及 3 枚雄蕊组成。

每枚雄蕊由花药和花丝组成，雄蕊未成熟时花丝很短，花药为淡绿色或黄绿色，成熟后颖片和内、外稃张开，花丝伸长，并露在颖片外面进行散粉。每枚雄蕊的花丝顶端着生一个花药。正常发育的每一雄穗有 2 000～4 000 朵小花，能产生 1 500 万～3 000 万个花粉粒。

玉米雄穗抽出 2～5 天后开始开花。开花从主轴中上部开始，然后向上向下同时进行。各分枝的小花开放顺序同主轴。一个雄穗从开花到结束，一般需 7～10 天，长者达 11～13 天。天气晴朗时，9:00—11:00 开花最多，下午开花显著减少。

玉米雄穗开花的最适温度是 20～28 ℃，温度低于 18 ℃或高于 38 ℃时，雄花不开放。开花最适相对湿度为 65%～90%。

### 2. 雌穗

玉米的雌穗为肉穗花序，受精结实后即果穗。雌穗由茎秆中、上部叶腋中的腋芽发育而成，着生在穗柄顶部。

（1）腋芽与果穗发育　除上部 4～6 节外，全部叶腋中都能形成腋芽。一般推广品种的基部节（地下节）的腋芽不发育或形成分蘖，地面以上数节（地上节）上的腋芽进行穗分化到早期阶段停止，不能发育成果穗，只有上部 1～2 个腋芽正常发育形成果穗。玉米的果穗即变态的侧茎，果穗柄为缩短的茎秆，节数因品种而异，各节着生 1 片仅具叶鞘的变态叶（即苞叶），包着果穗，起保护作用。苞叶数目与穗柄节间数目相等。有些品种在苞叶上仍长出小叶片，称剑叶。苞叶的叶腋中能形成腋芽，有时腋芽能形成二级果穗。

（2）果穗的构成　果穗由穗轴和雌小穗构成。穗轴由侧茎顶芽形成，呈白色或紫红色，其重量占果穗总重量的 20%～25%。穗轴中部充满髓质，有很多维管束分布在边缘的厚膜组织中。穗轴节很密，每节着生 2 个无柄小穗，成对排列。每个小穗内有 2 朵小花，上位花结实，下位花退化，因此果穗上的籽粒行数常呈偶数。但有时成对小穗由于发育不良而失去其中 1 个小穗，或其中 1 个小穗内 2 朵花都能发育结实，因而粒行不呈偶数或行数不整齐。每穗一般 12～18 行籽粒，也有 8～30 行的。每穗粒数 200～800 粒或更多，一般 300～500 粒。果穗的粒行数、行粒数和穗粒数的多少均因品种和栽培条件而异。

（3）雌小穗构成　每个雌小穗的基部两侧各着生 1 个革质的短而稍宽的颖片（护颖），颖片内有 2 个小花，其中 1 个退化的小花仅留有膜质的内外稃（颖）和退化的雌、雄蕊痕迹，另外 1 个为结实小花，包括内外稃（颖）和 1 个雌蕊及退化的雄蕊。雌蕊由子房、花柱和柱头组成。通常将花柱和柱头总称为花丝。花丝顶端分叉，密布茸毛分泌黏液，有黏着外来花粉的作用，花丝任何部位都有接受花粉的能力。

雌穗一般比同株雄穗晚 2～5 天开花，也有雌雄同时开花的。1 个雌穗从开始抽丝到全部花丝抽出，一般需 5～7 天。花丝长度一般为 15～30 厘米，如果长期不能受精，可延长至 50 厘米左右。同一雌穗上，一般位于雌穗基部向上 1/3 处的小花先抽丝，然后向上下伸展，顶部小花的花丝最晚抽出。粉源不足时，易出现顶部花丝得不到授粉而造成秃顶的现象。有些苞叶长的品种，基部花丝要伸得很长才能露出苞叶，抽丝很晚，也影响授粉，导致果穗基部缺粒。所以，在玉米开花后期加强人工辅助授粉对增加粒数很重要。

玉米雄花序的花粉传到雌穗小花的柱头上叫授粉。微风时，花粉散落范围约为 1 米，风力较大时，可传播 500～1 000 米。花粉落到花丝上以后，在适宜条件下 10 分钟后即开始发芽，30 分钟后就能大量发芽形成花粉管。经过 2 小时左右，花粉管进入子房，抵达胚囊。花粉粒发芽时，内含物及 2 个精子进入花粉管，营养核在萌发孔附近消失。当花粉管抵达胚囊内极核附近时前端管壁破裂，2 个精子随细胞质及其内含物流入胚囊，其中 1 个精子和卵细胞结合形成合子，随后发育成胚，另 1 个精子与 2 个极核结合，形成初生胚乳核，将来形成胚乳。合子具有两亲本的遗传物质，是新一代的开始。反足细胞在胚及胚乳发育时被吸收利用，逐渐消失。从花丝接受花粉到受精结束一般需要 18～24 小时，从花粉管进入子房至完成受精作用需 2～4 小时。花丝在受精后停止伸长，2～3 天后变褐枯萎。

## 五、籽粒

### 1. 玉米籽粒的结构

玉米的籽粒为果实，植物学上称为颖果。玉米籽粒的形状、大小和色泽因类型和品种而异。多呈圆形或长方形，有光泽。颜色有黄色、白色、紫色、红色、花斑等，常见的为黄色和白色。籽粒大小因品种、栽培水平而异，一般千粒重 250～350 克，小的仅 50克，最大可达 400 克以上。玉米的籽粒由种皮、胚乳和胚 3 个主要部分组成。

（1）种皮　由子房壁发育成的果皮和由胚珠发育成的种皮紧紧连在一起，似一层角质薄膜，习惯上称为种皮。种皮由纤维素组成，表面光滑，占种子总重量的 5%～8%。

（2）胚乳　胚乳占种子总重量的 80%～85%。胚乳的最外层由单层细胞组成，因细胞充满含大量蛋白质的糊粉粒，所以称糊粉层。糊粉层有粉质胚乳与角质胚乳，粉质胚乳结构疏松，不透明，含淀粉多而含蛋白质少，角质胚乳因淀粉粒之间充满蛋白质和胶状糖类而组织紧密，呈半透明状，并且蛋白质含量较高。胚乳的结构和蛋白质含量与分布是玉米分类的依据之一。

（3）胚　胚位于种子的基部向果穗顶部一侧，占种子总重量的10%～15%。胚由胚芽、胚轴、胚根和子叶（盾片）组成。胚芽分化产生茎、叶和节根，胚根形成种子根，胚轴连接胚根和胚芽，子叶含有大量的脂肪、糖类、蛋白质和酶，对种子发芽和生长十分重要。

另外，在籽粒与穗轴的连接部分有一个尖形的果柄，称为"尖冠"。果柄使籽粒附着在穗轴上，与种皮相连，在植物学上是穗轴的一部分。在脱粒时，果柄常常留在种子上。籽粒去掉果柄，则看到胚的黑色附着物，称为黑色层。黑色层位于籽粒下端的短尖果柄（尖冠）和籽粒基部胚乳间，其形成的原因是尖冠与胚乳之间的几层维管束死亡、细胞木栓化、收缩挤压及大量色素沉积。黑色层形成后，胚乳基部的输导细胞被破坏，运输机能终止，标志着籽粒灌浆停止。这是籽粒生理成熟的主要标志之一。

**2. 籽粒的形成过程**

玉米的籽粒是由受精的子房发育而成的颖果。雌穗子房受精后10～12小时，受精卵进行细胞分裂。受精后4～8天形成胚的主体，10～15天胚胎伸长，形成盾片及胚芽鞘，20天出现胚根，分化出3～4片真叶，30天分化出第5片真叶。受精后5～7天胚乳细胞充满胚囊，然后在周围形成糊粉层。受精后10～15天胚乳细胞形成淀粉质体，15天胚乳细胞开始充实淀粉粒，20天充满淀粉粒。

在胚和胚乳发育的同时，籽粒形态、干物质重和含水量均有明显变化。按其特征分为4个时期，即籽粒形成期、乳熟期、蜡熟期和完熟期，各时期所需天数因品种和环境条件而异。

（1）籽粒形成期　在受精后15天左右，胚分化基本结束，胚乳细胞已形成，籽粒已具有发芽能力。果穗和籽粒体积增大，籽粒呈胶囊状，胚乳呈清浆状。至此期末，籽粒体积达到成熟期体积的75％左右，日平均籽粒体积增长3％～5％，果穗轴直径和长度已基本确定。粒重约为鲜粒重的10％，籽粒含水量为80％～90％，处于含水量增加阶段。

（2）乳熟期　该期有15～20天，自受精后第15天起直到第35天左右止。籽粒和胚的体积均接近最大值。日增干重最多，籽粒干重增长较快，平均日增干重 3%～4%，粒重累积干物质总量占最大干物质重的 70%～80%，胚干重约占成熟期的 70%，已具有正常的发芽能力。籽粒含水量下降，为 50%～80%，胚乳逐渐由乳状变为糯糊状，呈乳白色。

（3）蜡熟期　此期 10～15 天，自吐丝后第 35 天左右起到第 50 天左右止。籽粒干物质积累速度慢，平均日增干重 2%左右，干物质积累量少，该阶段粒重累积增重占最大干物质重的 20%～30%。籽粒含水量下降为 40%～50%，籽粒内的胚乳因失水而由糊状变为蜡状。

（4）完熟期　在蜡熟后期，干物质积累停止，含水量由 40%下降到 20%，籽粒变硬，表面有鲜明光泽，用指甲不易划破，籽粒基部尖冠处黑色层出现。另外，由于在灌浆过程中的内充物由尖冠至籽粒顶部逐渐沉积并呈乳状，其沉积界面称为乳线。乳线消失是籽粒成熟的另一个特征。此时苞叶干枯，进入成熟期，籽粒产量最高。

# 第四节　玉米生长发育的环境条件

## 一、土壤

土壤是玉米扎根生长的场所，可为玉米植株的生长发育提供水分、养分、空气和矿质营养，与玉米的生长发育和产量密切相关。玉米根系发达，在 1 米$^3$ 的土层内形成，密集而强大。只有耕作层深厚、土壤疏松、团粒结构好、大小孔隙比例适当、透气性好、有机质含量高、速效养分丰富，才有利于根系生长。

玉米生长发育所需养分的 60%～80%来自土壤，仅 20%～40%来自肥料。玉米高产、丰产的适宜土壤条件是耕层土壤厚 20～40 厘米、土壤容重 1.0～1.2 克/厘米$^3$、容量为 6%～30%、pH 为 5～8、有机质含量＞1%、全氮含量＞0.06%、速效氮含量＞40 毫克/千克、有效磷含量＞20 毫克/千克、速效钾含量＞100 毫克/千克。

## 二、矿质营养

矿质营养对玉米植株的器官建成和产量影响很大。玉米在生长发育过程中，吸收的矿质元素有20余种，主要有氮、磷、钾3种大量元素，硫、钙、镁等中量元素，铁、锰、硼、铜、锌、钼等微量元素，硅、钠、钴、镍、金、银、铝、锡、氯等辅助元素。

玉米一生对氮的需求最多，吸收磷、钾较少，其吸收养分量的多少受品种特性、环境条件、栽培技术、肥料种类的影响。

### 1. 氮

玉米一生中对氮的累进吸收百分率：苗期至拔节期为$1.0\%\sim$ $12.0\%$，平均为$6.7\%$；小喇叭口期为$8.0\%\sim25.0\%$，平均为 $16.8\%$；大喇叭口期为$34.0\%\sim49.0\%$，平均为$39.6\%$；抽雄期为$44.0\%\sim60.0\%$，平均为$52.8\%$；吐丝期为$62.0\%\sim79.8\%$，平均为$72.2\%$；灌浆期为$62.0\%\sim89.0\%$，平均为$76.1\%$；乳熟期为$82.0\%\sim93.0\%$，平均为$89.0\%$；蜡熟期为$93.0\%\sim$ $100.0\%$，平均为$97.7\%$；成熟期为$100.0\%$。其中，抽雄前的氮吸收量占氮吸收总量的$40.0\%\sim70.0\%$，抽雄后占$30.0\%\sim$ $40.0\%$。抽雄前有两个高峰期：一是拔节期，氮吸收量占氮吸收总量的$25\%$左右；二是大喇叭口期至抽雄期，氮吸收量占氮吸收总量的$30\%$左右。

夏玉米生长时期处于高温多雨季节，氮吸收速度较快。在夏玉米吐丝期补充少量氮肥，有助于改善玉米生长后期的氮营养状况。从全生育期来看，虽然春播玉米对氮的吸收速度始终低于夏播玉米，但因生长期较长，其氮吸收总量明显高于夏播玉米。

### 2. 磷

玉米一生中对磷的累进吸收百分率：苗期至拔节期为$0.9\%\sim$ $8.1\%$，平均为$4.1\%$；小喇叭口期为$5.4\%\sim18.1\%$，平均为 $11.6\%$；大喇叭口期为$22.1\%\sim47.0\%$，平均为$27.9\%$；抽雄期为$23.8\%\sim55.4\%$，平均为$43.6\%$；吐丝期为$44.8\%\sim58.2\%$，平均为$53.1\%$；灌浆期为$56.1\%\sim82.4\%$，平均为$68.8\%$；乳熟

期为 $71.3\% \sim 87.1\%$，平均为 $79.3\%$；蜡熟期为 $84.9\% \sim$ $99.1\%$，平均为 $93.1\%$；成熟期为 $100\%$。其中，抽雄前的磷吸收量占磷吸收总量的 $45\%$ 左右，抽雄后占 $55\%$ 左右。抽雄前有两个吸磷高峰期：一是小喇叭口期至抽雄期，以大喇叭口期为中心；二是抽雄期至灌浆期，以吐丝期为中心。

### 3. 钾

玉米一生中对钾的累进吸收百分率：苗期至拔节期为 $0.7\% \sim$ $12.1\%$，平均为 $6.6\%$；小喇叭口期为 $4.7\% \sim 26.2\%$，平均为 $16.0\%$；大喇叭口期为 $26.3\% \sim 57.3\%$，平均为 $44.6\%$；抽雄期为 $58.7\% \sim 78.9\%$，平均为 $63.8\%$；灌浆期为 $61.9\% \sim 85.2\%$，平均为 $76.9\%$；乳熟期为 $81.0\% \sim 97.1\%$，平均为 $88.7\%$；蜡熟期 $95.3\% \sim 100.0\%$，平均为 $98.4\%$；成熟期为 $100.0\%$。其中，抽雄前的钾吸收量占钾吸收总量的 $65\%$ 左右，抽雄后占 $35\%$ 左右。吸钾高峰期在小喇叭口期至吐丝期，以大喇叭口期为中心。

### 4. 营养临界期与最大效率期

玉米磷营养临界期在 3 叶期，是种子营养转向土壤营养时期；玉米氮临界期则比磷稍后，通常在营养生长转向生殖生长的时期。营养临界期对养分的需求并不大，但养分要全面，比例要适宜。此期营养元素过多过少或者不平衡，对玉米生长发育都将产生明显的不良影响。

大喇叭口期是玉米养分吸收最大效率期。此期玉米需要养分的绝对量和相对量都最大，吸收速度也最快，肥效也最高。此时，若肥料施用量适宜，则玉米增产效果最明显。

### 5. 微量元素

玉米茎秆中钙的含量在大喇叭口期以前最高，吐丝期以后比较稳定，成熟期降低。叶片中钙的含量在拔节期以后迅速提高，授粉后 40 天时达 $0.42\%$，出现富集效应。生殖器官含钙量很低，且保持稳定。

镁主要存在于营养器官中，叶片中镁的含量一直保持稳定，授粉后茎秆、雌穗中镁的含量也不再变化。成熟时茎秆、叶片中镁的含量约为 0.3%。据报道，玉米植株体内镁的含量与光合作用关系密切，镁供应充足时可促进光合产物积累，从而提高籽粒产量。

玉米植株中，铁、锰、锌、铜的含量均呈递减趋势。其中，铁和锰元素在叶片中的含量最高，雌穗、茎秆中次之，籽粒中最少。茎秆中铁、铜的含量在吐丝期出现低谷，而叶片、雌穗中铁、铜的含量在吐丝期达到高峰。授粉以后，雌穗和籽粒的锰含量保持稳定。大喇叭口期前，锌元素主要存在于茎秆、叶片中，生长发育后期向籽粒集中。玉米叶片在一生中积累的钙、镁、锰均占整株该元素总量的 50% 以上。成熟时籽粒积累的锌、铜较多，分别为59.9% 和 37.6%。试验结果表明，每生产 100 千克籽粒需要吸收钙 0.20 千克、镁 0.42 千克、铁 2.5 克、锰 3.43 克、锌 3.76 克、铜 1.25 克。这说明，在玉米生长发育初期满足氮、磷、钾供应的同时，应适量配施微量元素肥料。

## 三、水分

水是玉米一切生命活动的介质，与植株的生长发育和产量形成密切相关。需水量也称耗水量，是指玉米在一生中株间土壤蒸发和植株叶面蒸腾所消耗的水分总量。不同生长发育时期，玉米植株大小、田间覆盖状况、叶面蒸腾和株间蒸发量不同，对水分的需求也不同。

**1. 播种出苗期**

春玉米从播种发芽到出苗需水量少，占总需水量的 3.0% ～6.0%。

**2. 苗期**

春玉米从出苗到拔节的幼苗期，由于气温较低，植株矮小，生长缓慢，需水量少，苗期需水量占全生育期需水量的 20% 左右。

**3. 拔节孕穗期**

春玉米拔节后进入旺盛生长阶段，茎、叶增长量大，雌雄穗分化形成，是春玉米营养生长与生殖生长并进时期。尤其是抽雄前半个月左右的大喇叭口期，此时雄穗已分化形成，进入四分体期，雌穗正加速小穗、小花分化，对水分要求更高。此时如水分不足，将引起小穗、小花数目减少，穗粒数下降。同时还会造成"卡脖旱"，延迟抽雄和授粉，降低结实率进而严重影响产量。此期需水量占总需水量的30%～40%。

**4. 抽雄开花期**

此期对水分的要求达到一生中的最高峰，为玉米需水临界期。此期如果水分不足，气温升高，空气干燥，抽雄后2～3天就会"晒花"，或雄穗抽不出，或抽雄延迟，造成严重减产。此期需水量占总需水量的14%～17%。

**5. 灌浆成熟期**

此期是产量形成的重要阶段，需水量占总需水量的20%～30%。春玉米的耗水量大于夏玉米，一般春玉米一生的耗水总量为400～700毫米，夏玉米一生的耗水量为350～400毫米。不同产量水平玉米的需水量也不同。玉米每生产1千克籽粒耗水400～600千克，随着玉米籽粒产量的增加，耗水系数呈下降趋势。亩产400千克产量水平，生产1千克籽粒约耗水500千克；亩产500～600千克时，耗水系数降至420～450；亩产700千克以上时，生产1千克籽粒需水不足400千克。随着籽粒产量的增加，水分生产率呈上升趋势。在产量水平较低时，1毫米水生产的玉米籽粒相对较少，如亩产400千克时，仅生产1.3千克玉米籽粒；亩产500～600千克时，1毫米水生产籽粒1.5千克左右；亩产650～700千克时，1毫米水生产1.6～1.7千克籽粒。

## 四、光照

玉米是喜光的短日照作物，光饱和点较高。其生长发育进程与日照及温度密切相关。温度较高，在8～12小时光照条件下，生长发育进程加快；在18小时以上的长日照条件下，生长发育进程延迟。玉米出苗后：若长期处在短日照条件下，则发育加快、植株矮小、提早抽雄开花，降低产量；若长期处在长日照条件下，则植株增高、茎叶繁茂、抽雄开花期延迟，甚至不能开花结实。一般早熟品种对光周期反应较弱，晚熟品种反应较强。

强光条件下玉米可合成更多的光合产物，满足植株正常生长发育的需要并获得较高产量；弱光条件下玉米光合产物较少，影响营养器官和生殖器官的生长发育，进而影响最终的产量水平。玉米不同生育时期的适宜日照时长也不同，一般播种至乳熟日照时长为8～10小时，乳熟至成熟则为9小时以上。在保证正常成熟的条件下，日照时长越长，光照越强，制造的干物质就越多，产量也就越高。

引种时，要特别注意品种对日照时长的要求。一般我国南方玉米品种向北方引种时，日照时间长和温度低导致生长发育进程延迟，植株高大，叶数增加。北方的品种向南方引种时，结果相反。但具体情况还因品种的特性而异。

## 五、温度

温度是玉米生长发育的主要环境因素之一。玉米是喜温作物，对温度敏感。玉米在不同的生长发育阶段对温度的要求也有所不同。

**1. 播种期至苗期**

玉米种子发芽要求的温度范围较宽。最低温度为6℃，最适温度为28～35℃。温度过高或过低均不利于种子发芽。

**2. 苗期至拔节期**

玉米出苗适宜温度为15～20℃，温度过低则生长缓慢，过高则苗旺而不壮。由于玉米苗期以根系生长为主，因此土壤温度状况对根系的生长发育有很大影响。土壤温度为20～24℃时对玉米根系的生长发育较为有利，下降到4.5℃时玉米根系生长完全停止。玉米苗期对低温有一定的抵抗能力。在−3～−2℃时，幼苗虽然会受到伤害，但若及时加强管理，或低温持续时间短，气温回升快，植株还可恢复生长，对产量不会有显著影响。

**3. 拔节期至抽雄期**

春玉米在日平均温度达到18℃时开始拔节。拔节至抽雄期的生长速度在一定范围内与温度正相关。穗期在光照充足，水分、养分适宜的条件下，日平均温度为 22～24 ℃ 既有利于植株生长，也有利于幼穗发育。

### 4. 抽雄期至授粉期

开花期是玉米一生中对温度要求最高的时期。玉米开花期要求日平均温度为 26～27 ℃，此时空气湿度适宜，可使雄、雌花序开花协调，授粉良好。低于 18 ℃ 时，不利于开花授粉。当温度在 32～35 ℃、空气湿度接近 30％、土壤田间持水量低于 70％ 时，雄穗开花持续时间缩短，雌穗抽丝期延迟，导致雌、雄花序开花间隔时间延长，易造成花期不能相遇。同时，由于高温干旱，花粉粒在散粉后 1～2 小时内即迅速失水（花粉含 60％ 的水分），甚至干枯，丧失发芽能力。花丝也会过早枯萎，寿命缩短，严重影响授粉，造成秃顶、缺粒。

### 5. 授粉期至成熟期

玉米授粉和成熟期，仍然要求有较高的温度，以促进同化作用。玉米成熟后期，温度逐渐降低有利于干物质的积累，此期最适合玉米生长的日平均温度为 22～24 ℃。在此范围内，温度越高，干物质积累越快，千粒重越大。当温度低于 16 ℃ 时，玉米的光合作用降低，淀粉酶的活性受到抑制，影响淀粉的合成、运输和积累，导致粒重降低，影响产量。

玉米的生物学零点温度为 10 ℃，10 ℃ 以上的温度才是有效温度。玉米各个生长发育阶段都需要一定的有效积温，只有在整个生育期达到品种要求的有效积温时，玉米才能正常生长发育达到成熟。有效积温是划分品种类型的一个重要指标。

玉米整个生育期内的有效积温与其生育期密切相关。一般来说，品种一生所需的有效积温相对稳定，温度较高时生育期相应缩短，温度低时则生育期延长。玉米对温度的反应除了生育期长短的变化外，还与许多生理过程有关，特别是温度过高或过低都会因造成生理障碍而生长发育受阻，严重时则产量明显降低。

# 第三章　玉米肥料施用技术

## 第一节　矿质元素在玉米生长发育中的作用

### 一、大量元素的生理作用及缺素症状

**1. 氮**

氮是玉米生长发育过程中需要量最大的元素，主要具有以下生理作用：是蛋白质中氨基酸的主要组成成分，占蛋白质总量的17%左右；参与玉米营养器官建成、生殖器官发育，与蛋白质代谢密不可分；是酶以及许多辅酶和辅基的组成成分；是叶绿素的主要成分，而叶绿素是叶片进行光合作用、制造同化物的主要色素；是某些植物激素如生长素、细胞分裂素、维生素（如维生素 $B_1$、维生素 $B_2$、维生素 $B_6$）等的成分。

玉米植株缺氮时，植株生长缓慢，株型细瘦、叶色黄绿，下部老叶从叶尖开始变黄，然后沿中脉伸展呈 V 形，叶边缘仍为绿色，最后整个叶片变黄干枯。缺氮还会引起雌穗不能发育或穗小粒少，进而影响产量。

**2. 磷**

磷是植物体内许多重要有机化合物的成分（如核酸、磷脂、三磷酸腺苷等），并以多种方式参与植物体内的生理、生化过程，对植物的生长发育和新陈代谢都有重要作用，其主要生理作用有：磷进入根系后很快转化为磷脂、核酸和某些辅酶等，对根尖细胞的分裂和幼嫩细胞的增殖有显著的促进作用。因此，磷不但有助于苗期根系的生长，还可提高细胞原生质的黏滞性、耐热性和保水能力，降低玉米在高温下的蒸腾强度，增加玉米植株的抗旱性。磷直接参

与糖、蛋白质和脂肪的代谢，可促进玉米植株的生长发育。提供充足的磷不仅能促进幼苗生长，并且能增加后期的籽粒数，在玉米生长中后期，磷还能促进茎、叶中的糖分向籽粒中转移，从而增加千粒重、提高产量、改善品质。另外，磷也参与植物氮代谢，若磷不足则影响蛋白质的合成，严重时蛋白质还会分解，从而影响氮的正常代谢。

玉米苗期缺磷时，幼苗根系生长缓慢，茎基部、叶鞘甚至全株呈紫红色，严重时叶尖枯死呈褐色。若开花期缺磷，可导致花丝抽出延迟，雌穗受精不完全，形成发育不良、粒行不整齐的果穗。后期缺磷，则可导致果穗成熟期延迟、籽粒品质差。

### 3. 钾

玉米对钾的需要仅次于氮，钾在玉米植株中完全呈离子状态，主要集中在玉米植株最活跃的部位，具有以下生理作用：对多种酶起活化作用，可激活果糖磷酸激酶、丙酮酸磷酸激酶等，促进呼吸作用；有利于单糖合成更多的蔗糖、淀粉、纤维素和木质素，促进茎机械组织与厚角组织发育，增强植株的抗倒伏（折）能力；钾能促进核酸和蛋白质的合成，调节细胞内渗透压，促使胶体膨胀，使细胞质和细胞壁维持正常状态，保证新陈代谢和其他生理生化活动的顺利进行；调节气孔的开闭，减少水分散失，提高叶片水势和保持叶片持水力，使细胞保水力增强，从而提高水分利用率，增强玉米的耐旱能力。钾还能促进雌穗发育，增加单株穗数，对多果穗品种效果更显著。

玉米缺钾时，植株生长缓慢，叶片黄绿色或黄色，首先是老叶边缘及叶尖干枯呈灼烧状，节间缩短，茎秆细弱，易倒伏（折）。严重缺钾时，则生长停滞，植株矮小，果穗出现秃尖，籽粒淀粉含量降低，千粒重减轻。

### 4. 钙

钙是细胞壁的构成成分，与中胶层果胶质形成果胶酸钙被固定下来，不易转移和再利用，所以新细胞的形成需要充足的钙。钙主要有以下生理作用：影响玉米体内氮的代谢，能提高线粒体的蛋白质含量，活化硝酸还原酶，促进硝态氮的还原和吸收；钙离子能降低原生质胶体的分散度，增加原生质的黏滞性，降低原生质膜的渗透性；能与某些离子产生拮抗作用，以消除离子（如 $NH_4^+$、$H^+$、$Al^{3+}$、$Na^+$ 及多数重金属离子）的伤害；是某些酶促反应的辅助因素，如淀粉酶、磷脂酶、琥珀酸脱氢酶等都用钙作活化剂；抑制水分胁迫条件下玉米幼苗质膜相对透性的增大及叶片相对含水量的下降，减轻玉米胚根在盐胁迫下的膜伤害和提高胚根在盐胁迫下的细胞活力，提高玉米耐旱性与抗盐性。

缺钙可导致玉米叶片受到膜脂过氧化伤害，使 SOD 活性尤其是 Cu‑SOD、Zn‑SOD 活性下降，细胞器被破坏，首先是叶绿素类囊体解体，随后质膜、线粒体膜、核膜和内质网膜等内膜系统紊乱和受到伤害。

玉米缺钙时，植株矮小，根系短而小，茎及根尖分生组织的细胞逐渐腐烂死亡，新生叶因分泌透明胶汁而相互粘连，使心叶生长受阻，不能伸展；叶缘变白，往往出现不规则的锯齿状破裂，老叶尖端呈棕色焦枯状。

### 5. 镁

镁是叶绿素的构成元素，与光合作用直接相关。若缺镁，则叶绿素含量减少，叶片褪绿。镁是许多酶的活化剂，有利于玉米体内的磷酸化、氨基化等代谢活动；镁能促进脂肪的合成，高油玉米需要充足的镁；镁活化磷酸转移酶，促进磷的吸收、运转和同化。

玉米缺镁一般发生在拔节期以后，幼苗上部叶片发黄，下位叶（老叶）先是叶尖前端脉间失绿，并逐渐向叶基部扩展，叶脉仍为绿色，呈现黄绿色相间的条纹，有时局部也会出现念珠状绿斑，叶尖及其前端叶缘呈紫红色，严重时叶尖干枯，脉间失绿部分出现褐色斑点或条斑。

### 6. 硫

硫是酶和蛋白质的组成元素，是许多酶的成分，这些含有巯基（—SH）的酶类影响呼吸作用、淀粉合成、脂肪和氮代谢。组成蛋白质的半胱氨酸、胱氨酸和甲硫氨酸等含硫氨基酸含硫量可达

21％～27％。施硫能提高作物必需的氨基酸含量，尤其是甲硫氨酸的含量，而甲硫氨酸在许多生化反应中可作为甲基的供体，是蛋白质合成的起始物。硫还参与作物的呼吸作用、氮代谢和糖类的代谢，并参与胡萝卜素和许多维生素、酶及酯的形成。

玉米缺硫，初发时叶片叶脉间发黄，随后叶缘逐渐变为淡红色至浅红色，同时茎基部也出现紫红色。总体表现为幼叶多呈现缺硫症状，而老叶保持绿色。

## 二、微量元素的生理作用及缺素症状

### 1. 硼

硼具有以下生理作用：能与酚类化合物络合，克服酚类化合物对吲哚乙酸氧化酶的抑制作用，在木质素形成和木质部导管分化过程中，对羟基化酶和酚类化合物酶的活性起控制作用；能促进葡萄糖-1-磷酸的循环和糖类的转化；和细胞壁成分紧密结合，能保持细胞壁结构完整性；影响 RNA，尤其是尿嘧啶的合成；能加强作物光合作用，促进糖类的形成；能刺激花粉的萌发和花粉管的伸长；能调节有机酸的形成和运转；提高光合作用，增强耐寒、耐旱能力。硼易从土壤中淋溶掉，降雨多的地区土壤中经常缺硼。

玉米缺硼表现：根系不发达；植株矮小；上部叶片脉间组织变薄，呈白色透明的条纹状；叶薄弱、发白，甚至枯死；生长点受抑制，雄穗抽不出来；雄花退化变小，以至萎缩；果穗退化、畸形，顶端籽粒空瘪。

### 2. 锰

锰具有以下生理作用：是维持叶绿体结构的必需元素，而且还直接参与光合作用中的光合放氧过程，主要是在光合系统Ⅱ的水氧化放氧系统中参与水的分解；参与作物体内许多氧化还原体系的活动。在叶绿体中，锰可被光激活的叶绿素氧化，成为光氧化的 $Mn^{3+}$，可使作物细胞内的氧化还原电位提高，使部分细胞成分被氧化；锰参与作物体内许多酶系统的活动，主要是作为酶的活化剂而不是酶的成分。锰所活化的是一系列酶促反应，主要是磷酸化作用、脱羧基作用、还原反应和水解反应等，因此锰离子与作物呼吸作用、氨基酸和木质素的合成关系密切。锰也影响吲哚乙酸（IAA）的代谢，是吲哚乙酸合成作用的辅因子，作物体内锰的变化将直接影响 IAA 氧化酶的活性，缺锰将导致 IAA 氧化酶活性提高，加快 IAA 分解。

玉米缺锰时叶绿素含量低，从叶尖到基部沿叶脉间出现与叶脉平行的黄绿色条纹，幼叶变黄，叶片柔软下垂，茎细弱，较基部叶片上出现灰绿色斑点或条纹，籽粒不饱满、排列不齐，根细而长。

### 3. 锌

锌以 $Zn^{2+}$ 形式被作物吸收，具有以下生理作用：锌在作物体内主要是作为酶的金属活化剂，最早发现的含锌金属酶是碳酸酐酶，该酶在作物体内分布很广，主要存在于叶绿体中，催化二氧化碳的水合作用，促进光合作用中二氧化碳的固定，缺锌可导致碳酸酐酶的活性降低，因此，锌对碳水化合物的形成非常重要；锌在作物体内还参与 IAA 的合成，缺锌时作物体内的 IAA 含量有所降低，生长发育出现停滞状态；施锌有利于提高玉米生长后期穗叶的 SOD 活性，降低 MDA 含量，从而降低氧自由基的伤害。

玉米缺锌症状在出苗一周后即可发生，大面积发生多在 3～4 叶期。出苗初期，幼苗发红，叶片褪色或变白。中度至严重缺乏时，叶片小且畸形，节间缩短呈小叶簇生状，有些伴有叶片黄化症状，叶脉间因黄化而呈黄绿色，但与叶脉紧邻部分则保持绿色。在玉米苗期新叶中下部黄白化形成白苗，又称花白苗，拔节后缺锌，叶片下半部出现黄白条斑，半透明，风吹易撕裂，称花叶条纹病。缺锌可导致玉米节间缩短、果穗发育不良、缺粒严重。

### 4. 铁

玉米叶片中 95％的铁存在于叶绿体中，铁是合成叶绿素所必需的元素，主要以 $Fe^{2+}$ 的螯合物被吸收，进入作物体内则处于被固定状态而不易移动。主要有以下生理作用：铁是许多酶的辅基，如细胞色素、细胞色素氧化酶、过氧化物酶和过氧化氢酶等。在这些酶中铁可以发生 $Fe^{3+} + e^- = Fe^{2+}$ 的变化，在呼吸电子传递中起重要作用。细胞色素也是光合电子传递链中的成员，光合链中的铁硫蛋白和铁氧还蛋白都是含铁蛋白，均参与光合作用中的电子传递。铁影响玉米氮代谢，不但是硝酸还原酶和亚硝酸还原酶的组分，还增强玉米新叶片中硝酸还原酶的活性和水溶性蛋白质的含量。

玉米缺铁则叶绿素合成受到抑制，上部叶片叶脉间浅绿色至白色或全叶变色。缺绿病在新形成叶片的叶脉间和细的网状组织中出现，深绿色叶脉在浅绿色或黄叶片的衬托下更为明显，最幼嫩的叶片可能完全白色，植株严重矮化。

### 5. 钼

钼以钼酸盐（$MoO_2^{4-}$）的形式被作物吸收，当吸收的钼酸盐较多时，可与一种特殊的蛋白质结合而被贮存，主要具有以下生理作用：钼是硝酸还原酶的组成成分，缺钼则硝酸不能被还原，呈现缺氮病症。同时钼还参与光合作用、磷代谢和某些重要复合物的形成。

玉米缺钼可导致种子萌发慢，有的幼苗扭曲，在生长早期可能死亡。叶较小，叶脉间失绿，有坏死斑点，且叶边缘焦枯，向内卷曲。

### 6. 铜

在通气良好的土壤中，铜多以 $Cu^{2+}$ 的形式被吸收，而在潮湿缺氧的土壤中，则多以 $Cu^+$ 的形式被吸收。铜主要具有以下生理作用：铜是多酚氧化酶、抗坏血酸氧化酶的组分，在氧化还原作用中起重要作用；铜也是质蓝素的组分，它参与光合电子传递，对光合有重要作用。

作物缺铜时，叶片生长缓慢，呈蓝绿色，幼叶缺绿，随之出现枯斑，最后死亡脱落。另外，缺铜会导致叶片栅栏组织退化，使气孔下面形成空腔，使植株即使在水分供应充足时也会因蒸腾过度而发生萎蔫。

玉米缺铜时，顶部和心叶变黄，生长受阻，植株矮小丛生，叶脉间失绿一直发展到基部，叶尖严重失绿或坏死，果穗很小。

### 7. 氯

氯以氯离子（Cl⁻）的形态通过根系被作物吸收，地上部叶片也可以从空气中吸收氯，主要生理作用：在作物体内氯主要维持细胞的渗透压及电荷平衡，并作为钾的伴随离子参与调节叶片上气孔的开闭，影响光合作用与水分蒸腾。同时氯在叶绿体中优先积累，对叶绿素的稳定起保护作用。氯活化若干酶系统，在细胞遭破坏、正常的叶绿体光合作用受到影响时，氯能使叶绿体的光合反应活化。适量的氯还能促进氮代谢中谷氨酰胺的转化以及有利于糖类的合成与转化。

玉米缺氯易感染茎腐病，患病植株易倒伏（折），影响产量和品质。

# 第二节　常用肥料品种及其有效成分

## 一、氮肥

尿素（含纯氮46%），碳酸氢铵（含纯氮17%～18%），硫酸铵（含纯氮20%～21%），硝酸铵（含纯氮33%～35%），氯化铵（含纯氮25%～26%）。

## 二、磷肥

过磷酸钙（含五氧化二磷12%～20%），重过磷酸钙（含五氧化二磷40%～50%），磷酸二铵（含五氧化二磷56%～60%），磷酸一铵（含五氧化二磷51%～53%），钙镁磷肥（含五氧化二磷14%～20%），三料磷肥（含五氧化二磷45%～47%），磷矿粉（含五氧化二磷10%～20%）。

## 三、钾肥

氯化钾（含氧化钾0～60%），硫酸钾（含氧化钾50%），硝酸钾（含氧化钾40%），钾镁肥（含氧化钾20%～30%）。

## 四、复合肥

复合肥按照生产工艺可以分为配成型复合肥和掺混型复合肥。配成型复合肥包括磷酸一铵、磷酸二铵、硝酸磷肥、硝酸钾、磷酸二氢钾、三元复合肥。并用 $N-P_2O_5-K_2O$ 的配合式表示相应氮、磷、钾的百分比。二元型复合肥养分配比比较简单，其中磷酸一铵为 $18-46-0$，磷酸二铵为 $11-44-0$，硝酸磷肥为 $27-11-0$，硝酸钾为 $14-0-39$。三元复合肥主要指用磷酸、合成氨和钾等基础原料直接加工而成的复合肥。掺混型复合肥是指用成品单质化肥进行造粒或者直接掺混而形成的肥料。

根据氮、磷、钾总养分含量的不同，可将复合肥分为低浓度（总养分≥25%）、中浓度（总养分≥30%）和高浓度（总养分≥40%）复合肥。

## 五、微量元素

硼砂（含硼 11%），硼酸（含硼 17%），硫酸锰（含锰 26%～28%），氧化锰（含锰 41%～68%），硫酸锌（含锌 35%），七水合硫酸锌（含锌 23%），硫酸铜（含铜 25%），钼酸铵（含钼 54.3%），硫酸亚铁（含铁 18%）。

## 六、生物肥料

狭义的生物肥料指微生物肥料，简称菌肥，又称微生物接种剂，由具有特殊效能的微生物经过发酵（人工培制）而成，含有大量有益微生物，施入土壤后，或能固定空气中的氮或能活化土壤中的养分，改善作物的营养环境，或在微生物的生命活动过程中产生活性物质，刺激作物生长。

广义的生物肥料泛指利用生物技术制造的、对作物具有特定肥效（或有肥效又有刺激作用）的生物制剂，其有效成分可以是特定的活生物体、生物体的代谢物或基质的转化物等，这种生物体既可以是微生物，也可以是动物、植物组织和细胞。生物肥料与化学肥料、有机肥料均是农业生产中的重要肥源。

生物肥料的种类很多，按其制品中特定的微生物种类分为细菌肥料、放线菌（如抗生菌类）肥料、真菌类（如菌根真菌类）肥料、固氮蓝藻肥料等。

## 七、商品有机肥料

目前，我国商品有机肥料大致可分为精制有机肥料、有机无机复混肥料和生物有机肥料 3 种类型。其中以有机无机复混肥料为主。

精制有机肥料是指经过工厂化生产、不含特定肥料效应微生物的商品有机肥料，以提供有机质和少量大量营养元素养分为主。作为一种有机质含量较高的肥料，精制有机肥料是绿色农产品、有机农产品和无公害农产品生产的主要肥料品种。

有机无机复混肥料由有机和无机肥料混合或化合制成，既含有一定比例的有机质，又含有较高的养分。目前，有机无机复混肥料占主导地位。

生物有机肥料是指经过工厂化生产、含有特定肥料效应微生物的商品有机肥料，除含有较多的有机质外，还含有改善肥料或土壤中养分释放能力的功能性微生物。

## 八、农家肥（有机肥料）

农家肥是农村利用各种有机物质就地取材、就地积制的自然肥料的总称，大多是有机肥料。农家肥资源极为丰富，品种繁多，几乎一切含有有机物质并能提供多种养分的材料，包括人粪尿、禽畜粪尿等粪肥，菜籽饼、花生饼、豆饼、茶籽饼等饼肥，以植物性材料为主添加促进有机物质分解的物质经堆腐而成的堆肥等。农家肥的优点是含有作物生长必需的各类的养分，能改善土壤的团粒结构，提高土壤保肥、保水能力，平衡土壤的酸碱度，肥效长等；缺点是相较于化学肥料有效养分含量低且不稳定，效果较化学肥料迟，施入量大，施肥劳动强度大，各种不同的农家肥营养元素含量差异大等。各种农家肥有效养分含量见表3-1。

表3-1　农家肥有效养分含量

| 名称 | 有机质（%） | N（%） | $P_2O_5$（%） | $K_2O$（%） |
|------|-----------|--------|-------------|-----------|
| 人粪尿 | 5.00~10.00 | 0.50~0.80 | 0.20~0.40 | 0.20~0.30 |
| 猪粪 | 13.70~15.00 | 1.05~2.90 | 0.64~1.63 | 0.94~1.05 |
| 马粪 | 20.00~21.00 | 0.40~0.50 | 0.20~0.30 | 0.35~0.45 |
| 牛粪 | 14.50~15.00 | 0.87~2.54 | 0.39~0.45 | 0.5~1.10 |
| 羊粪 | 24.00~27.00 | 1.25 | 0.59 | 0.95 |
| 鸡粪 | 25.50 | 1.78~2.25 | 0.62~1.61 | 0.85~1.37 |
| 牛厩肥 | 20.30 | 20.30 | 0.34 | 0.25 |
| 猪厩肥 | 25.00 | 0.45 | 0.19 | 0.60 |
| 羊厩肥 | 31.60 | 0.83 | 0.23 | 0.67 |
| 堆肥 | 15.00~25.00 | 0.40~0.50 | 0.18~0.26 | 0.45~0.70 |
| 高温堆肥 | 24.00~42.00 | 1.05~2.00 | 0.30~0.82 | 0.47~2.53 |
| 饼肥 | 75.00~86.00 | 1.00~7.00 | 0.30~3.00 | 1.00~2.50 |

# 第三节　玉米施肥量及施肥技术

## 一、玉米施肥量

玉米全生育期的肥料用量应根据土壤基础肥力、肥料利用率、目标产量等综合确定。新中国成立后，施肥量持续增加，导致过量施肥，造成肥料利用率下降。张福锁等通过研究我国2003—2005年粮食主产区的肥效数据发现，我国玉米氮肥、磷肥、钾肥的利用率分别为25.6%~26.3%、9.7%~12.6%和28.7%~32.4%。而1998年朱兆良等的研究结果表明氮肥、磷肥、钾肥的利用率分别为30%~35%、15%~20%和35%~50%。因此，根据各地的土壤与气候条件、玉米需肥特性进行配方施肥是实现玉米持续高产的关键措施。

不同产量水平、土壤条件以及不同玉米品种每生产 100 千克籽粒的氮、磷、钾分配比例有所不同。研究结果表明，夏玉米亩产414.0 千克、514.6 千克、774.2 千克、945 千克、1 000 千克条件下生产 100 千克籽粒所需氮（N）、磷（$P_2O_5$）、钾（$K_2O$）量分别为 2.62 千克、1.31 千克和 2.90 千克，2.22 千克、0.77 千克和3.06 千克，1.98 千克、0.90 千克和 1.83 千克，1.87 千克、0.50千克和 1.75 千克，1.93 千克、0.51 千克和 2.07 千克。在春玉米需肥量研究中，Karlen 等的研究表明春玉米亩产 1 264.4 千克时生产 100 千克籽粒需要的氮（N）、磷（$P_2O_5$）、钾（$K_2O$）、钾量分别为 2.03 千克、0.85 千克和 2.35 千克。王海生等的研究结果表明，玉米产量水平在 400～600 千克/亩范围内，紧凑型玉米（掖单12）与平展型玉米（丹玉 13）生产 100 千克籽粒需要的氮（N）、磷（$P_2O_5$）、钾（$K_2O$）量分别为 2.14 千克、0.39 千克和 3.36 千克，1.92 千克、0.54 千克和 3.00 千克。

傅应春等的研究结果表明，玉米在不同肥力水平下生产 100 千克籽粒的需肥量与土壤肥力正相关。近年来，随着化肥施用量尤其是氮肥用量的增加，氮肥利用率大大降低，肥料损失率增加。在一定范围内，玉米产量与施氮量正相关，但超过一定阈值时，氮肥的玉米增产效应降低或者消失。张福锁等的研究表明，当氮肥施用量超过每亩 16 千克时，玉米产量与氮肥利用率急剧下降。米国华等通过分析总结 20 世纪 90 年代发表的 22 个玉米氮肥优化试验发现，亩产 666.7 千克的最佳施氮量为 13.3 千克左右。

施用氮肥、磷肥、钾肥可显著促进玉米增产。施用氮肥可促进玉米的生殖生长，增加穗行数、穗粒数，提高粒重；施用磷肥可明显增加穗粒数；施用钾肥主要是提高粒重、增加穗粒数。毕研文等的研究表明，氮肥、磷肥、钾肥单施或配施对夏玉米均有一定的增产增收效果，且不同肥料的增产效果为氮肥＞钾肥＞磷肥，同时施肥还能够显著改善夏玉米的经济性状和籽粒品质。郭中义等的研究表明，氮肥、磷肥、钾肥对玉米产量的影响程度为氮肥＞磷肥＞钾肥，磷肥、钾肥增产幅度差别不明显。Rhoads 研究认为种植春玉米氮肥应在前期（大喇叭口期以前）占有较大的比例或全部施入。

## 二、玉米施肥技术

由于土壤自身的养分状况不能满足玉米整个生育期的需肥量，因此必须通过施肥满足玉米正常生长发育对养分的需求。根据玉米不同生育时期的营养吸收规律，玉米的施肥原则是施足基肥、轻施种肥与苗肥、稳施拔节肥、猛攻穗肥、巧施粒肥、酌施微肥。

### （一）施足基肥

基肥也叫底肥，包括播种前和播种时施用的各种肥料。基肥的施用量及其占总施肥量的比例因肥料种类、土壤、播种期等而不同。玉米基肥应以有机肥为主，基肥用量一般占总施肥量的60%～70%。基肥充足时可撒施后耕翻入土，如肥料不足，则可全部沟施或穴施。集中施肥有利于减少流失、提高肥料利用率。磷肥、钾肥宜全部作基肥，氮肥1/2作基肥，其余作追肥施入。

春玉米施基肥最好在上一年结合秋耕施用，在春季播种前松土时可再施一部分。施用基肥时，应使其与土壤均匀混合，用量较少时也可作为种肥集中沟施或穴施。夏玉米基肥可在前茬作物收获后结合耕翻施入。秸秆还田和有机肥作基肥能够提高土壤生产能力，确保玉米持续高产，充分发挥肥料增产效益。冬小麦—夏玉米两熟区，小麦收获后，小麦秸秆耕翻还田或留高茬，都可以作为基肥。在土壤肥力较低的土壤上，秸秆还田时应配施少量氮肥，以调节碳氮比，加速秸秆腐解。有机肥料作基肥，一般翻埋深度应大于10厘米，以利于保肥和作物吸收。

氮肥作基肥要深施，以减少氮挥发损失，有利于作物吸收利用。磷肥、钾肥作基肥时宜与有机肥混合施用，或集中施于10～30厘米的根系密集层。磷肥当季利用率低，有明显后效，应每年或隔年分批施用，不宜一次性大量施用。

### （二）轻施种肥与苗肥

玉米施用种肥增产效果明显，一般可增产10%左右。在土地瘠薄、基肥不足或未施基肥的情况下，种肥的增产效果更大。种肥以速效氮肥为主，酌情配施适量的磷肥、钾肥。腐熟的优质农家肥也可作种肥，在夏播玉米来不及施基肥的情况下可补充和代替部分基肥。将种肥施在种子的侧下方，距种子4～5厘米，穴施或条施均可。应避免与种子直接接触，以防烧苗。

　　苗肥应早施、轻施和偏施，以氮肥为主。玉米苗期株体小，需肥不多，但养分不足则可导致幼苗纤弱、叶色淡、根系生长受阻，影响中后期的生长。因此，定苗后应及时轻施苗肥，促进苗壮。苗肥以腐熟的农家肥和速效氮肥为宜。但切忌施用过量，以防幼苗徒长。苗肥应占施肥总量的5％～10％。

### （三）稳施拔节肥

　　拔节肥应稳施，以有机肥为主，并适量掺和少量速效氮肥、磷肥。对基肥不足、苗势较弱的玉米，应增加化肥用量，一般每亩可追施10～15千克碳酸氢铵或3～5千克尿素。拔节肥通常在玉米出现7～9个可见叶片时开穴追施，地肥苗壮的应适当迟追、少追，地瘦苗弱的应早施、重施。拔节肥的作用是壮秆，也有一定促进雌雄穗分化的作用。特别是采用中早熟及早熟品种的夏玉米和秋玉米，施用拔节肥增产效果显著。壮秆肥应注意施用适量，以防节间过度伸长、茎秆脆嫩、后期发生倒伏（折）。壮秆肥的施用量占施肥总量的10％～15％。

### （四）猛攻穗肥

　　穗肥的主要作用是促进雌雄穗的分化，实现粒多、穗大、高产。穗肥用量应占施肥总量的50％左右，以速效氮肥为主，施用时间一般在抽雄前10～15天，即雌穗小穗小花分化期，小喇叭到大喇叭口期。生产上还应根据植株生长状况、土壤肥力水平以及前期施肥情况，基肥不足、苗势差的田块，穗肥应提早施用。穗肥用量应根据苗情、地力和拔节肥施用情况而定，一般每亩施碳酸氢铵15～20千克或者尿素5～8千克。一般土壤瘠薄、基肥少、植株生长较差的，应适当早施、多施；反之，可适当迟施、少施。

### （五）巧施粒肥

玉米（特别是春玉米）开花授粉后，可适当补施粒肥，以便肥料在灌浆期发挥作用，促进籽粒饱满，减少秃尖长度，提高玉米的产量和品质。粒肥主要施用速效氮肥，每亩穴施碳酸氢铵 3～5 千克即可，也可叶面喷施 0.2％的磷酸二氢钾溶液，每亩喷液量 50 千克左右。粒肥用量占总用肥量的 5％左右。

### （六）酌施微肥

锌肥：玉米对缺锌非常敏感，如果土壤中有效锌少于 0.5～1.0 毫克/千克，就需要施用锌肥。常用锌肥有硫酸锌和氯化锌，锌肥的用量因施用方法而异，基施亩用量 0.5～2.5 千克，拌种 45 克/千克，浸种用浓度 0.02％～0.05％的溶液处理种子 12～24 小时，叶面喷施用 0.05％～0.10％的硫酸锌溶液。苗期、拔节期、大喇叭口期、抽穗期均可喷施，但苗期和拔节期喷施效果较好。

硼肥：硼肥作基肥，每亩可用硼砂 100～250 克或硼镁肥 25 千克；浸种时，用 0.01％～0.05％的硼酸溶液浸种 12～24 小时。

# 第四章 玉米病虫草害防治

近年来，因气候变暖、农业生态环境改变以及种植业结构、耕作制度、品种、生产方式及生产条件等因素的改变，一些病虫草害、传媒昆虫的生活和传播条件也发生改变，并因此产生了适合某些有害生物积累的生态环境。在我国主要玉米产区，玉米病虫草害有加重的趋势。

## 第一节　我国玉米病虫草害的发生概况

据联合国粮食及农业组织统计，每年全世界因杂草、虫害和病害造成的玉米产量损失分别占玉米总产量的 13％、12％和 6％。我国幅员辽阔，气候条件复杂，在玉米生长发育过程中各种病虫草害均有发生，每年因此造成的玉米缺株、空秆、倒伏（折）、籽粒败育可导致玉米产量损失 10％左右，在严重发生年份甚至 20％以上。

### 一、病害

玉米病害分侵染性病害和非侵染性病害。由微生物侵染而引起的病害称为侵染性病害。按侵染源的不同，可将侵染性病害分为真菌性病害、细菌性病害、病毒性病害等多种类型。非侵染性病害是由非生物因子如营养、水分、温度、光照和有毒物质等引起的病害，可阻碍植株的正常生长而使其出现不同病症。这些由环境条件引起的病害不能相互传染，因此又称为非传染性病害或生理性病害。这类病害主要包括缺素症状。

玉米侵染性病害是危害玉米生产的主要因素，其种类占玉米病害总量的 80％以上。据全国农业技术推广服务中心统计调查，近年来，我国玉米侵染性病害以大小斑病、丝黑穗病、褐斑病、粗缩病、纹枯病和锈病等为主，年发生面积在 1.50 亿～1.95 亿亩次。其中大小斑病在四川北部、四川南部、贵州北部、云南西北部等西南部分地区偏重发生，在黑龙江、吉林、内蒙古、河北、河南、山西、湖南中等发生，在其他地区偏轻及以下程度发生。丝黑穗病在黑龙江、吉林、辽宁、内蒙古中等至偏重发生，在华北、西南、华南偏轻及以下程度发生。褐斑病在河北、河南、山东中西部、安徽东北部等黄淮海夏玉米区中等至偏重发生。纹枯病和锈病主要在黄淮、江淮、西南地区发生。粗缩病在山东、江苏、河北、河南、安徽部分夏玉米种植区偏重发生。

## 二、虫害

据全国农业技术推广服务中心统计调查，影响我国玉米生产的重要害虫为玉米螟、黏虫、棉铃虫、蓟马、蚜虫、叶螨、小地老虎、蛴螬等，年发生面积在 4.81 亿～6.33 亿亩次，其中玉米螟多代危害，持续时间长，危害面积最大，第 1 代幼虫在东北三省以及内蒙古等春播玉米区偏重发生，在华北、黄淮海和新疆中等发生，在西南、西北等其他地区偏轻发生。玉米螟第 2 代幼虫在东北南部、华北北部偏重发生，在黄淮、江淮、西南和新疆等地中等发生，在其他地区偏轻发生。玉米螟第 3 代幼虫在黄淮、江淮、华北、西南地区中等发生，在西北等地偏轻发生。棉铃虫在河北、河南等华北、黄淮夏玉米种植区中等至偏重发生，在江淮和西北地区偏轻至中等发生。黏虫在北方春、夏玉米种植区和西南地区中等至偏轻发生，蓟马在河北、山东等地中等至偏重发生。蚜虫在西北、华北、东北和黄淮海等春、夏玉米种植区偏轻至中等发生。叶螨在山西、河北偏重发生，在华北其他地区、西北、黄淮和江淮地区中等发生。小地老虎等地下害虫在山西、河北、四川、云南的部分地区偏重发生，在其余地区中等及以下程度发生。另外，双斑萤叶甲在西北、东北、华北等地，耕葵粉蚧在华北地区仍呈加重发生趋势。

### 三、草害

杂草对玉米的危害：首先，表现在与玉米争夺生活空间和阳光，并消耗大量土壤水分和养分；其次，杂草是某些病虫的越冬场所和寄主，有利于病虫害的发生。杂草生命力极其旺盛、繁殖能力惊人，并可通过多种方式进行传播。

玉米田间的杂草种类约 130 种，隶属 30 个科。主要有马唐、稗、狗尾草、牛筋草、打碗花、田旋花、圆叶牵牛、龙葵、曼陀罗、反枝苋、马齿苋、苍耳、刺菜、藜、香附子、苘麻、平车前、地锦、葎草等。

东北春玉米区玉米田的杂草主要有马唐、稗、龙葵、葎草和苍耳等；西北玉米区玉米田的杂草主要有稗、藜、田旋花、刺儿菜、绿狗尾等；黄淮海夏玉米区玉米田的杂草主要有马唐、马齿苋、牛筋草、打碗花、田旋花、狗尾草、藜、反枝苋等；西南玉米区玉米田的杂草主要有马唐、牛筋草、稗、绿狗尾、荠菜、刺儿菜等。

玉米田杂草的种类因玉米春、夏播种植方式的不同而异。其中：春播玉米田以多年生杂草、越年生杂草和早春性杂草为主，如田旋花、打碗花、荠菜、藜等；夏播玉米田则以一年生禾本科杂草和晚春性杂草为主，如稗、马唐、狗尾草、反枝苋、马齿苋、龙葵等。与春播玉米田杂草相比，夏播玉米田杂草生长发育期间气温高、降水量大，高温高湿的环境条件对杂草的萌发和旺盛生长非常有利，因此更易形成草荒。

从玉米的整个生育期来看，苗期受杂草危害严重，而中后期的杂草对玉米生长的影响较小。苗期的杂草危害可导致玉米中后期生长不良、空秆率提高、穗粒数和粒重明显下降，进而严重减产。

## 第二节　病虫草害防治措施

积极贯彻"预防为主、综合防治"的植保方针，及时、准确地做好病虫草预测与防治工作，采用低毒高效农药与除草剂，加强生物防治，提高防治效率，培育健康生态环境，为玉米可持续高产打下基础。

## 一、病害防治

由于致病病原、发病机制与传播途径不同，玉米病害呈多样性发展，且在玉米不同生育时期、不同生长部位均可发病，如主要发生于苗期的苗枯病、矮花叶病、粗缩病等，发生于叶片的大斑病、小斑病、灰斑病、褐斑病、锈病等，发生于茎秆的纹枯病、茎腐病等，发生于穗部的丝黑穗病、穗腐病等。

针对不同病害的发病特点，主要有以下防治措施：

**1. 选育推广抗病与耐病品种**

**2. 农艺措施**

（1）加强肥水管理、合理促控，提高植株抗病能力。

（2）有条件的地区进行合理轮作，收获后清除田间发病植株，烧毁或深埋，减少病源。

（3）对于受害虫带菌迁移影响较大的病害，如细菌性茎腐病、矮花叶病、粗缩病等，应适当调整播期，使玉米感病期避开害虫高发期。

**3. 化学防治**

（1）药剂拌种 针对真菌性、细菌性、病毒性等不同病害的发生特点，选择适宜的种衣剂、杀虫剂或杀菌剂进行包衣、拌种。如用2.5%咯菌腈悬浮种衣剂10克兑水100毫升，拌种5千克可防治苗枯病。用25%三唑酮可湿性粉剂100～150克，兑水适量，拌种50千克，或采取种子包衣，可有效减少茎腐病发生。用15%腈菌唑EC种衣剂按种子重量的0.1%～0.2%拌种可防治玉米丝黑穗病。

（2）喷雾防治 在玉米发病初期或发病盛期，选择适宜的农药按照配比与稀释倍数进行喷施。如用50%多菌灵可湿性粉剂500倍液、75%百菌清可湿性粉剂800倍液在抽雄期及抽雄后每隔7～10天喷施1次，连续施用2～3次，可有效防治玉米大斑病、小斑病。发病初期，喷施 25％三唑酮可湿性粉剂 1 500～2 000 倍液，12.5％烯唑醇可湿性粉剂 4 000～5 000 倍液，隔 10 天左右喷施 1次，连续施用 2～3 次，可防治锈病等。

## 二、虫害防治

影响我国玉米生产的重要害虫涉及鳞翅目、鞘翅目、半翅目、直翅目、双翅目、缨翅目和叶螨类等。其中发生频率高、危害严重的有 30 余种。主要的玉米苗期害虫有蛴螬、蝼蛄、地老虎、金针虫、灰飞虱、蓟马等，其中蛴螬、蝼蛄、地老虎等地下害虫危害较大，易咬断玉米根茎，使幼苗萎蔫死亡，造成缺苗断垄，玉米成长期害虫主要有玉米螟、蚜虫、棉铃虫等，其中玉米螟是多代危害，造成的损失最大。

虫害防治主要是控防结合，在加强虫情预测的基础上，及时进行防治，主要有以下防治措施：

**1. 选育推广抗虫品种**

**2. 农艺措施**

（1）害虫发生严重地区，合理安排茬口、实行倒茬轮作。

（2）冬耕冬灌、精耕细作，铲除地头杂草，消灭越冬虫卵或蛹。如金针虫幼虫，大螟与玉米螟的蛹、蛴螬、小地老虎幼虫等。

（3）施用腐熟有机肥，减少越冬虫卵存活数量。

（4）对虫口密度较低、发现及时的地块进行人工捕捉。

**3. 黑光灯诱杀**

对于有趋光性的成虫，利用黑光灯诱杀，如玉米螟、玉米叶夜蛾、棉铃虫、黄腹灯蛾、小地老虎、蛴螬、小青花金龟、斑须蝽、大青叶蝉、蝼蛄等害虫的成虫。

**4. 化学防治**

（1）种衣剂包衣　选择含有效杀虫成分的种衣剂进行包衣，含有吡虫啉等成分的包衣剂可有效防治玉米苗期地下害虫危害。

（2）毒饵诱杀　利用害虫对某类气味的趋向性进行毒饵诱杀，

如把麦麸等饵料炒香，每亩用饵料4～5千克，加入90％敌百虫晶体30倍水溶液150毫升，拌匀成毒饵，傍晚撒施，可以诱杀小地老虎、蝼蛄。用50％辛硫磷乳油50～100克拌饵料3～4千克，傍晚撒施，可防治蛴螬、金针虫等。

（3）糖醋诱杀　利用某些害虫的趋化性，可进行糖醋诱杀，如将白酒、醋、红糖、水、90％敌百虫晶体按1∶3∶6∶10∶1的比例在盆内拌匀，放置在腐烂有机质较多的地方或放在距田面1米高的地方，可诱杀黏虫、小地老虎、白星花金龟成虫等害虫。

（4）药剂防治　当虫口密度达到一定数量时必须进行药剂防治。不同害虫用药方式、种类与浓度不同。利用辛硫磷颗粒、甲萘威可湿性粉剂、敌百虫粉剂等按配比进行土壤处理可以防治地下害虫。对于地上部害虫一般采用药剂喷施，常用溴氰菊酯乳油、吡虫啉可湿性粉剂、三唑酮可湿性粉剂、敌百虫、甲氧虫酰肼悬浮剂、氟虫脲等农药。

**5. 生物防治**

利用天敌进行生物防治，既能防治害虫，还能保护生态环境，是一种"绿色"防治措施。目前在生产上应用最广的是利用白僵菌与赤眼蜂防治玉米螟。

（1）白僵菌防治　在东北春玉米区，用白僵菌封垛消灭越冬幼虫，5月上中旬，在越冬代玉米螟幼虫化蛹前，每立方米垛量用白僵菌（每克含孢子300亿个）10～20克喷粉封垛。喇叭口期将Bt颗粒剂或白僵菌菌沙投入喇叭口，或喷雾，可兼治棉铃虫等害虫。

（2）赤眼蜂防治　选择寄生力和适应性强的优良赤眼蜂种，在越冬代玉米螟化蛹率达20％时后推10天第1次放蜂，间隔5天第2次放蜂，或在籽粒建成初期玉米螟产卵始期第2次放蜂。将蜂卡挂在放蜂点玉米茎秆中部叶片的背面，傍晚放蜂，避免新羽化的赤眼蜂遭受日晒。赤眼蜂只能飞10米左右，放蜂点一般掌握在每亩2～6个点，每亩放蜂1万～2万头。

### 三、杂草防治

因玉米行距较大，苗期最易受杂草的危害，通常导致植株细弱、矮小，降低根系活力，致使玉米中后期生长不良、空秆率提高、穗粒数和粒重明显下降，严重时还可导致幼苗萎蔫甚至死亡，造成减产。玉米生长中后期，由于田间郁闭作用，杂草的发生与生长受到抑制，对产量影响不大。因此，苗期是玉米杂草防治的关键时期。

近年来，随着化学除草剂的大量应用，在玉米主产区化学除草已逐渐取代人工除草与机械中耕除草。从防治时期来看，主要在以下 4 个时期进行杂草防治：

**1. 苗前**

即在玉米播种后且尚未出苗前，喷施封闭性除草剂。这类除草剂主要有乙阿合剂、乙草胺、都阿合剂、莠去津等，主要用于防治一年生禾本科杂草和阔叶杂草。苗前封闭的用药量与药效受土壤质地、有机质含量、pH 等因素的影响。在沙质土壤上，若遇大雨则可能将某些除草剂淋溶到玉米种子上进而产生药害，在干旱条件下施药的除草效果差，因此喷洒除草剂必须保持土壤湿润才有利于除草剂发挥作用，同时要注意根据土壤湿度酌情增减水量。足量的水可使土壤表面均匀着药，形成药土层，封闭厚，水量少则封闭层薄，效果不好。

在土壤墒情较好之前未用过除草剂或施用除草剂时间较短，田间主要杂草为马唐、狗尾草、藜、反枝苋等的地块，可用乙草胺＋莠去津、丁草胺＋莠去津、异丙甲草胺＋莠去津等复配除草剂进行苗前封闭。

在墒情较差地区，施药时尽可能加大水量，使药剂能喷淋到土表。可选用乙草胺＋莠去津、异丙甲草胺＋莠去津、异丙甲草胺＋莠去津、绿麦隆＋乙草胺＋莠去津等复配除草剂进行苗前封闭。

**2. 3～5 叶期**

玉米 3～5 叶期是玉米田杂草防除的一个重要时期，如杂草不及时防除，将直接影响玉米的生长及产量。玉米 5 叶期以后施药易发生药害，施药时如遇高温也易发生药害，对于长期施乙草胺＋莠去津等封闭型除草剂的玉米田块，在玉米 3～5 叶期田间香附子、谷莠子大量发生时，可选用烟嘧磺隆或砜嘧磺隆等苗后茎叶处理剂进行均匀喷施。若玉米 5 叶期以后施药，则应避免药液流入玉米喇叭口内，以免发生药害。

**3. 6～8 叶期**

对于前期未进行化学除草、墒情较差、田间杂草较少的田块，可在玉米 6～8 叶期喷施兼有除草和封闭效果的除草剂，可用烟嘧磺隆＋莠去津（清闲）兑水定向喷施。施药时应选择无风天气，定向喷施时注意不能将药液喷施到玉米喇叭口内。

**4. 8 叶期后**

在玉米生长中期，对于前期未进行化学除草或施药效果较差未能控制杂草危害的田块，可在玉米 8 叶期后、茎基部老化后，用苯唑草酮兑水进行定向除草。施药时，应选择无风天气，并避免将药剂喷施到玉米茎叶上。

# 第五章　杂交种子生产技术

玉米杂交种子的质量是保证玉米高产稳产的关键。种子质量包括纯度、发芽率、水分、净度四项指标，其中纯度最重要，其次是发芽率。在重视种子质量的同时，也应重视杂交制种产量的提高，以保证玉米杂交种的推广速度，提高制种农户和种子生产单位的经济效益，巩固制种基地，保证供求平衡。

## 一、制种基地的选择与配置

适宜的种子生产基地是种子生产成功的基础。在玉米制种生产实践中，若制种基地选择不当则会给种子生产基地和种子经营企业造成经济损失。选择制种基地通常需要考虑下面几个主要因素。

### 1. 温度

温度是玉米自交系生长发育及成熟的保证，不同自交系全生育期对温度的要求以及对温度的敏感程度不同。温度条件一般用当地的无霜期或活动积温指标与所生产的杂交组合对温度的需求进行衡量。因此，选择基地首先要衡量当地温度条件能否满足制种杂交组合的需求，而且必须保证能够在80%的年份达到这一要求。

一般在温度有保证的条件下，多选择春播并尽量与当地温度条件相吻合，以最大限度地利用当地光热资源，确保所生产的种子产量高、品质好且收购成本低。

### 2. 降水量

玉米制种生育期内必须有水浇条件，降水量或灌溉能力也是影响玉米制种的一个重要条件。适宜玉米生长的年降水量为400～700毫米，且要均匀分布。

### 3. 病虫害

病虫害的发生与制种区域或制种地块的小气候密切相关。以病害为例，高温多雨的区域或低洼易涝地、滩地、沿河两岸的制种地块是玉米大斑病、小斑病易发重发地，在比较冷凉的地区极易发生玉米丝黑穗病。因此，选择制种基地时必须考虑和重视病虫害的发生情况，应有计划地将易感组合安排在适宜区域或地块，努力减少病虫危害所造成的损失。

### 4. 社会经济因素

选择制种基地必须考虑当地的经济水平、产业结构、种植业结构，一般选择粮食作物占比比较高的地区，尽量避开城市近郊，并且应具有县（市）级以上农业主管部门签发的种子（制种）生产许可证，保证合法生产。此外，还要考虑农民积极性、交通运输条件等因素，以确保种子质量和降低生产成本。

### 5. 合理的空间配置

合理的空间配置能够达到保证质量、降低成本、减少风险的目的。为便于基地管理、人力资源合理配置和降低成本，制种基地在空间上应适当集中，尤其是同一基地更要强调集中。为规避风险、增强预期，面积较大的杂交组合要适度分散，以减少不确定性因素所造成的损失。同一母本的不同杂交组合不宜安排在同一制种基地村，特别是同一地块绝不能有同一母本的不同杂交组合生产制种，以防混杂，将同一父本的不同杂交组合安排在同一隔离区内，可以降低隔离设置的成本。

### 6. 安全隔离

（1）自然屏障隔离　利用山岭、较大面积密度树林、村庄等自然屏障，防止外来玉米花粉侵入，达到隔离的目的。

（2）空间隔离　制种田与异品种玉米田边界垂直空间隔离带不少于300米，以防外来花粉串杂，单交制种隔离不少于400米，双交制种隔离不少于300米，甜、糯玉米和白玉米在400米以上，在多风地区，特别是隔离区设在其他玉米的下风处或地势低洼处时，应适当加大隔离区。

（3）时间隔离　根据当地自然条件调整制种玉米播期，制种玉米与其他玉米错期播种，一般春播玉米错期 35～40 天，夏播玉米错期 25～30 天。

（4）高秆作物隔离　制种田如无村庄、树林、河堤、山冈、沙丘等隔离条件，采用高秆作物隔离时隔离带宽度不少于 50 米。

（5）父本隔离带　用高秆父本在制种田四周种植 30 米的隔离带。

### 7. 隔离区数目及面积

配制玉米单交种需设置 3 个隔离区，即 2 个亲本自交系繁殖区和 1 个杂交制种区，配制三交种需设置 3 个亲本自交系，但在配制单交种及三交种时，隔离安全，母本去雄及时、彻底，而制种区的父本自交系也可以继续使用，只需 3 个隔离区。配制双交种需 4 个隔离区。

亲本繁殖区面积＝翌年需种量（翌年播种面积×每亩播种量）/ 当年亲本平均产量×种子合格率

杂交制种区面积＝翌年播种量（翌年播种面积×每亩播种量）/ 当年亲本平均产量×母本行×种子合格率

## 二、规范播种

### 1. 建立田间管理档案

对代繁企业、村、场的制种专业组分别进行技术培训，共同制定田间管理技术。播种前由代繁企业和基地村共同填写制种农户花名册，绘制详细到户的田间种植图，在图上将制种田逐块编号，播种后地块统一挂牌，标示农户姓名、地块编号、面积等，逐户建立田间管理档案。分发亲本种子，监督农户按要求的行比进行播种，播种后逐块地核实制种面积，并将播种情况的核实面积结果填入田间管理档案，由基地负责人和农户签字。

### 2. 选用优质的亲本种子

要求亲本种子的纯度不低于 99％、净度不低于 99％、发芽率不低于 95％。对陈旧种子及发芽率低于 95％的种子，则要根据种子的发芽率及芽势加大播种量，以保证田间出苗率。播前进行人工粒选，剔除秕粒、破碎粒、瘪粒等有明显缺陷的种子，同时选用玉米专用种衣剂包衣，种子包衣后晒种 2～3 天。

**3. 适期播种**

在我国北方春播区，当土壤 5 厘米地温稳定通过 10 ℃时即可播种，播种前精细整地，深耕细耙，使土壤细碎平整、上虚下实。结合整地施足基肥，基肥以腐熟农家肥为主，以复合肥和磷肥为辅，根据留苗密度及种子发芽率和发芽势确定适宜的播种量。种肥不能直接接触种子，播种深度为 3～4 厘米，播种均匀，覆土严实，深浅一致。确保苗全、苗壮、苗匀，为以后的去杂、去雄提高纯度打下基础。严格错期播种，确保花期相遇，提高授粉结实率是玉米制种高产、保证纯度的关键。新组合在种植前应先采取花期试验来确定适宜该地区的播期间隔。

## 三、田间管理

**1. 查苗补苗**

自交系繁殖田应在齐苗后及时查苗补种或补栽。补栽苗应为播前的预种苗，以苗龄 1～2 片叶为好。制种田父本可补栽补种，但母本不得进行查苗补种或补栽。

**2. 间苗与定苗**

3 叶期间苗，5 叶期定苗，间苗、定苗时注意母本行应拔除特大苗、弱苗与小苗，父本行去掉畸形苗及杂苗，留大苗、中苗、小苗 3 种苗。

**3. 合理施肥**

轻施苗肥（定苗后依苗情及时追施偏心肥，尿素 3～5 千克/亩），着重追施拔节肥（尿素 25 千克/亩，磷酸二铵 10～15 千克/亩），巧施穗肥（尿素 15 千克/亩），沙壤土地补施花粒肥（尿素 5 千克/亩）。施肥后如遇天旱应及时浇水。

**4. 中耕除草，防治病虫害**

要求玉米制种田在玉米整个生长发育期无杂草，注意防止苗期草荒。苗期注意防治地老虎、蚜虫、蓟马、灰飞虱，7 月中旬及时防治玉米螟。授粉结束后喷洒杀虫剂与杀菌剂防治穗期病虫害。

**5. 及时排灌**

浇好"蒙头水"、孕穗水和灌浆水。喇叭口期严防干旱，遇涝要及时排水。

## 四、花期预测

玉米父、母本花期相遇是杂交制种的关键，要根据父、母本生育期长短和当地气候条件准确安排父、母本播种时期。花期相遇是指母本的吐丝期与父本的散粉期相遇，如果双亲花期相同或母本花期比父本早 2～3 天，父、母本可同期播种，双亲的花期相差在 5 天以上就需要调节播期，先播种花期较晚的亲本，隔一定天数再播另一亲本。如果母本吐丝盛期比父本散粉盛期早 2～3 天，则是最理想的花期相遇，这是因为母本花丝的生活力一般可以保持 6～7 天，吐丝后 1～3 天受精能力最强，而父本散粉时间较短，一般为 4～5 天，同时花粉在田间仅能存活数小时，因此调节播期要掌握"宁可母等父，不要父等母"的原则。具体播种时期应根据亲本特性确定。

### （一）花期不遇或相遇不良的原因

**1. 播期调整不当**

（1）应该进行错期播种而未错期播种，或不该错期播种而错期播种。

（2）新引进组合未进行当地小面积制种试验，因自然生态条件不同而造成花期不遇。

（3）错期时间偏长或偏短影响花期相遇。

**2. 亲本种子纯度退化**

杂交组合的亲本种子在繁殖应用过程中，因机械混杂与生物学混杂而纯度退化，改变了原有的生育期。如仍按原生育期进行错期，也会导致花期相遇不良。

### 3. 不良环境条件的影响

因气候条件异常而影响亲本自交系的正常发育，特别是拔节期至抽雄期，自然条件异常变化能影响玉米雌雄穗分化进程，从而造成花期不遇。

### （二）花期的预测

#### 1. 叶龄指数检查

叶龄指数＝主茎展开叶片数/主茎总叶片数×100％。如果母本叶龄指数略大于父本叶龄指数，则预示着花期相遇良好。如果父本叶龄指数大于母本叶龄指数，则父本发育较快，花期偏早，应采取相应措施以促进母本生长，抑制父本生长。

#### 2. 叶片检查法

根据植株父、母本总叶片数和父、母本已出叶片数的多少判断花期是否相遇。在制种田中选择有代表性的父、母本植株各10株或20株，从5叶期起进行定点定株观察记载父、母本分别出现的可见叶片数和展开叶片数，以便观测与判断。判定方法如下：

（1）父、母本叶片数相同　如父本出现的叶片数比母本少1～2片则花期相遇良好；如父本已出的叶片数与母本已出的叶片数相同或超过母本叶片数，则表明父本早于母本，花期不能良好相遇，需要进行调节，控父促母，使其逐渐达到协调。

（2）父、母本叶片数不相同　应根据父、母本总叶片数的差数进行反映。当母本总叶片数比父本总叶片数多时，如母本总叶片是24片，父本总叶片数是22片，则父本已出叶片数比母本已出叶片数少3～4片，花期才能相遇良好。父本总叶片数比母本总叶片数多，如父本总叶片数比母本总叶片数多2片，父、母本已出叶片数相同，则花期可以相遇。根据实践经验，叶片检查法可用一个数学公式表示：$\Delta n - \Delta x = (1, 2)$则花期相遇良好。$\Delta n$为父母本总叶片数的差数，$\Delta x$为观测父、母本可见叶片数的差数，（1，2）为数字1～2的任何数值。

#### 3. 剥叶检查法

在父、母本拔节后，选有代表性的植株，剥出未出叶片，根据未出叶片数来测定父、母本花期是否相遇。该方法不需要事先知道父、母本的总叶片数。如果母本未出叶片数比父本未出叶片数少1～2片，则父母本相遇良好。如母本未出叶片数比父本未出叶片数多或与之相等，则母本比父本晚；如父本未出叶比母本多2片，则父本比母本晚，父、母本花期不遇。

**4. 幼穗检查法**

在父、母本拔节后不同时期，随时可选有代表性的父、母本植株，分别剥出未长出来的叶片，按父、母本雄穗幼穗大小的比例关系进行衡量。在小穗分化期以前，母本幼穗大于父本幼穗1/3、1/2表明花期相遇；小穗分化期以后，母本幼穗大于父本1倍左右，花期可相遇，如相差过大则需进行调节。

**（三）花期不遇的对策**

**1. 肥水促控**

当制种田母本发育快、地力肥壮、底墒足时，则对母本采用控制灌水、中耕蹲苗、促旺转壮措施，同时加强对父本的肥水管理，及时追肥、灌溉，促进其快速发育。天气干旱时，母本抗旱性差，叶片出现卷缩萎蔫，父本抗旱性强，发育偏快时进行小水隔父本行灌水，并对母本追肥或喷施叶面肥进行调控。

**2. 人工技术措施调节花期**

父本偏早时可在母本苞叶露尖时剪除母本苞叶，剪除程度以不损伤雌穗穗轴为宜。或带叶去雄，一般带叶3片左右，可使母本早吐丝3～5天。

母本偏早时可采取剪花丝法，剪除程度以不伤害苞叶为宜，此法可延长授粉时间3～5天。

# 五、严格去杂

去杂是玉米制种田保证纯度的一个重要环节，必须坚持早检查、早动手、严要求。不符合双亲典型性状的植株（穗）均为杂株（穗），要彻底去除。亲本去杂分苗期、拔节期、抽雄后散粉前和母本果穗收获后四个阶段进行。苗期去杂结合间苗、定苗进行，根据幼苗的长相、长势、叶鞘颜色、叶色、叶型、株型等典型性状拔除杂苗、劣苗、病苗及不能辨别真伪的怀疑苗。拔节期去杂和抽雄前去杂可根据株高、株型、叶色、叶型、叶片宽窄等去掉过旺苗、过弱苗、杂色苗。在前几次去杂的基础上，在抽雄后散粉前结合母本展开去雄工作，此期植株高大，不易鉴别，因此要求按行逐株观察，尤其是父本行，除根据叶色、株型外，还可根据父本雄穗整体形状、分枝数量、分枝长短、分枝开张角度、护颖颜色、小花着生密度、花药颜色等严格去杂，确保种子纯度达到要求。母本果穗收获后，应根据穗型、粒型、粒色、轴色等进行最后一次去杂，将不符合要求的杂穗、病穗、嫩穗、发芽穗、虫蛀穗等一律剔除。

## 六、严格去雄

严格进行制种区母本去雄，以保证制种质量。必须固定专人负责，实际操作时贯彻"及时、彻底、干净"的原则。"及时"是指母本雄穗刚露出顶叶而尚未散粉时及时将其拔除，"彻底"是指将制种区所有母本的雄穗全部拔除，"干净"是指母本的每个雄穗不留分枝，拔除干净。严格掌握母本去雄时间，以抽穗后散粉前去净为原则。整个制种田母本行第 1 株雄穗抽出顶叶 1/3 且尚未散粉时即进入全田抽雄期。母本雄穗露出顶叶即开始散粉的亲本，时间应再提前 2 天。抽穗初期，可隔天去雄 1 次，抽雄盛期和后期必须每天 1 次，一般在 7:00—8:00 进行，做到风雨无阻。当田间母本去雄量达 98％时，或母本行花丝吐出率达 50％以上时，应于翌日对母本行中未抽雄穗和弱小植株进行一次彻底清除。抽出的雄穗要随时装包，并带出田间用土深埋，不得随意丢弃，以免母本花粉飞散导致人为自交，降低种子整体质量。

## 七、人工辅助授粉

当制种花期相遇不好或在开花期间气候条件不利于授粉时，进行人工辅助授粉对提高玉米制种产量和种子纯度的效果更加显著。当田间母本花丝吐出 20％以上或 20％以上父本开始散粉时即可进行人工辅助授粉。人工辅助授粉的时间一般在 9:00—11:30，待露水干后散粉最多时进行，阴天全天均可授粉。授粉时应做到边采边授粉或振动父本株散粉，人工辅助授粉应在玉米散粉期进行 4～5 次，以提高结实率。

## 八、割除父本

全田授粉结束后，应及时、彻底割除父本植株。对于有早、中、晚苗的制种田，适时割除父本可以避免晚苗未成熟的籽粒混入正常成熟种子中。基地工作人员要随时做好花检工作，按户建档，对花检不合格户可按标准分别予以降级或报废处理。

## 九、加速脱水

### 1. 站秆剥皮晾晒

一般在蜡熟初期进行，同一地块要集中在 1～2 天内将制种田母本果穗剥完，不同地块成熟度不同，可分期分批剥皮，分期分批收获，站秆剥皮持续时间一般在 15～20 天。

### 2. 割秆剥皮晾晒

与站秆剥皮相似，其不同点在于剥苞叶的同时将穗位上的茎秆割掉，使剥开苞叶的果穗居于植株的最上端，以促进果穗脱水，但要严防低温霜冻。

### 3. 高茬晾晒

高茬晾晒是指在玉米种子进入完熟期时，根据植株的高度、强度，留 60～80 厘米高茬，将掰下来的玉米果穗剥掉外部苞叶，用留下来的内苞叶将 3～5 个果穗系在一起挂于茬上晾晒。2～3 天转动 1 次，使每穗各面均匀脱水，直至达到标准水分。

### 4. 种子干燥

种子干燥方法可分为人工干燥和机械干燥。应掌握好适宜的温度和相对湿度、大气压力、介质流速，预先清选种子，保证烘干质量。不宜采用以传导方式加热的烘干机直接加热干燥（温度不易控制）。严格掌握烘干温度，以控制在 40～45 ℃为宜，间歇干燥，烘干机及时排潮，掌握好排湿种子的时间。

## 十、种子收获入库

种子成熟后在不影响下茬作物整地播种的前提下应尽量推迟收获期，以利于灌浆后熟，提高产量和籽粒品质。收获的果穗要做到单收、单晒、单存放，避免混杂。同时注意防雨、防霉、防虫、防鼠，及时翻晒。晒干后（种子含水量在13％以下）拢堆盖严防雨。种子脱粒前，进行最后一次穗选去杂工作。将果穗全部运到脱粒机收购现场，分户摊捡，将霉、烂、杂、虫蛀严重（单穗虫蛀率达5％以上）的果穗挑出，好穗按田间定级标准脱粒后分装入库。

# 第六章 玉米的贮藏

我国主要玉米产区集中在黄淮海夏玉米区与东北春玉米区，收获期气温较低，尤其是东北春玉米区，玉米籽粒含水量较高，如果贮藏不当，如入仓水分不均匀，易造成玉米发热。入仓水分高或贮藏期间受外界因素影响而局部水分增加，易造成玉米霉变与感染害虫。因此在玉米入库贮藏前必须将玉米含水量降到安全范围之内，并且在贮藏过程中做好防潮、防虫工作。

## 第一节　高水分玉米降水方法

我国东北春玉米区玉米收获后含水量多在 20% 以上，但由于气候原因不能当年及时晾晒，在入库贮藏以前必须进行降水处理，主要处理方法有通风栅自然干燥、春季晾晒、码风垛自然干燥、机械烘干等。

### 一、通风栅自然干燥

冬季将高含水量玉米装入通风栅，在大气温度、湿度和风力综合作用下，栅内玉米含水量不断降低。通风栅降水中春和晚春的效果最好，初冬和严冬的效果较差。冬季降水虽然缓慢，但东北地区的低温季节很长，玉米在低温冷冻的情况下仍可安全贮藏，到 4 月、5 月将玉米含水量降低到安全含水量标准即可安全贮藏。

### 二、春季晾晒

正常年份春晒应在 3 月初开始，5 月末前晾晒结束。一般粮面辐射温度 0～5 ℃时即可开始铺粮。在铺晒时，含水量高的玉米优先晾晒。

初期晾晒玉米的厚度，东北地区一般在 4.5～7.0 厘米，以防止降水不均。随着气温升高，可适当加厚，但最厚不超过 20 厘米。

贮藏高含水量玉米较多的粮库，一般采用先冷冻的低温贮藏办法，相对延长保管时间。也可采取两步晾晒的办法，即先将高含水量玉米含水量晾晒到 18％左右，然后收起，再铺晒高含水量玉米，待高含水量玉米都脱离坏粮危险后，再晾晒第 2 遍。也可以将玉米含水量晾晒到 20％以内，然后起地装袋，码成风垛，利用春季风大且气候干燥的自然条件将含水量降至安全含水量标准。还可以采取烘晒结合的方法降水，即先将高含水量玉米用烘干塔烘一遍后再晾晒。

### 三、码风垛自然干燥

玉米码风垛自然干燥即半安全含水量玉米袋装自然干燥，是将潮粮由铺地晾晒转向立体晾晒的一种降水方法。选择在 3 月初至 4 月中旬，日最高气温在 5～15 ℃，空气湿度小于 50％，在风力较大的地区进行码风垛干燥。利用的垛形主要有金钱孔Ⅰ型、金钱孔Ⅱ型、金钱孔双层垛、"工"字形垛。

### 四、机械烘干

采用机械烘干方法将高含水量玉米的水分降到安全含水量标准以内，要严格掌握烘干温度与时间，烘干后玉米水分均匀并保持玉米品质。如烘干不匀或烘干过度，容易出现籽粒水分不均匀、吸湿性能差、散湿性强、温度高、籽粒结构改变、抗性变差等问题。

## 第二节　玉米贮藏与管理

玉米在贮藏时应严格进行质量检验，减少破损籽粒、清除杂质，提高玉米净度，并将不同产区的玉米分开贮藏。

## 一、玉米的贮藏方法

玉米的贮藏方法主要有露天贮藏、机械通风贮藏与自然低温贮藏。

露天贮藏要选择地势高、干燥通风的场所，长期贮藏的基础垫高不得低于 40 厘米，低洼地的垫高要在汛期的最高水位以上，主要有袋装、围包散堆与圆囤散堆 3 种形式。

机械通风贮藏是通过风机和通风管道不断置换粮堆内湿热空气，降低粮温或粮食水分，主要有露天机械通风、房式仓机械通风和立筒仓机械通风等。

自然低温贮藏是我国北方玉米产区贮藏玉米的主要方法。通常是将水分含量14%左右（或 16% 以下）的玉米在入库后充分利用自然低温冷冻，即采用仓外薄摊冷冻、皮带输送机转仓冷冻、仓内机械通风或敞开门窗翻扒粮面通风等方法，使粮温降低到 0 ℃以下，然后用干河沙、麦糠、稻壳、席、草袋或麻袋片等物覆盖粮面进行密闭贮藏，长时间使玉米处于低温或准低温状态，确保安全贮藏。

### (一) 高水分玉米

由于北方玉米入库原始水分含量高、数量多，不能及时烘晒，基本上采取临时性保管。在玉米入库时要将水分＜14%、14%～18%、18%～22%、22%～26%、26%～28%、≥28%的玉米分别贮藏。

高水分玉米入库时，若气温不稳定，可采用露天围堆临时贮藏，但堆不能过大、过高。根据北方地区的经验，为使堆粮在进入寒冷季节冻透、冻实，围堆临时堆放的宽度不超过 6 米、高不超过 1.2 米，长度不限。

在气温升高而来不及处理高水分玉米时，可采用粮食防霉剂紧急处理，以抑制霉菌发生、发展，避免发热、霉变。

### (二) 安全水分玉米

根据不同品种与气候条件，严格控制玉米的安全水分，凡入库水分超过 14％的（黑龙江省可控制在 15％以上），到翌年春季（3—5 月）应及时整晒或机械通风使水分降至 13.50％以下（北方可降至 14％以下）。同时要注意清除杂质，一般玉米杂质不超过0.50％，破碎粒不超过 10％。

## 二、玉米贮藏的管理措施

玉米入库以后，随着时间的推移，粮堆的温度、水分会发生变化，越冬休眠害虫也容易产生危害，因此，必须采取必要的管理措施降低粮温，杀灭害虫。

### （一）机械通风均衡粮温

玉米入库后由于进库时间较长，引起粮温上下左右产生温差。一般在冬季进行相应的机械通风处理。

在冬季，随着外界温湿度的降低，仓内粮堆温度也会下降，此时降低粮堆温度对保持与改善玉米品质、延缓玉米陈化、防止玉米品质劣变具有重要作用。但是经过夏季、进入冬季的玉米粮堆上层 22～23 ℃，中层 25～26 ℃。如果在冬季气温最低时进行机械通风温差过大容易形成结露，因此采用阶段性两次机械通风。

第一次机械通风在每年 11 月底至 12 月上旬气温达到 12～13 ℃时，选择在湿度较低的天气进行，将粮堆温度由 23～26 ℃降到14～16 ℃，同时开启仓内轴流风机，尽快排出仓内的高温高湿空气，以达到降温降湿的目的。

第二次机械通风在翌年 1 月中旬气温达到 0～4 ℃时，选择在湿度较低的天气进行，将粮堆温度从 14～16 ℃降到 2～6 ℃，同时开启仓内轴流风机，排出仓内的温湿空气，使仓内达到干、冷环境要求。到 3 月中旬密闭粮面，封闭门窗，堵塞通风口，为确保玉米安全度夏创造有利条件。

### （二）生石灰局部吸湿处理

若粮堆内局部水分偏高，可利用氧化钙吸水性强的特点，将其压盖在粮面或埋藏在粮堆内降低玉米的水分含量。具体操作：将生石灰分别装入布袋，每袋约 15 千克，然后将其压盖在粮堆表层，或用生石灰袋包装埋藏在局部水分含量偏高的粮堆内，要定期检查，及时取出吸湿后的生石灰袋，以免石灰返潮。

### （三）稻壳载体法处理害虫

采用稻壳载体配制防虫磷拌和粮面，严防翌年气温回升后，越冬休眠的害虫在仓内感染。具体方法：将 100 千克稻壳和 8 千克 95％的马拉硫磷混合搅拌均匀后拌入粮面上部 40 厘米的粮堆内，可达到杀虫、防虫的目的。

### （四）膜下内环流熏蒸杀虫

玉米满仓后应及时薄膜覆盖密闭进行膜下内环流熏蒸，杀灭害虫，在熏蒸过程中做好仓房门窗密闭与粮面密闭，采用仓外磷化氢发生器投药，辅以 $CO_2$ 环流熏蒸的方法。具体操作参照《磷化氢环流熏蒸技术规程》（LS/T 1201—2002）实施，用药量为第 1 次投磷化铝片剂 8 千克、$CO_2$ 气体 200 千克，间隔 6～8 天，第 2 次补磷化铝片剂 8 千克、$CO_2$ 气体 200 千克。

### （五）局部生虫时的熏蒸

粮食入仓后由于入仓时粮食的自动分级、粮堆内温湿度分布不均匀、害虫局部感染等，会出现仓内个别部位生虫，甚至会引起局部发热等情况。对此，应先降低发热部位的粮温，再进行熏蒸处理。局部生虫熏蒸时，可通过气体导管将熏蒸气体引导到生虫部位的中心处，并在生虫部位上、下、左、右、中呈球面包围布置气体导管，对局部发生的害虫形成立体气体包围和中心气体熏蒸。熏蒸气体导管可借助粮食深层扞样器埋入粮堆。利用磷化氢进行局部熏蒸时，由于自身的扩散，气体会向周围运动从而使生虫处的浓度降低，因此在局部熏蒸时要注意检测生虫部位的气体浓度，必要时要补充气体以保持生虫部位杀虫气体始终处在有效浓度水平以上。在进行局部熏蒸时，在处理措施上还要防止害虫从生虫部位向非生虫部位迁移。

### （六）表面熏蒸

在大型仓房中，有时害虫的发生仅限于粮堆表面或表层，此时只进行表层熏蒸处理即可，在有可能的情况下，可先进行通常的粮面施药，然后密闭仓房，同时对生虫部位及其以下一定深度的部位进行气体浓度检测，当粮面及其以下一定部位气体浓度低于或接近有效浓度水平时应及时利用仓外投药手段进行补充投药，直至达到所需的密闭时间，将害虫全部杀死。进行表面熏蒸时为防止气体扩散导致表层气体浓度过低与害虫向深层转移，应进行生虫部位的气体浓度检测，必要时要补充投药。并在粮面下一定深度未生虫的粮层中预置投药探管或熏蒸软管，使之与表面施用的药剂同时作用于表层的害虫。

### （七）有明显死角时的熏蒸

在对环流截面较大的大跨度房式仓或浅圆仓进行环流熏蒸时，有时会出现局部浓度过低的部位，此类部位的出现就意味着熏蒸气体在仓内或粮堆内的分布均匀性不够，进而出现熏蒸死角。对于仓内可能出现死角的部位，可采用打探管或埋入熏蒸软管的方法在风机停止工作时，从仓外补充投药以弥补其气体浓度的不足。

### （八）大型房式仓和浅圆仓有明显冷心时的熏蒸

大型房式仓和浅圆仓在冬季入粮后或经通风降温、谷物冷却机降温等处理后底层或中心部位粮温非常低，对整个粮堆的稳定十分有利。在这种情况下如有害虫发生，应采用局部处理的方式，而不宜进行环流处理，尽可能不影响整个粮堆的稳定。

# 第七章 玉米主推栽培技术及模式

## 第一节 玉米主推栽培技术

### 一、"一增四改"关键技术

#### (一)"一增四改"关键技术的提出

玉米用途广泛，近年来饲料需求的稳步增长和工业加工的急剧增加导致全球玉米市场需求强劲，我国玉米供求关系也已从自给有余略有出口的基本平衡型向供应偏紧并需少量进口补充的紧平衡状态过渡。在全球玉米市场出现供应偏紧的气氛下，我国作为全球第二大玉米生产国和消费国必须立足国内，加快玉米生产发展以满足市场需求。

加快玉米生产发展，必须依靠科技进步来充分挖掘玉米的增产潜力，适度扩大和稳定面积及提高单产以增加总产量。而在我国玉米种植面积不可能大幅提高的情况下，提高单产是加快我国玉米生产发展和增加总产量保障有效供给的关键和核心。通过种植栽培技术的改进来提高产量是最直接有效的措施。但目前我国玉米生产上大部分地区存在栽培技术落后或不足等问题，如种植密度普遍偏低且区域间不平衡、施肥比例和方法不合理且肥料利用率低下、机械化作业程度较低、黄淮海夏玉米区多为小麦—玉米套种方式且夏玉米收获普遍较早等一系列问题，严重制约了玉米产量的进一步提高。玉米"一增四改"关键技术就是针对上述限制我国玉米生产发展的主要因素而提出的。

2007年，为适应玉米需求快速增长的形势，农业部根据专家建议，经过深入调研，反复讨论和论证，通过对我国玉米生产形势、市场供求关系和增产潜力等进行综合分析，提出了加快玉米生产发展的工作方案，确定了玉米应成为我国今后粮食增产的主力军，并提出了以"一增四改"等为关键技术的加快玉米生产发展的主要措施。

### （二）"一增四改"关键技术要点

玉米"一增四改"关键技术的主要内容：合理增加种植密度，改种耐密型品种，改麦田套种为贴茬免耕直播并适当晚收，改粗放施肥为配方平衡施肥，改人工种植、收获为机械化作业等。

#### 1. 合理增加种植密度是提高玉米单产的主要抓手

（1）增加种植密度对产量提高最直接有效　玉米亩产量的构成是亩株数×平均单株产量或者亩穗数×平均单穗重。在单株产量基本稳定的前提下，亩株数越多，产量越高。玉米是单秆作物，不像小麦、水稻那样可以分蘖，一般每棵玉米只能收获 1 个果穗。因此要提高产量，一方面是要提高和稳定单穗重，另一方面是要增加株数。

（2）玉米增产潜力大　玉米是高光效 $C_4$ 作物。从干物质生产角度分析，产量主要由叶面积系数、光合效率和光合时间等决定，其中叶面积系数起主导作用。每亩株数越多，叶面积系数越高，干物质生产量和产量就越高。

（3）密度是最可控因素　在影响玉米产量构成的要素中，密度是最易被人为栽培措施影响、最易掌握和控制的。只要在播种和定苗等环节合理操作，就能达到所要求的密度，而穗粒数和千粒重则受许多综合因素的影响。因此增加种植密度是提高玉米产量的抓手。

（4）坚持因地制宜，合理密植　提高密度会增加玉米植株个体间对光照、养分和水分的竞争。在密度过大、光照不足、养分缺乏或水分不足的情况下，会出现秃尖、果穗变小甚至空秆，最大的风险是过密容易造成倒伏（折）。但这些问题可以通过改种耐密型品种、调整行株距比例、合理增施肥料和及时灌溉等措施得到解决。

## 2. 合理增加种植密度的增产路径

近年来的生产调查和多年的密度试验结果表明，目前生产上大部分地区密度偏低，没有达到合理密度，且各区域密度不均衡，差异较大。黄淮海夏玉米区大部分为 3 500～4 000 株/亩，一部分在 3 000 株/亩左右；东北春玉米区大部分密度为 3 000～3 500 株/亩；西南地区密度最低，大部分不足 3 000 株/亩。

密度偏低的主要原因：一是传统的"稀植结大棒"的观念在一些地区还较牢固，人们没有充分认识到耐密型品种和合理密植的显著增产作用；二是种子质量、播种方法、干旱及病害、虫害、草害、鼠害等导致缺苗断垄，降低了出苗率，影响了群体均匀度和整齐性，减少了有效株数和有效穗数；三是间作套种等种植方式限制了密度的进一步提高；四是投入水平低，管理粗放，增密不增产，并且增加了倒伏（折）的风险。

在目前的密度水平上，适当增加 500 株左右，并通过增施肥料等相应配套措施，每亩即可提高玉米产量 50 千克左右。提高密度的措施和途径不等同于提高播种量，甚至不需要提高播种量。主要是一次播种苗全、苗齐、苗壮，在定苗留苗环节按照品种的适宜密度间苗、定苗。另外就是通过提高种子质量、播种质量，防治病害、虫害、草鼠害等来提高群体整齐度和质量，并减少株数损失。

### （三）改种耐密型高产品种

"耐密型"一词早已有之，且过去的耐密型的提法多与紧凑型联系在一起，其中还常有一些不确切和不准确的因素。李登海认为紧凑型是增加单位群体光合面积的基础，是充分利用光热资源的根本，"用紧凑型组装成较大的群体光合面积＋杂种优势"就可获得高产，低密度（3 000 株/亩以下）条件下产量的增长主要靠杂种优势，而高产田高密度条件下产量的提高则主要是提高群体光能利用与杂种优势的有机结合。在玉米理想株型研究方面，Mock 提出玉米理想株型应能最大限度地利用光照、温度、水分、养分，能适应高密度栽培，Mock 认为理想株型具有雄穗小、穗上叶直立上冲、吐丝散粉间隔时间短、没有秃尖、苗期抗逆性好、叶片衰老慢、灌浆期长等特点。赵久然指出，理想株型应具有紧凑型、小雄穗、开叶距、坚茎秆、低穗位、大根系等特点。

耐密型是一个相对的、动态的和发展的概念。首先，耐密型是一个相对的概念。耐密型品种是相对于高秆、适于稀植结大穗的品种而言的。相对于适宜密度为 3 000 株/亩的品种而言，适宜密度为 4 000 株/亩的品种即可被称为耐密型品种。其次，耐密型又是一个动态和发展的概念。在多数品种适宜密度为 4 000 株/亩的时期，适宜密度能达到 5 000 株/亩的品种即可称为耐密型品种。即不同时期的所谓耐密型品种的适宜密度是变化的。总的趋势是种植密度在不断提高。耐密型不完全等同于紧凑型，耐密型品种是紧凑型品种的进一步发展。紧凑型主要指叶片夹角小、上冲紧凑，主要是通过形态的改良而相对适宜密植。而耐密型是形态和生理两方面的结合，更主要的是生理上耐密。有些平展型品种也可耐密植，而有些紧凑型品种并不一定耐密植，不属于耐密型。总而言之，耐密型品种首先要具有适宜密植的形态特征，即具备紧凑型、小雄穗、坚茎秆、开叶距、低穗位和大根系等形态特征，还要耐高密度（目前，可耐密度≥5 000 株/亩，适宜密度≥4 000 株/亩），密植而不倒，果穗全、匀、饱；其次要具有很强的抗倒伏能力，耐阴雨寡照，有较广的密度适应范围和较好的施肥响应能力；还要适于简化栽培和机械作业；最后，要达到国家或省级审定的各项指标标准，通过品种审定。

耐密型高产品种是增加密度和提高产量的基础。经过国家或省（自治区、直辖市）级品种管理部门组织的严格规范的品种统一区域试验，在 4 000 株/亩或更高密度条件下能够表现出耐密抗倒、高产稳产的特点，并通过国家或省（自治区、直辖市）级审定的品种，可以称作耐密型品种。但这些品种的耐密程度还是有差异的，还应该通过更高的密度试验鉴定出更加耐密的高产品种。农业部于 2008 年重点推荐了 12 个主推品种，即郑单 958、浚单 20、东单 60、丹玉 39、农大 108、登海 11、沈单 16、鲁单 9002、京单 28、龙单 16、吉单 27 和中单 808。上述品种在其适宜的区域已被证明具有较好的丰产性和稳产性，其中郑单 958、鲁单 9002 和京单 28 属于耐密型品种。各区域可根据当地生产情况和需要来选择适宜品种。另外，先玉 335 在其适宜区域（如东北、吉林等地）具有很好的丰产性，也可作为高产创建选用品种。

在育种和栽培过程中，基本上是先通过育种提高品种的耐密性和抗倒性，再通过栽培增加种植密度和施肥量，实现单产增加。反过来，在栽培上提高的密度和施肥量也要求通过育种进一步提高品种的耐密性、耐肥性和抗倒性。推广种植耐密型品种可以推动玉米科研和生产水平的全面提高，如促进耐密型品种的选育和超高产栽培、促进套种改直播、机播机收等简化栽培配套技术和施肥水平的提高等。

大量科研和生产实践均表明，种植耐密型玉米品种和合理增加种植密度是提高玉米产量的有效途径。在当前的生产情况下，将推广和改种耐密型玉米品种、合理增加种植密度作为提高玉米产量的一个主要抓手，已成为越来越多同行的共识。玉米"一增四改"关键技术首次从宏观角度明确了通过改种和大力推广耐密型品种、合理增加密度等来快速提高玉米产量。但良种还需和良法配套，优良的耐密型品种是提高玉米产量的重要前提，只有辅以合理的配套栽培技术措施才能保证其高产潜力得以充分发挥。推广和种植耐密型品种还需要注意以下几方面的问题：

**1. 因地制宜，合理密植**

我国各玉米产区的自然气候条件、土壤条件、耕作制度和栽培特点相差很大。耐密型品种应优先在黄淮海夏玉米区（包括京、津、唐夏玉米区）、东北春玉米区以及西北灌溉玉米区等土壤肥力和灌溉条件较好的地区推广。而在西南等一些阴雨寡照天气较多的地区、干旱瘠薄的地区和一些适合稀植的特殊生态区，还是应以稀植大穗型品种为主。但即使在这些地区，适当增加密度也能起到增产的作用。

另外，需要注意的是，在增加密度的同时，应对株行距进行适当调整。在株行距配置方式上，总的趋势是缩小行距，以实现密植增产。如机械播种地区行距一般为 60～70 厘米，人工播种地块行距大部分为 50～60 厘米。有些地区因地制宜采取大小垄和宽窄行种植，有利于通风透光、田间作业和水肥集中施用等。

**2. 以过硬的耐密型品种为基础**

推广耐密型品种及配套技术首先要有过硬的品种。目前生产上应用较多的耐密型玉米品种有京科 968、郑单 958、鲁单 9002、京单 28 和中科 11 等。其中，郑单 958 是一个突出的耐密型品种，目前种植面积最大，占全国玉米播种面积的 20% 左右。这也充分说明了当前生产上的需要及农民对耐密型品种的喜爱。但为预防遗传上的单一性和生态上的脆弱性，不能使单一品种种植面积过大。因此，需要根据玉米不同的生态种植区，培育和推广一批不同基因型的耐密型品种，加快筛选推广耐密型高产品种的步伐，促进品种改良更新，做好后续品种储备。

**3. 减小黄淮海玉米区套播面积，增加夏直播面积**

套种模式限制了玉米种植密度的进一步提高，特别是共生期间小麦的遮光、争水、争肥影响玉米苗期生长，使其群体不整齐、病虫害严重、田间操作困难。这种模式只适于中产水平，难以适应更高产的要求。因此，在黄淮海夏玉米区推广耐密型品种，应降低套播面积，增加夏直播面积，特别是推广夏玉米贴茬播种技术，有利于耐密型品种获得高产。同时，通过推广耐密型品种，还可显著减少阴雨寡照天气对玉米产量的影响，起到稳产的作用。

**4. 科学的肥水管理**

耐密型品种需要以科学的肥水管理做保障，否则将很难发挥其增产潜力。种植耐密型品种需要相应地增施肥料，根据测土结果进行平衡配方施肥，掌握好施肥时期并深施，减少挥发损失。同时，保证生育期内的水分供应，尤其是保证需水关键期不受旱。做到水肥耦合，以肥调水。

## 5. 提高规模化和机械化水平

我国的蔬菜等作物适于劳动密集型的精耕细作园艺式管理，而小麦、玉米等大田作物适于走规模化和机械化发展之路。提高机械化水平，适度规模化是提高玉米单产和效益的重要途径。现在我国的小麦基本上实现了机播机收，对提高小麦产量和品质起到了显著作用。玉米耐密型品种的推广和机械化水平的提高将会显著地提高我国玉米的生产水平，应在东北、黄淮海等玉米主产区优先发展。

### （四）适时晚收

黄淮海夏玉米普遍存在收获偏早"砍青"的问题，即在玉米还没有完全成熟、灌浆还在进行时就已经开始收获。研究表明，9月、10月光照充足、昼夜温差大的气候环境最有利于玉米灌浆。从苞叶刚开始变黄的蜡熟初期开始，每迟收1天，千粒重增加5克左右，亩增产10千克左右。适当延迟收获可显著增加玉米产量，增加籽粒容重，提高品质。随着秋冬气候变暖以及腾地和播种农耗缩短，适当推迟玉米收获对后茬小麦产量无不利影响。因此，黄淮海夏玉米区秋季玉米要适时晚收，延迟至9月底或10月上旬，小麦适时晚播可以充分发挥玉米的增产潜力。

### （五）改粗放用肥为配方施肥

目前，我国肥料利用率总体水平较低，其中氮肥当季利用率仅为30％～35％。我国每年通过挥发、反硝化、淋失等途径损失的化学氮达1 200万～1 400万吨，造成资源浪费、环境污染。肥料利用率较低的主要原因一是没有按照作物需要科学合理地搭配肥料种类、比例、数量、时间等，二是采用地表撒肥等不合理的施肥方法，引起化肥的大量挥发和流失等。

为提高肥料利用率，当前我国正在大力推广测土配方施肥技术，实施科学施肥。科学施肥不仅包括科学确定施肥量和肥料种类，还包括确定合理的施肥比例、时间及方式等。种植耐密型品种需要相应地增施肥料和平衡配方施肥。如果没有肥、水的供给保障，很难发挥耐密型品种的增产潜力。进行测土配方施肥：第一，要选择和采集有代表性的土样，进行土样化验（以五项基础化验即有机质含量、pH、碱解氮含量、有效磷含量、速效钾含量为主），根据土样化验结果及品种需肥特性、产量目标、土壤肥力水平、不同肥料的利用率等综合确定施肥配方，按照配方指导农民购置肥料。第二，把握好施肥方法、施肥时期、施肥品种及施肥量，做到肥料深施，减少挥发损失。第三，保障水肥充足供应，达到水肥耦合，以肥调水，提高肥水利用率。第四，通过施肥机械的改进研制和推广，实现化肥深施和长效缓释专用肥的应用，也可大幅度提高肥料利用率。

高产田施肥：一是示范点地块要具有较好的保水保肥能力，有较高的地力水平，至少达到中上地力水平；二是有机肥与化肥结合施用，有机肥作基肥，或者保持多样秸秆还田，土壤有机质含量提高；三是玉米以氮肥为主，配合磷肥、钾肥，有些地块还要考虑补施硫肥；四是重视微肥的作用，特别是锌肥；五是夏玉米要考虑小麦—玉米上下两茬全年均衡及合理搭配施肥。

## （六）改人工种植、收获为机械化作业

发挥农机在玉米生产中的作用，逐步提高机耕、机种、机收等玉米全程机械化作业比例，提高规模化和机械化水平。小麦、玉米等大田作物适于走规模化和机械化发展之路。现在我国的小麦基本上实现了机播机收，对提高小麦产量和品质起到了显著作用。玉米播种、化学除草、中耕及收获的机械化将显著地促进玉米产量的提高。玉米耐密型品种的推广和机械化水平的提高应在黄淮海、东北等地优先发展。

机械化作业具有明显优势：通过机械播种可以提高播种质量、加快播种进度、增加适期播种比例和出苗均匀度，实现一次播种拿全苗和苗全、苗齐、苗壮。通过机械收获可以进一步规范和优化玉米行距，并对玉米品种的抗倒性、整齐度和适期成熟提出了更高的要求。同时，还可大大降低农民的劳动强度，简化作业环节，提高作业效率，节约生产成本，降低投入产出比。另外，还可推进耐密型、矮秆、早熟品种的推广。

近年来，结合农业农村部玉米高产创建活动，全国各玉米主产省份全面实施和推广了玉米"一增四改"关键技术，并产生了很好的示范带动和增产效果，充分发挥了先进科学技术的增产潜力。但"一增四改"并不能解决所有问题，各地还需针对各自的主要问题提出相应对策。

## 二、免耕保护性耕作技术

### （一）免耕保护性耕作技术发展概况

免耕保护性耕作并不等同于不对农田进行任何耕作作业，其增产潜力的充分发挥还需要在免耕的基础上坚持免耕与土壤深松相结合、免耕与覆盖相结合、农机与农艺相结合、良种与良法相结合来实现。

免耕保护性耕作技术是指通过免耕、秸秆残茬覆盖、合理深松、化学除草灭虫等综合性栽培措施，达到保水、保土、保肥、抗旱增产、节本增效、改善生态环境的目的，是集保护性耕作与轻型简约栽培于一体的先进适用技术。该技术体现了发展优质、高产、节本、高效、生态安全的现代农业内涵，是"十一五"期间农业部重点推广技术之一，对实现社会效益、生态效益和经济效益完全统一及现代农业的可持续发展具有重大意义和深远影响。

免耕保护性耕作技术是人类耕作制度的一次重大变革，是人类历史上的第四次耕作技术革命。目前，该技术已成为发达国家可持续农业的主导技术之一，并已在美国等70多个国家得到推广应用。全球免耕保护性耕作应用面积达到25.50亿亩，占世界耕地总面积的11%，成为相对使用比例增长最快的新技术之一。

我国的免耕保护性耕作技术研究起步较晚，真正意义上开展免耕保护性耕作技术和理论研究始于20世纪60年代。目前，尽管我国免耕保护性耕作技术的研究和推广应用依然存在大面积发展缓慢、大量秸秆还田背景下的丰产稳产配套技术有待突破、防沙固土效果明显的突破性覆盖技术研究储备不足、技术标准规范和技术布局研究缺乏、试验基地不规范且试验手段落后等问题，但经过长期发展，关键技术不断创新、机械装备不断配套、机理研究不断深化，免耕保护性耕作技术越来越受到各级政府、农技人员和农民的欢迎，推广应用面积不断增加。各地因地制宜，大胆创新，突出集成，着力推广，免耕保护性耕作技术在保障粮食安全、促进农民增收和加速社会主义新农村建设中发挥了重要作用。

然而，需要说明的是，经过多年的发展，虽然我国各地已初步形成了适宜当地玉米生产的免耕保护性耕作技术，并且该技术在促进玉米增产、农民增收和保护生态环境等方面发挥了重要作用，但在其推广应用过程中所存在的配套机械以及播种质量提高、病虫害防治、土壤深松等配套技术的研发和创新等仍是今后迫切需要解决的问题，免耕保护性耕作技术的推广应用还需更多技术的不断完善和农田基本设施的匹配。

### （二）玉米免耕保护性耕作技术模式

玉米免耕保护性耕作技术模式因各地的自然生态条件、种植制度、土壤条件、种植水平等的不同而存在较大差异。目前，我国玉米免耕保护性耕作技术呈现多元发展格局，且区域化技术模式日趋成熟，示范推广面积逐年扩大。部分省份的玉米免耕保护性耕作技术模式如下：

### 1. 北京市

北京市是全国第一个全面实施免耕保护性耕作的省份，对全国大规模推进免耕保护性耕作技术起到了良好的示范带动作用，并提供了宝贵经验。往年"三夏"时节，京郊农民在麦田里焚烧秸秆造成的烟雾严重影响了交通安全和空气质量，甚至影响了飞机正常起降、造成高速公路封闭。为解决这一问题，2006 年初农业部与北京市人民政府共同启动了免耕保护性耕作技术，决定用 3 年时间取消铧式犁耕作，全面推广免耕保护性耕作技术。

2008 年，北京市已在 9 个区（县）的 100 余个乡镇完成免耕保护性耕作技术应用面积 212 万亩，整体应用水平达到 80％以上。2009 年，北京市玉米免耕保护性耕作技术整体应用水平进一步提升，其中春玉米机械化免耕播种面积 95.7 万亩，夏玉米机械化免耕播种面积 109.5 万亩。目前，北京市春玉米和夏玉米全部实现了免耕覆盖栽培，并已建立了相应的技术模式。

（1）春玉米免耕保护性耕作技术

① 留茬覆盖免耕播种。玉米秋留茬→翌年春季免耕播种→化学除草→田间管理→玉米收获。

② 留茬覆盖少耕播种。玉米秋留茬→翌年春季轻耙或浅旋→播种→化学除草→田间管理→玉米收获。

③ 直立秸秆粉碎后免耕播种。玉米秋留茬→翌年粉碎→免耕播种→化学除草→田间管理→玉米收获。

（2）夏玉米免耕保护性耕作技术　小麦收获、秸秆处理→免耕播种→化学除草防虫→田间管理→玉米收获。

**2. 山西省**

玉米免耕保护性耕作技术是山西省玉米生产中的一项主推技术，2007 年被山西省农业厅列为山西省种植业重点推广技术之一。2008 年，山西省玉米免耕保护性耕作技术示范推广面积共 454 万亩，2010 年扩大到 630 万亩左右。近年来，全省玉米免耕保护性耕作技术的推广应用面积进一步扩大。初步形成的玉米免耕保护性耕作区域主要包括：

（1）一年一熟玉米种植区　在长治、晋中、吕梁、忻州、太原、阳泉、朔州等玉米秸秆可以全部直接还田的一年一熟玉米种植区，大面积推广以下技术模式：①人工摘穗收获玉米后保持秸秆直立（或机收同时秸秆粉碎）、秸秆粉碎还田、免耕播种或条带播种或旋耕播种，人工结合化学除草。②人工摘穗收获玉米、保持秸秆直立越冬、条带播种或旋耕播种，人工结合化学除草。

在忻州、朔州、大同等部分秸秆不能全部直接还田的玉米种植区，推广应用人工收获后留茬（20 厘米以上）越冬、春季灭茬整地、少（免）耕播种、人工结合化学除草的技术模式。示范推广人工收获后留茬（20厘米以上）越冬、条带播种或旋耕播种或免耕播种、人工结合化学除草的技术模式。

（2）一年两熟区　在运城、临汾、晋城等小麦—玉米一年两熟区，大面积推广应用机收小麦后秸秆覆盖、免耕播种或旋耕播种或人工点播玉米、化学除草、人工摘穗收获或机收玉米、玉米秸秆粉碎、旋耕播种小麦、人工结合化学除草的保护性耕作技术模式。示范推广机收小麦后秸秆覆盖、条带播种玉米、化学除草、人工摘穗收获或机收玉米、秸秆直立或秸秆粉碎条带播种小麦、人工结合化学除草的技术模式。

（3）两年三熟区　在晋城、长治、晋中、吕梁等小麦—玉米—豆类两年三熟区，大面积推广应用机收小麦后秸秆覆盖、免耕或旋耕播种豆类、人工结合化学除草、人工或机收豆类、留茬越冬、免耕播种玉米、人工结合化学除草、人工摘穗收获或机收玉米、秸秆粉碎、旋耕播种小麦的保护性耕作技术模式。示范推广小麦机收后秸秆覆盖条件下豆类条带播种技术、玉米秸秆直立或粉碎条件下小麦条带播种技术、豆茬地玉米条带播种技术。

**3. 甘肃省**

全膜双垄沟播—膜两年用技术是当前甘肃省玉米生产中较为成熟且大面积推广应用的免耕保护性耕作技术模式。主要做法是在全膜双垄沟播玉米收获后，不再揭膜和耕翻土地，翌年春季在原地膜下播种下茬作物（玉米、马铃薯、冬小麦、冬油菜等），集膜面集雨、覆盖抑蒸、垄沟种植技术于一体，最大限度地保蓄自然降水，将地面蒸发降到最低，特别是能够有效拦截小于10毫米的降雨，使其就地入渗于作物根部附近土壤，集雨、抗旱、增产效果显著。

近年来，该项技术受到了甘肃省委、省政府的高度重视，其推广应用面积不断扩大。2008年和2009年，甘肃省玉米全膜双垄沟播栽培技术的推广应用面积分别为298万亩和692万亩。2010年，甘肃省以降水量300～400毫米的区域为重点，共在10个市（州）、51个项目区大力推广实施了1 000万亩全膜双垄沟播技术，全省共完成顶凌覆膜面积 676.02 万亩，超计划 49.21 万亩，完成计划任务的 107.85%。2009 年秋覆膜 372.19 万亩，2010 年全省全膜双垄沟播技术推广面积达到 1 048.21 万亩，超额完成了 1 000 万亩的计划任务，为有效应对春季旱情并实现全年粮食生产 950 万吨的目标奠定了坚实基础。全膜双垄沟播技术的大面积推广有效抵御了特大干旱灾害的威胁，为全省粮食连续多年丰收作出了突出贡献，使甘肃省中东部旱作农业区成为全省粮食主产区和新的增长点，为旱作农业发展探索了一条新路子。该项技术在陕西、宁夏等省份也开始推广并取得了很好的成效。

**4. 陕西省**

20 世纪 80 年代初，免耕保护性耕作技术传入陕西省。经过多年的试验探索和实践，目前已逐渐形成了适合陕西省农业生产实际和习惯的免耕保护性耕作技术。主要技术模式有：

（1）一年两熟夏玉米免耕保护性耕作技术模式　关中灌区是陕西省玉米主产区和高产区，也是免耕玉米主要种植区域。自 2002 年起，关中灌区一年两熟区重点推广了夏玉米免耕保护性耕作技术，之后面积迅速扩大。2010 年，陕西省共推广玉米免耕保护性耕作技术 750 万亩，其中夏玉米免耕保护性耕作技术 680 万亩，占夏玉米总播种面积 1 093 万亩的 62.2%。主推模式是小麦机械化收获—秸秆留高茬残茬覆盖—机械免耕播种或小麦收获前 7～10 天在麦行进行人工或机械点播玉米—小麦收获后留茬覆盖。该技术主要适用于丰水年份的关中灌区及渭北旱塬区。

（2）一年一熟春玉米免耕保护性耕作技术模式　当年秋季人工收获后留高茬或秸秆还田浅旋翻压，冬季聚集雨雪，春播少（免）耕播种，并配套应用抗旱新品种、抗旱保水剂、土壤改良剂、蒸腾抑制剂、抗旱种子包衣剂等措施，有效保墒保水、建立土壤水库。主要适于陕北长城沿线风沙区和渭北旱塬区及陕北浅丘区一年一熟春玉米种植区。

（3）两年三熟小麦—玉米—豆类免耕保护性耕作技术模式　小麦机收留高茬，免耕播种豆类，豆类人工收获后留茬休闲，间隔

2～3年进行深松，冬残茬覆盖，春免耕播种玉米。主要适用于渭北旱塬小麦、玉米种植区。玉米免耕保护性耕作技术是麦收后在麦茬地里直接播种玉米，作业环节少，机械化程度高，有利于争取农时、减少农耗，提早出苗且苗齐、苗壮；小麦秸秆、残茬覆盖地表可蓄水保墒，减少水分蒸发，改善土壤结构，培肥地力，并有效遏制麦茬焚烧；省时省工省力，节本增效，有利于农业可持续发展。

玉米免耕保护性耕作技术具有社会效益、生态效益、经济效益兼收并蓄的效果。实践证明，采用玉米免耕保护性耕作技术：提早成熟3～5天，增加玉米产量10%以上，每亩可省工2个，节省翻耕和整地等费用，亩均节本增收180元以上；可以减少一次灌溉用水，减少化肥投入量10%左右；连续秸秆还田田块土壤有机质含量每年提高0.017%以上，速效氮、速效钾每年提高0.8%～1.2%。同时，能有效解决收种争时矛盾，降低劳动强度，减少机械能源消耗，防止焚烧秸秆，保护环境。

**5. 内蒙古自治区**

内蒙古自治区的玉米免耕保护性耕作技术模式形式多样，主要包括以下几种：

（1）地膜二次利用免耕技术　该技术是巴彦淖尔市河套地区在多年种植经验的基础上，不断创新总结形成的。主要做法：在覆膜玉米收获后，不进行耕、翻、耙、耱等作业，留板茬地秋浇，翌年春播时，将向日葵直接播种在玉米茬中间。该技术具有保水、保肥、保出苗、省工、省时、省成本、增产、增收的作用和优势，得到了广大农民的认可。

（2）大垄双行休闲免耕保护性耕作技术　该技术主要应用于赤峰市北部。主要做法：秋季去根茬汇堆或春汇地，播种时使用双垄起垄播种机一次性完成施肥、起垄作业，并使用小石碾镇压保墒，形成上宽40～45厘米的垄台，大行距80～90厘米，以后不再深蹾。点播播种，同时施种肥，播后选用乙草胺等苗前除草剂处理地表。垄下形成休闲空地，翌年在空地处起垄，原垄背实现休闲免耕。该技术减少了中耕培土、追肥和除草过程，节本增效显著。

（3）单垄休闲免耕保护性耕作技术　该技术主要在赤峰市喀喇沁旗、巴林左旗推广应用。主要做法：上年玉米留茬 25～30 厘米，不整地，春季免汇地，直接在原垄沟播种施肥并及时镇压保墒。播后 3 天内进行苗前除草；小喇叭口期追施尿素 30 千克，追肥后按原垄背浅蹚 20 厘米进行根部培土；浅蹚追肥后浇 1 次水，灌浆期浇 1 次水。翌年反复进行，实现单垄连续换行休闲耕作。

（4）玉米留高茬免耕种植技术　在土壤风蚀沙化严重的一年一熟农作地区，农田休闲期适宜采用留高茬覆盖的主体保护模式。主要是在秋、冬季玉米留茬 20 厘米以上，进行免耕播种或灭茬播种复式作业。

（5）宽窄行交替休闲免耕保护性耕作技术　该技术主要是结合玉米大小垄种植的实际情况在赤峰市进行示范和推广。主要做法：设玉米宽行为 90 厘米、窄行为 40 厘米。在窄行种植玉米，宽行耕地处于休闲状态。玉米生育期内结合追肥对宽行进行深松（30～40 厘米），秋季收获后对深松带进行旋耕整地，使其达到可播种状态。窄行玉米收获时留茬 40 厘米，让秸秆自然腐烂还田。翌年在上年宽行实施行距为 40 厘米的精量播种，苗带隔年轮换实现宽窄行交替休闲。

（6）秸秆覆盖栽培技术　该技术主要应用于赤峰市喀喇沁旗、巴林左旗。主要做法：玉米秋收后留茬 25～30 厘米，翌年春季采用免耕播种机一次性完成施肥、播种作业，并及时间苗、定苗和管理。定苗后至拔节期进行秸秆覆盖（秸秆长 50 厘米，覆盖量 600 千克/亩）。该技术具有省工省力、调温保墒、培肥地力等优点。

（7）全膜双垄沟播技术　内蒙古自治区是全国第一个从甘肃省引进该技术的省份。2008 年，内蒙古在全区分东西两片进行试验种植 293 亩，其中赤峰市在喀喇沁旗、敖汉旗、林西县引进试验种植 288 亩，呼和浩特市清水河县试验 5 亩。2009 年则扩大到两市的 12 个旗县，示范推广 1 万亩。2010 年推广应用面积进一步扩大，尤其是在春季遭受严重低温、冷害气候条件下，该技术较常规半膜栽培有明显优势，显著地提高了玉米抵御低温冷害及干旱等不良环境影响的能力，为促进春耕生产发挥了积极作用，在大灾之年为抗灾减灾起到了良好的示范作用。

（8）地膜免耕保护性耕作技术 又称板茬种植或留根茬种植，主要是在阿拉善盟阿左旗推广实施。主要技术模式：玉米覆膜—玉米—玉米—玉米茬旋耕，连续 2 年免耕重茬种植，地膜再次利用，每年玉米收获后不秋耕翻春耙糖，春播前灌足安种水，在两根茬间进行人工精量点播；玉米覆膜—油葵—籽瓜—籽瓜茬旋耕；玉米覆膜—棉花—辣椒—辣椒茬旋耕。该技术可改善土壤结构，促进土壤团粒结构形成，增加土壤孔隙度，提高土壤有机质及速效钾、有效磷和全氮含量，且节本增产效果显著。

**6. 黑龙江省**

黑龙江省是我国玉米种植面积最大的省份，且土地肥沃、土壤有机质含量高，是世界三大黑土带之一。但黑龙江省是典型的旱作农业区，无霜期短，降水量少，水蚀、风蚀和春旱严重，并且长期以来的铧式犁耕翻、土壤裸露越冬等不合理耕作技术导致耕层变浅、水土流失严重、生态环境恶化。黑土层的平均厚度由 50 年前的 40～100 厘米下降到目前的 20～40 厘米，平均有机质含量由开垦时的 6%～8% 下降到目前的 1.8% 左右，且仍在以每年 0.1% 的速度下降，再加上近年来全省降水逐年减少，旱田面积不断增加，尤其是 2007 年遭遇了 50 年一遇的大旱，保护黑土地刻不容缓。

针对黑龙江省农业生产现状，保护黑土地的主要目标是增加土壤含水量和控制风蚀水蚀，耕作技术应以少（免）耕、秸秆覆盖为主。在生产中，一般作物收获后至播种前不进行铧式犁整地，采用免耕播种机进行播种作业，将留高茬和站秆等秸秆覆盖措施与免耕播种、化学除草、土壤深松、机械化作业等有机结合。但也存在一些技术问题需进一步研究解决，如：秸秆还田覆盖量过大导致地表温度过低，对种子萌发和出苗不利；秸秆覆盖不匀影响播种质量、幼苗质量和群体整齐度；病害、虫害、草害、鼠害的综合防控等。在高纬度冷凉地区，地膜覆盖和育苗移栽技术具有较高的增产潜力和推广应用前景。

#### 7. 吉林省

吉林省玉米免耕等保护性耕作研究起步于 20 世纪 80 年代，并自 2006 年起在玉米生产中进行了较大规模的试验示范，2009 年其推广应用面积已高达 127 万亩，已扩展到 30 多个县（市、区）。试验示范和生产实践结果均证明，该技术在粮食增产、节本增效、节能环保等方面效果显著，实现了社会效益、生态效益和经济效益的统一，特别是在 2009 年大旱之年，其抗旱增产优势表现得更为突出。玉米免耕保护性耕作的主要技术模式包括：

（1）大垄双行（宽窄行）平作技术　即改垄作为平作，选用生育期适宜的高产、稳产、耐密型玉米品种，苗带宽窄行种植，即改传统的 65 厘米垄距种植为宽行 90 厘米、窄行 40 厘米的平作种植，宽行为休耕带，窄行为种植生长带，休耕带和种植生长带隔年交替；改半精量播种为精量播种；改三铲三蹚为 1 次只对宽行深松（深度为 35～45 厘米）；改秋收后低留根茬粉碎还田为留高茬（40～50 厘米，高根茬至翌年经风吹、日晒、雨淋、冻融自然腐烂还田）。具体技术流程：整地→镇压→精量播种同时深施肥→播后重镇压→喷药灭草→人工或机械收获留高茬→化控或生物防治病虫害→深松、深追肥。

（2）垄上、垄侧交替休闲种植机械化技术　保持传统垄作习惯，改连年垄上种植为垄上、两垄侧交替种植，即第 1 年垄上种植、第 2 年一侧垄种植、第 3 年另一侧垄种植，3 年轮种为一个周期，秋季收获时种植带留高茬，保持传统种植密度，借助垄沟、垄台与高茬降低地表风速，减轻风蚀与扬沙、扬尘；改半精量播种为适量加密精量播种；改三铲三蹚为播种时 1 次施入基肥、冲施肥，不中耕；改秋季收获留低茬、根茬粉碎还田为留高茬（40～50 厘米，高根茬至翌年经风吹、日晒、雨淋、冻融自然腐烂还田）和秋季深松作业（2～3年深松1次）。具体技术流程：深松整地→精量播种同时深施肥→镇压→喷药灭草→化控或生物、物理防治病虫害→人工收获留高茬（2～3年深松1次）。

（3）沟垄交替休闲种植机械化技术　保持传统垄作习惯，改连年垄上种植为垄上垄沟交替种植，即第1年垄上种植，第2年垄沟种植；第1年垄上高留茬或留整株秸秆（第2年播种前人工清除整株秸秆或播种时随车行进将整株秸秆刮倒留于地表，建议留高茬），第2年垄沟留高茬，两年为一个交替周期，周而复始，沟、垄交替种植保持传统种植密度或使其有少许增加，借助垄沟、垄台及高茬固土以降低地表风速，减轻风蚀与扬沙、扬尘；改半精量播种为精量播种；改三铲三蹚为播种时一次施入基肥、冲施肥，不中耕或隔年垄沟深松；改秋季收获留低茬、根茬粉碎还田为留高茬（40～50厘米，高根茬至第2年经风吹、日晒、雨淋、冻融自然腐烂还田）和深松作业（2年深松1次）。具体技术流程：深松整地→精量播种同时深施肥→播后重镇压→喷药灭草→行间凿式深松→化控或生物防治病虫害→人工或机械收获留高茬。

### 8. 河北省

在黄淮海地区，夏玉米免耕保护性耕作技术以麦茬秸秆覆盖、夏玉米免耕贴茬直播为主。目前，尽管麦田套种在我国还有一定的面积，特别是在黄淮海地区，但免耕贴茬直播以及适时晚收是黄淮海夏玉米区最为成熟、推广应用面积最广的玉米种植技术。

河北省自20世纪80年代中期开始示范推广夏玉米免耕保护性耕作技术。近年来，随着化学除草剂的普及和新型免耕农机具的推广应用，各级政府对玉米免耕保护性耕作技术推广工作高度重视，农技、农机人员的相互协作使全省玉米免耕技术得到大力发展。

2010年，河北省共推广玉米免耕保护性耕作面积3 186万亩，基本上实现了全省夏玉米种植区域的全覆盖。免耕保护性耕作的主要技术模式：带秸秆粉碎装置的小麦联合收割机收获小麦→玉米免耕播种机播种玉米→喷洒化学除草剂。此外，还有小麦联合收割机收获小麦→玉米免耕播种机播种玉米（同时施入种肥）→均匀抛撒小麦秸秆→喷洒化学除草剂的模式。

经过几年的实施，该技术取得了显著的社会效益、生态效益和经济效益：平均每亩节约农机作业费用 28 元，节省灌溉费 15 元，平均亩增产 25 千克以上，亩增收 40 元以上；有效节省了劳动力，大大降低了劳动强度，解放了农村劳动力；保墒节水、有效提高了土壤有机质含量，改善了土壤团粒结构，提高了土壤渗水性，减少雨季了地表径流，提高了土壤抗水蚀及风蚀能力，增加了土壤蓄水量，提高了水分利用率，全方位培肥了地力，提高了土壤生产能力。同时，免耕保护性耕作技术在保护自然植被、减少农田扬沙、有效抑制秸秆焚烧、减少环境污染、保护生态环境等方面也具有重要作用。

### 9. 河南省

河南省玉米种植模式主要为小麦—玉米一年两熟制。因农时紧张，传统耕作方式费工费时，目前河南省玉米生产基本全部实行免耕播种。玉米免耕高产栽培技术主要有以下三种模式：

（1）玉米麦垄套种及人工直播免耕保护性耕作技术　近年来，在安阳、鹤壁、新乡等积温偏低的豫北地区麦垄套种面积 300～400 万亩。2010 年，受春季持续低温和小麦晚收影响，为争取农时，玉米麦垄套种面积增至 1 000 万亩左右，并有个别地区实行人工点种（穴播）。主要做法：在玉米出苗前或出苗后喷洒化学除草剂，分别于玉米拔节期、大喇叭口期施化肥，及时防治叶斑病、玉米螟等病虫害，籽粒乳线消失后收获。因省去了造墒、施有机肥等环节，该技术在争取农时、减少农耗和土壤水分损失等方面具有明显优势，但作物秸秆还田率仍很低，土壤有机质含量降低的趋势未得到有效遏制。

（2）玉米机械免耕覆盖播种栽培技术　该技术模式的推广应用

面积 3 000 万亩以上，占河南省玉米播种面积的 70％以上。主要做法：在小麦收获后，采用玉米免耕播种机一次性完成播种和施肥作业，在玉米出苗前或出苗后喷洒化学除草剂，小喇叭口期施化肥，大喇叭口期防治玉米螟，籽粒乳线消失后收获。该技术实现了小麦秸秆还田，并且大量秸秆还田扭转了土壤有机质含量逐年下降的趋势，节本增效成果显著。

（3）玉米机械免耕简化栽培技术　该技术模式自 2004 年开始在生产中被试验示范。主要做法：以玉米免耕机械、缓释性肥料为突破口，利用免耕播种机一次性完成播种、施肥、镇压和喷洒除草剂工作，大喇叭口期防治玉米螟，籽粒乳线消失后收获。因极大地简化了作业程序，降低了生产成本，该技术深受群众欢迎，推广应用前景广阔。

### 10. 广西壮族自治区

广西壮族自治区玉米大部分种植在山区和旱区坡地，玉米生产中普遍存在耕地水土流失严重、劳动强度过大、玉米单产水平偏低等突出问题。针对当地玉米生产现状，广西壮族自治区自 2001 年起开展了玉米免耕保护性耕作技术的研究和探索。经过不断发展完善和大力推广，目前广西壮族自治区一些地区已基本实现了玉米免耕种植。玉米免耕保护性耕作技术是继水稻免耕抛秧技术之后广西壮族自治区摸索总结出来的又一项新型旱地保护性耕作技术，也是继地膜覆盖栽培技术之后的一项突破性玉米高产高效生产技术，其推广应用是近年来广西壮族自治区玉米主产区发展玉米生产、确保粮食安全的重大生态农业举措。

玉米免耕保护性耕作技术是在未经翻耕犁耙的田（地）上进行播种和栽培玉米的保护性耕作方法，是一项集除草、节水保墒、秸秆还田、高产栽培等技术于一体，生态安全、可持续发展的节本增效轻型栽培技术。免耕春玉米只需完成除草作业即可进行抗旱或抢墒播种，免耕秋玉米一般可在春玉米收获前 15～20 天套种在春玉米行间。该技术在争取农时、降低劳动强度、节支增收、提高土壤生产潜力、防止水土流失、保护生态环境等方面成效显著。

## 三、地膜覆盖栽培技术

### (一) 地膜覆盖栽培技术发展概况

地膜覆盖栽培技术通过改善耕层土壤水热状况、活化土壤养分、提高水分养分利用率、弥补积温不足来实现粮食增产。对该技术的研究始于 1948 年，1956 年该技术被应用于生产。1978 年，我国农牧渔业部通过对外科技交流从日本引进一整套的地膜覆盖技术，包括作业方法、专用地膜和覆盖机械。因增产作用明显，该技术得到了大面积的推广和应用，并与我国传统农业耕作技术结合，形成了具有中国特色的地膜覆盖栽培技术体系。目前，我国已成为世界上地膜栽培面积最大的国家。我国地膜栽培玉米主要是春玉米，集中在北方玉米区、西北内陆玉米区、青藏高原玉米区和西南丘陵山地玉米区。

不同生态地区覆膜的作用有所不同。在黑龙江中东部、吉林东部和西南部等低温冷凉地区，覆膜主要是保持土壤温度、弥补积温不足；在黑龙江西部、内蒙古中西部和东部、甘肃中西部、新疆大部、青海西部、西藏北部和宁夏中南部、吉林西北部、辽宁西部、河北北部、陕西北部和川西高原北部等干旱、半干旱地区，覆膜主要是保水保墒、提高水分养分利用率；在甘肃南部、陕西南部、湖北西南部、湖南西部和四川西北部等湿润地区，覆膜的主要作用是弥补积温不足。

通过多年的研究探索与试验，我国科研工作者针对不同玉米产区的生态特点总结出了不同的玉米覆膜高产栽培技术，适合干旱、半干旱生态区的全膜双垄沟播栽培技术、玉米膜侧集雨节水栽培技术、玉米膜下滴灌技术已被在不同干旱、半干旱玉米区进行了大面积的推广和应用。

### (二) 常规地膜覆盖栽培技术

常规地膜覆盖栽培技术是直接将地膜覆盖在玉米播种条带上，具有明显的增温、保墒、保肥、保全苗、抑制杂草生长、减少虫害、促进玉米生长发育、促进早熟、增产作用。适用于北方春玉米区及南方高寒冷凉山区。

常规地膜覆盖栽培技术要点如下：选择土层深厚、结构良好、有机质含量高的中上等肥沃地块，并精细整地。因覆膜栽培延长了玉米的生长季节，争取了 250～300 ℃的有效积温，因此应选比当地普通玉米生育期长 10～15 天、增产潜力更大的玉米杂交种。覆膜玉米一般要比露地玉米早播 10～15 天，种植密度比露地玉米增加 10％～15％，幼苗第一片叶展开后及时破膜放苗。玉米收获后及时将田间残膜清除干净，回收处理，防止土壤污染。

部分省份玉米地膜覆盖栽培技术的具体规程如下：

**1. 辽宁省玉米地膜覆盖栽培技术**

（1）地膜规格的选择　单种玉米可选用幅宽 60～70 厘米、厚度为 0.007～0.008 毫米的超薄膜（或 0.005 毫米的超微膜）；带田玉米可选用幅宽 50 厘米的超薄膜。

（2）选茬整地　地膜覆盖栽培玉米，选择地势平坦、土层深厚、土质疏松、灌水方便、肥力条件较好的土壤地块。前茬作物收获后，及时深耕 23～27 厘米，底墒要充足，灌足冬水，墒情不好的灌足春水。土地平整，多次耙耱、镇压保墒，实现地平、土绵、墒足、上虚下实。

（3）选用良种　根据玉米种植区气候特点及积温条件，选择适宜熟期的玉米品种。为防治地下害虫，播前用 50％辛硫磷按种子重量的 0.1％～0.2％拌种。用 20％三唑酮 150～200 克兑水 1.5～2.5 千克，拌种 50 千克，以防治丝黑穗病。

（4）平衡施肥　施足基肥，氮肥、磷肥配合。基肥以农家肥为主，化肥施用本着基肥重磷、追肥重氮的原则进行，既可防止玉米苗期徒长，又能防止后期脱肥，保证玉米后期正常生长发育。一般亩施优质农家肥 6 000～7 000千克、五氧化二磷 6～7 千克作基肥，结合播前浅犁一次施入，集中沟施肥效更好。

（5）适期播种，合理密植　土壤耕层 5～10 厘米地温稳定通过 10 ℃时即可播种。盖膜单种玉米一般比不盖膜玉米提前 5～7 天播种。山区一般 4 月 12—15 日播种，沿山一类地区在 4 月 15—20 日播种为宜。按宽行 87 厘米、窄行 40 厘米，划线开沟按规定株距点播，每穴点籽 2～3 粒，播深 3～5 厘米。一般晚熟品种亩保苗4 500～5 000 株、中熟品种亩保苗 5 000～5 500 株、早熟品种亩保苗 5 500～6 000 株。带田玉米播期可推迟到 4 月 25 日—5 月 1 日，以减少小麦玉米共生期矛盾。带幅为 80 厘米（距小麦 27 厘米），亩保苗 4 500～5 000 株。

（6）**盖膜严密，保证覆盖质量** 玉米地膜覆盖种植宜采用宽窄行平作规格，行要开直，先播种后盖膜，随种随盖。盖膜前把地块的前茬残留根茬、秸秆、石块等杂物清理干净。打碎土块，以免划破或顶起地膜。盖膜一定要严，将地膜拉紧、拉展、铺平、铺匀，在膜的四周各开一条浅沟，把地膜用土压紧、压严，以防大风揭掉地膜。膜边压土不宜过多，以最大限度地保持膜面宽度，扩宽采光面，满足严、紧、平、宽的要求。

（7）加强田间管理

① 检查地膜。播种后如发现地膜有破损透风的地方，要及时用细土封严（包括放苗口）。

② 及时放苗。单种玉米待玉米苗基本出齐时及时开口放苗。放苗时要掌握放大不放小、放绿不放黄、阴天突击放、晴天避中午、大风不放苗的原则，一般每穴只放一株壮苗，苗孔一般以3.33 厘米为宜。苗放出膜后，应随时用细湿土加适量的草木灰混合把放苗口封严（既不板结，又渗水保墒），以防透风漏气、降温跑墒和杂草丛生。带苗玉米因播种较迟，应抢时（早晨、下午）放苗，以防烫苗。

③ 打杈除蘖。一般玉米出苗 20 天左右就分蘖，如不及时将分蘖除掉，它就会与主茎争肥争水，消耗植株营养，影响主茎生长发育。因此，应随时检查，发现分蘖及时除掉，以保证玉米正常生长发育。

④ 合理灌水、追肥。根据地膜玉米需水规律，前期要控水，防止幼苗在高温、高湿、高肥的条件下徒长和后期早衰。中期蒸

腾量大，耗水多，要适当增加灌水量。但切忌大水漫灌，否则土壤湿度过大，不仅易引起玉米病害，还会使玉米根系呼吸和营养吸收受阻。后期随着降水量的增加，气温下降，灌水量应适当减少。总之，应根据"浅、满、浅"的原则进行。单种玉米，全生育期灌水 4～5 次，每次亩灌水量为 60～70 米³。灌水时间山区头水宜在 6 月中下旬，二水在 7 月初，以后可根据玉米生长状况、地墒、天气等进行，一般每隔 20～25 天灌一次水，结合灌水在拔节期和大喇叭口期追肥。在离玉米植株 10 厘米的地方，亩穴施（沟施）氮 20～25 千克（50～60 千克），每亩用硫酸锌 100～150 克，兑水 50 千克叶面喷施 1～2 次，以满足玉米对锌的需要，并可防治白花叶病，喷施磷酸二氢钾两次，每次用量为 100～150 克，兑水 50 千克。并在抽雄后至授粉前，酌情追施攻粒肥 12 千克左右。

⑤ 喷施玉米生长调节剂，实行科学化控。喷施调节剂使玉米植株矮健、光合效率增强、延缓衰老、提高抗倒伏能力、早熟、增产。喷施必须注意喷施时间与浓度，随配随用，均匀喷施于植株上部叶片，不重喷、不漏喷。

⑥ 及时发现、防治病虫害。

（8）清除废膜　玉米收获后要彻底捡拾废膜，净化土壤，保护农田生态环境。

**2. 内蒙古自治区旱地玉米地膜覆盖栽培技术规范**

适用于≥10 ℃年活动积温在 1 900 ℃以上、无霜期在 90 天以上、全年日照时长 2 580～3 400 小时、日照百分率 57％～78％、年太阳辐射总量 4 750～6 250 兆焦/亩、80％保证率的年降水量 290 毫米以上、生长季降水量大于 250 毫米、地势平坦、土层较厚、土质疏松、肥力中等以上、保水保肥排涝能力强、靠近水源的土地。产量指标为亩产 400～750 千克。

（1）备耕

① 秋耕、秋施肥。秋收后及时耕翻，每 3 年深翻（松）1 次，结合深耕，秋施有机肥每亩 1 000～2 000 千克，风蚀严重或质地

黏重地块，秋耕后及时耙地保墒。

②土壤要求。封冻前耙糖地收墒，"三九"碾地，早春顶凌碾耙，使土壤达到疏松、平整、无根茬、无残膜、无大坷垃的适播状态。

③集中深施基肥。年降水量小于400毫米的地区和年份，人工播种覆膜时，化肥要在播前结合整地一次性集中深施在膜带上。春翻地要将有机肥和化肥混合结合耕翻播种一次性施在膜带上。氮肥品种要首选长效碳酸氢铵和涂层尿素等长效肥。采用机械铺膜点播时，每亩留出10～15千克磷酸二铵、5千克尿素结合覆膜播种作种肥侧施，其余化肥播前集中深施在玉米膜带土壤中（表7-1）。

表7-1　旱地覆膜玉米不同产量目标的施肥配方（千克/亩）

| 土壤肥力 | 目标产量 | 有机肥 | 尿素 | 磷酸二铵 | 硫酸钾 | 硫酸锌 |
|---|---|---|---|---|---|---|
| 较低—中 | 400～500 | 1 000～2 000 | 12.5～15.0 | 10.0～12.5 | 0～2.5 | 0～1 |
| 中—较高 | 500～600 | 1 000～2 000 | 15.0～20.0 | 12.5～15.0 | 0～5.0 | 0～1 |
| 中—较高 | 600～700 | 1 000～2 000 | 20.0～25.0 | 15.0～17.5 | 0～5.0 | 0～1 |
| 较高—高 | 700～800 | 1 000～2 000 | 25.0～30.0 | 17.5～20.0 | 0～7.5 | 0～1 |

④品种。覆膜条件下，选择比当地露地主栽品种生育期长10～15天、积温高200～250℃或叶片数多1～2片的品种，选用株型紧凑、叶片上冲、适宜密植的品种，选用不早衰、后发性强的品种。

⑤种子包衣。根据当地积温购买适宜的品种，种子质量达到国家二级以上标准，选用19号（20%福·克）种衣剂，按药种比1∶45包衣。

⑥地膜。地膜选用幅宽70～75厘米、厚度为0.005～0.008毫米的聚乙烯超薄膜，也可采用适宜的生物降解膜或光降解膜。

（2）播种

①采用大小垄双行覆膜，合理密植。变匀垄种植为大小垄双

行覆膜种植，1米1膜，膜宽70～75厘米，大行距70厘米，小行距30厘米，株距要根据种植密度要求确定。紧凑型每亩4500～5500株，平展型每亩3500～4500株。在降水多的地区或年份，或土壤肥力高、施肥量大时，种植宜密些。

② 适时播种。在不同积温带，不同品种具有不同的最佳播种期。确立播种期的原则是5厘米深地温稳定在6～8℃，土壤耕层含水量在田间持水量的60%以上，否则要坐水。出苗时避开-3℃以下的低温。内蒙古自治区旱作区不同积温带播种期通常比露地玉米最佳播种期提早7～10天，不同积温带适宜播种期：＜2200℃，5月5—20日；2200～2400℃，5月1—5日；2400～2600℃，4月25—30日；2600～2800℃，4月20—25日；＞2800℃，4月15—20日。

③ 确保播种、覆膜、坐水技术规范。人工播种时，可先覆膜后播种或先播种后覆膜。在积温低、降水少的地区，多先覆膜后播种。但要注意：①抢墒覆膜，在秋雨充沛，冬、春雪多时，在土壤解冻后于翌年4月上旬结合整地抢墒覆膜，春翻也要一边耕翻、一边整地、一边覆膜，覆膜不过晌不过夜；②等雨覆膜，春墒差时，在整好地不误农时的基础上等雨整地覆膜；③整好地而春墒差、等雨无望时，要按农时覆膜，播种时增加坐水量；④按既定株距打孔、坐水、点籽，打孔直径3厘米，播深3～5厘米，根据土壤墒情和水源，坐水量为每穴0.6～1.2千克，水下渗后每穴点籽2～3粒；⑤坐水点籽后及时用干细土封孔，未坐水时，用湿细土封孔，用干土封顶，打孔深浅一致、覆土一致；⑥及时检查封孔土，遇有板结，人工碎土，确保全苗。

先播种后覆膜时，要按既定行距将播种沟开直，按预定株距等距点播，每穴2～3粒，踩实坐水，覆土糖平，及时覆膜。覆膜10～15天后开始出苗，幼苗第1片叶展开后及时破膜放苗，放苗宜在晴天下午进行，放苗时用小刀将膜划破1～2厘米的小孔放出幼苗，随后用细湿土沿苗基部严实封孔。

用机械坐水铺膜点播机覆膜、播种、施肥、坐水一次完成，调好株行距、播种深度（4 厘米）、下肥量（每亩磷酸二铵 10～15 千克、尿素 5 千克）、坐水量（每亩 5～7 米³）。降低空穴率，保证覆膜、播种质量。无论是人工播种还是机械播种，在坡地上都要等高种植。

④ 膜下化学除草。在非连作玉米田，每亩用乙草胺 100 毫升兑水 30 千克，覆膜前喷洒在膜带上，拖平或轻耱。玉米连作田还可用乙阿合剂，每亩用乙草胺 75 毫升加莠去津 75 毫升兑水 30 千克，覆膜前喷在玉米膜带上拖平。

（3）田间管理

① 查田补苗。播种后出苗前要进行查田，地膜跑温漏气处用土压严，并对顶苗、蜷苗进行放苗，发现缺苗穴及时进行催芽坐水点播。

② 间苗、定苗、中耕除草。玉米苗齐后及时间苗，3 叶时定苗，发现缺苗时在缺穴两边留双株，留匀苗。结合定苗进行中耕，清除大行田间杂草，小喇叭口期进行第 2 次中耕。

③ 追施氮肥。年降水量超过 400 毫米，或保肥性差的沙质土，可以将总氮量的 1/2 用作追肥，抽雄前，在苗旁穴施，灌浆期出现缺氮早衰时，用追肥枪追肥，每桶水（15 千克）加硝酸铵 0.35 千克，每株追施肥液 0.15 千克，或在根部结合降水追肥，每亩施硝酸铵 5 千克。

④ 喷施锌肥。出现缺锌花苗病时，用 0.3% 的硫酸锌溶液在苗期喷施 1～2 次。

⑤ 灭虫。东部地区以防玉米螟为主，西部地区以防黏虫为主。6 月中下旬平均 100 株玉米有 150 头黏虫时达到防治指标，每亩用 50% 灭幼脲胶悬剂 40 毫升兑水 30～50 千克喷雾；防治玉米螟可在玉米喇叭口期 3% 杀螟灵颗粒每株投药 0.2 克进行防治，或由农技部门统一组织用高压汞灯、赤眼蜂等统防统管。

（4）收获 籽粒蜡熟期，站秆剥皮（将果穗苞叶剥开）降低籽粒含水量，增加粒重。果穗下垂，霜冻前及时收获。结合收获清除残膜。

### （三）全膜双垄沟播栽培技术

全膜双垄沟播栽培技术是甘肃省农技推广工作者针对甘肃省旱作农业存在的干旱少雨、水资源严重短缺、农业基础薄弱等突出问题，紧紧围绕提高农田降水保蓄率和水分利用率等核心问题，经过多年探索与研究成功研发的一项旱作农业新技术。该技术是全地面覆盖地膜、双垄双沟种植作物，将"覆盖抑蒸、膜面集雨、垄沟种植"三项技术融为一体的一项创新技术。近年来的生产实践证明，该技术在提高自然降水利用率和促进农业增产、农民增收等方面发挥了重要作用。并且，该技术已被内蒙古、陕西等类似生态地区引进，并在当地农业生产中取得了良好的示范和增产效果。

全膜双垄沟播栽培一膜一用技术即在起垄时形成2个大小不同的弓形垄面，大小垄相接处为播种沟。起垄后用规格为1200毫米×0.008毫米的塑料膜全地面覆盖，膜间不留空隙，相接覆盖，突出保墒和增温效果，在播种沟内按株距打孔点种，大小垄形成微型集雨面，充分接纳降雨和保墒。

全膜双垄沟播栽培一膜两用技术即覆盖1次地膜用两年，能最大限度地保蓄土壤水分，减少冬春季节土壤水分的蒸发，有利于春播；能使地表免受降雨的冲刷与风蚀；可减少地膜、用工等费用；玉米根茬直接还田，可增加土壤有机质，提高土壤肥力；在保证肥料供应的情况下，仍可获得高产。

全膜双垄沟播栽培一膜一用技术的要点如下：

（1）选地整地　选择地势平坦、土层深厚、土质疏松、肥力中上、土壤理化性状良好、保水保肥能力强、坡度在15°以下的地块，不宜选择陡坡地、石砾地、重盐碱地等瘠薄地。伏秋深耕或覆膜前浅耕。伏秋深耕，即在前茬作物收获后及时深耕灭茬，耕深达到25～30厘米，耕后及时耙糖；覆膜前浅耕，即平整地表，耕深18～20厘米，有条件的地区可采用旋耕机旋耕，做到"上虚下实无根茬、地面平整无坷垃"，为覆膜、播种创造良好的土壤条件。

（2）划行、施肥、起垄

① 划行。每幅垄分为大小双行，幅宽 110 厘米。机器或人工划行。

② 施肥。一般亩施优质腐熟农家肥 3 000～5 000 千克（若计划采用一膜两用，由于免耕施肥困难，第 1 年农家肥施用量应增加到 7 000 千克以上），起垄前均匀撒在地表。尿素 25～30 千克，过磷酸钙 50～70 千克，硫酸钾 15～20 千克，硫酸锌 2～3 千克或亩施玉米专用肥 80 千克，将化肥混合后均匀撒在小垄的垄带内。

③ 起垄。若土地条件好、土壤疏松绵软、交通方便，推荐使用小型施肥起垄机，沿小行中间开沟起垄。也可用步犁开沟起垄，沿小行划线来回向中间翻耕起小垄，把起垄时的犁臂落土耙刮至大行中间形成大垄面。要求起垄覆膜连续作业，防止土壤风干造成水分散失。川台地按作物种植走向开沟起垄、缓坡地沿等高线开沟起垄，大垄宽 70 厘米、高 10 厘米，小垄宽 40 厘米、高 15 厘米，每幅垄对应一大一小、一高一低两个垄面。要求垄和垄沟宽窄均匀、垄脊高低一致。

（3）土壤消毒　地下害虫危害严重的地块，整地起垄时每亩用 40% 辛硫磷乳油 0.5 千克加细沙土 30 千克，拌成毒土撒施，或兑水 50 千克喷施。喷完一带覆盖后再喷下一带，以提高药效。杂草危害严重的地块，整地起垄后用 50% 乙草胺乳油 100 克兑水 50 千克全地面喷雾，然后覆盖地膜。土壤消毒作业时，作业人员要戴橡胶手套和口罩，注意人、畜及种子安全。

（4）覆膜

① 覆膜时间。

a. 秋季覆膜（10 月下旬至土壤封冻前）。前茬作物收获后，及时深耕耙地，在封冻前起垄覆膜。此时覆膜能够最大限度地保蓄土壤水分，但是地膜在田间保留时间长，要加强冬季管护，作物秸秆富余的地区可用秸秆覆盖护膜。

b. 顶凌覆膜（3 月上中旬土壤昼消夜冻时）。早春土壤昼消夜冻时，及早整地、起垄覆膜。此时覆膜保墒增温效果虽然较秋季覆膜差，但较播前覆膜好，有利于发挥该项技术的增产增收优势，而且可利用春节刚过劳力充足的农闲时间进行，做到全膜双垄沟播技术早春顶凌全覆盖。

② 覆膜方法。用厚 0.008～0.010 毫米、宽 120 厘米的地膜。沿垄边线开深 5 厘米左右的浅沟，将地膜展开后，靠边线的一边放在浅沟内，用土压实，另一边在大垄中间，沿地膜每隔 1 米左右，用铁锨从膜边下取土原地固定，并沿垄长在膜面上每隔 2～3 米横压土腰带。覆完第 1 幅膜后，将第 2 幅膜的一边与第 1 幅膜在大垄中间相接，从下一大垄垄侧取土压实，依次铺完全田。覆膜时要将地膜拉展铺平，从垄面取土后，应随即整平。

③ 覆膜后管理。田间覆膜完成后，切实抓好防护管理工作，严禁牲畜入地践踏、防止大风造成揭膜。要经常沿垄沟逐行检查，一旦发现破损，及时用细土盖严。覆盖地膜一周左右后，地膜与地面贴紧时，在垄沟内每隔 50 厘米打一直径为 3 毫米的渗水孔以使降水入渗。

（5）种子准备

① 选用良种。结合当地的自然条件和气候特征，选择株型紧凑、抗逆性强、抗病性强、适应性广、品质优良、增产潜力大的粮饲兼用型杂交玉米品种。

② 种子处理。原则上要求统一使用包衣种子，对于少数未经包衣处理的种子，播前必须进行药剂拌种。用 50% 辛硫磷乳油按种子重量的 0.1%～0.2% 拌种，防治地下害虫；用 20% 三唑酮粉剂或 70% 甲基硫菌灵乳油 150～200 克兑水 1.5～2.5 千克，拌种50 千克，防治瘤黑粉病等病害。

（6）播种时间　地表 5 厘米地温稳定通过 10 ℃时为玉米适宜播期，各适种区可结合当地气候特点确定播种时间，一般在 4 月中下旬开始播种。若土壤过分干旱要造墒播种，即采取坐水播种、深播浅覆土等抗旱播种措施，为种子萌发出苗创造条件。

（7）播种方法　采用玉米点播器按适宜的株距将种子破膜穴播在垄沟内，每穴下籽 2～3 粒，播深 3～5 厘米，点播后随即按压播种孔，使种子与土壤紧密贴合，防止吊苗、粉籽现象发生，并用细沙土、农家肥或草木灰等疏松物封严播种孔，防止播种孔大量散墒和遇雨板结影响出苗。

（8）合理密植　根据土壤肥力状况和降雨条件确定种植密度。年降水量500毫米以下干旱区密度以3 500～4 000株/亩为宜，株距35～30厘米；年降水量500毫米以上半干旱区密度以4 000～4 500株/亩为宜。肥力较高的地块可适当加大种植密度。

（9）苗期管理（出苗期—拔节期）　玉米苗期是长根、增叶、茎叶分化的营养生长阶段，决定了玉米的叶片数和节数。到拔节期，基本上形成了强大的根系，叶片又是地上部分生长的中心。因此，管理的重点是促进根系发育、培育壮苗，达到苗早、苗足、苗齐、苗壮的"四苗"要求。

① 破土引苗。全膜双垄沟播玉米播后遇雨时，覆土容易形成一个板结的蘑菇帽，易导致幼苗难以出土，使出苗参差不齐，所以在播后出苗期要注意破土引苗。

② 查苗补苗。在苗期要随时到田间查看，发现缺苗断垄要及时移栽（在播种时可用地边或闲地，同时覆膜育苗，以备缺苗时移栽补苗），在缺苗处补苗后，浇少量水，然后用细湿土封住孔眼。

③ 间苗定苗。3叶期间苗、5叶期定苗，即出苗后2～3片叶时，开始间苗，除去病苗、弱苗、杂苗；幼苗达到4～5片叶时，即可定苗，每穴留苗1株，保留生长整齐一致的壮苗。

④ 清除分蘖。全膜玉米生长旺盛，常常产生大量分蘖，这些分蘖不能形成果穗，只能消耗养分。因此，定苗后至拔节期，要勤查勤看，及时将分蘖彻底从基部掰掉或割除。

（10）中期管理（拔节期—抽雄期）　玉米拔节后，茎节间迅速伸长、叶片增大，根系继续扩展，雌穗和雄穗分化形成，由营养生长时期转向营养生长和生殖生长并进时期。因此，管理的重点是促进叶面积增大，特别是中上部叶片，促进茎秆粗壮。并要注意防治玉米顶腐病、瘤黑粉病、玉米螟等病虫害。

当玉米进入大喇叭口期，即展开叶片达到10～12片时，追施壮秆攻穗肥，一般每亩追施尿素 15～20 千克。追肥方法是用玉米点播器或追肥枪在两株距间打孔，深施或将肥料溶解在 150～200 千克水中，制成液体肥，每孔浇灌 50 毫升左右。

（11）后期管理（抽雄期—成熟期）　玉米生长发育后期以生殖生长为主，是决定穗粒数和粒重的时期。管理的重点是防早衰、增粒重、防病虫。保护叶片，提高光合强度，延长光合时间，促进粒多、粒重。肥力高的地块一般不追肥以防贪青。发现植株发黄等缺肥症状时，应及时追施增粒肥，一般以每亩追施尿素 5 千克为宜。

（12）适时收获　玉米苞叶变黄、叶色变淡、籽粒变硬有光泽，而茎秆仍呈青绿色、水分含量在 70% 左右时及时收获。果穗收后搭架晾晒，防止淋雨受潮导致籽粒霉变，待充分干燥、水分含量降至 13% 以下时脱粒贮藏或销售。

（13）清理秸秆和残膜　除一膜两用地块外，其余地块的秸秆应及时收割并入窖青贮，作饲料用。秸秆割后清除回收残膜，深耕耙糖整地。

若为一膜两用，则在玉米收获后，用细土将破损处封好，保护好地膜。翌年，在前作根茬中间打孔点播，每穴播 2～3 粒。其他技术同上年。田间管理的重点是在生长期分次追肥。拔节期每亩追施尿素 20～25 千克、过磷酸钙 20～30 千克、硫酸钾 15～20 千克、硫酸锌 2～3 千克；大喇叭口期追施尿素 10～15 千克，抽雄后视苗情追施攻粒肥，追肥均采用打孔或用追肥枪在两株中间追施。秋收后及时消除秸秆和残膜，耕翻整地。

## （四）膜下滴灌栽培技术

我国水资源短缺，特别是北方地区干旱缺水已成为制约社会经济可持续发展的首要因素。此外，我国农业用水占比较大且水资源利用率低，用水浪费更是加剧了水资源的紧缺。为有效提高农业灌溉水的利用率，节水灌溉技术得到了日益广泛的研究与应用。采用高新节水灌溉工程技术能有效减少灌溉渠系（管道）输水过程中的水量蒸发与渗漏损失，从而显著提高灌溉水的利用率，尤其是渠道防渗技术如喷灌、渗灌、微灌等灌溉技术在大田生产中得到了广泛应用，并已成为节约农业用水、提高水资源利用率的重要方式。

膜下滴灌技术是对工程节水和覆膜栽培进行集成组装的一项农业节水综合栽培技术，是地膜栽培抗旱技术的延伸与深化，是有效利用水资源与耕地资源、改变农业耕作栽培技术的一场深刻变革。玉米膜下滴灌栽培技术主要采用大垄双行、地膜覆盖、滴灌技术，同时配合采用机械化作业、科学施肥、合理密植、生物防治、化学控制等先进技术，有利于节水、保墒、提高地温，保证土壤水分供给、提高水资源利用率、减少肥料损失、减少除草剂的飘散和挥发、减少白色污染，增收效果十分明显。

目前，黑龙江、新疆、吉林等地经过多年的探索已初步形成了成熟完善的玉米膜下滴灌栽培技术，并在当地玉米生产中进行了广泛的推广和应用。具体技术规程如下：

**1. 黑龙江省玉米膜下滴灌栽培技术规程**

（1）选地、选茬　选择耕层深厚、土壤肥力较高、保水保肥、排水良好的地块。

（2）精细整地，整平细耙　要做好根茬粉碎还田工作，必要时人工拣净搂除根茬残体。秋整地应深松整地，做到上实下虚，无坷垃、土块，结合整地施足基肥，及时镇压，达到待播状态，为高质量覆膜创造良好的土壤环境。

（3）平衡施肥，增施有机肥　一般每亩投入优质农家肥 1 000～2 000千克、磷酸二铵 15～20 千克、硫酸钾 5～10 千克作基肥，或者用复合肥 30～40 千克作基肥。在玉米需肥关键期，采取液体追肥，通过滴灌系统，随水施入，在施足基肥的基础上，一般每亩施尿素 20～25 千克。

（4）起大垄，垄上种双行　玉米地覆膜栽培采取大垄宽窄行栽培模式，可增加田间通风透光，充分发挥边际效应，一般窄行为40～50 厘米、宽行为 80～90 厘米。可选用耐密品种，每亩比常规栽培增加 500～800 株，靠群体增产。适宜的整地起垄方式有：

① 两垄一平台模式。将原来 65 厘米的垄通过引沟施肥后，隔

一垄起一垄，垄体内形成 3 条肥带，垄距 130 厘米，在垄上播种 2 行玉米，小行距 40 厘米，大垄行间距离 90 厘米。

平翻未起垄地块。按大垄标准 130 厘米深掏成大垄，然后用耢子将垄耢平后及时镇压。播种时在大垄平台上引双沟滤肥，沟距 40 厘米，将基肥均匀滤入沟内。

② 并垄宽窄行模式。并垄宽窄行模式，起 65 厘米的垄，整地时深施肥，先播种后覆膜，播种 2 垄为 1 个组合，将 2 垄播种行距调整为 50 厘米，与另外一组合的行距为 80 厘米。

（5）品种选择　选择比露地品种生育期长 7～10 天、有效积温高 150～200 ℃的品种。一般选用生育期 115～118 天、有效积温 2 450～2 500 ℃、株型紧凑、适宜密植的品种。

（6）种子处理　选用已包衣的玉米种子，可不催芽直接播种。选用没包衣的种子，可催小芽人工包衣，或直接包衣，选择复合型种衣剂，按药种比例拌种，主要防治地下害虫、玉米丝黑穗病和玉米瘤黑粉病等病虫害。

（7）足墒播种　玉米膜下滴灌采用先播种后覆膜的方式播种。出苗后及时人工放苗，并用土压严苗根部。覆膜可以提高地温，因此可提前 5 天播种，一般在 4 月下旬播种。采用垄上机械开沟滤大水精量点播方式，小行距 40～50 厘米，播种应深浅一致、覆土均匀，播深 3 厘米。根据品种特征确定种植密度，一般每亩保苗 4 500～5 000 株。

（8）化学除草　播后苗前封闭除草，除草剂用量较直播田减少 1/2，方法与常规玉米除草方法相同。

（9）铺设滴灌管和覆膜　在大垄 2 小行玉米之间铺滴灌管带，随铺滴灌管带随覆膜。选用 130 厘米的地膜，覆膜可以采用人工覆膜方式，也可采用机械覆膜方式，覆膜要求严、实、紧。

（10）及时放风、引苗、定苗　播种后及时检查出苗情况，发现缺苗及时补种或补栽。玉米出苗后应及时放苗，放出颜色正常、大小一致、没病虫害的苗，并及时定苗，留健苗、壮苗，防止捂苗、烧苗、烤苗。放苗后用湿土压严培好放苗口，并及时压严地膜两侧，防止被风刮起。

（11）加强田间管理 玉米覆膜栽培要经常检查地膜是否严实，发现有破损或土压不实的，要及时用土压严，防止被风吹开，实现保墒保温。及时除去垄沟杂草，按照玉米需水规律及时滴灌。

（12）清除地膜 人工清膜，也可以采用机械清膜。

**2. 新疆膜下滴灌玉米标准化高产栽培技术规程**

（1）播前准备

① 选地。选择耕层深厚、疏松透气、有机质含量高、土壤肥力高、速效养分多、根茬少、杂草少的土地。

② 整地。前作收获后结合耕翻施入基肥，耕深 25～30 厘米，对干旱地块进行灌溉，春季尽早平整土地、耙地，整成待播状态。春季耕翻的地块要早耕，及时平整、耙耱，防止跑墒。整地质量达到"齐、平、松、碎、净、墒"六字标准。

③ 施肥。配方施肥，基肥以有机肥为主，以化肥为辅，有机肥 1 000～2 000 千克/亩。磷肥、钾肥基施，生长期少量补充，氮肥分次滴施。

④ 品种选择及种子处理。根据当地生态条件，选用审定推广的抗逆性强、高产的优质品种。种子纯度和净度≥98%，发芽率≥90%，含水量≤14%。播前选晴天将种子摊开晾晒 2～3 天，可促使玉米提早出苗 1～2 天。

（2）播种

① 播期。地温稳定通过 12～14 ℃时，抢墒播种。

② 种植方式。采用一膜两行、膜下铺设滴灌带的栽培方式种植。密植品种的行距配置，一般膜间距 90～100 厘米，株距 22～25 厘米。稀植品种的行距配置，一般膜间距 110～120 厘米，株距 25 厘米。田间亩保苗株数在 4 500～6 500 株。

③ 播种方法。采用机械播种，铺膜、铺滴灌带、播种一条龙作业。要求地膜、滴灌带不破损，滴灌带迷宫面朝上。

④ 播量。地膜点播 2～3 千克/亩。

⑤ 播深。做到播种深浅一致，覆土均匀，镇压后播深 3～4 厘米。

⑥ 播种质量。播行端直、行距一致、下籽均匀、深浅一致、接行准确、镇压平实、地平墒足。

（3）田间管理

① 干播湿出。玉米尽可能靠自然墒出苗。若田间湿度过小，影响玉米出苗，可采用干播湿出技术。要求玉米播种后及早进行滴水，滴水量不宜过大，一般在 10～15 米$^3$/亩，以利于齐苗。

② 中耕松土蹲苗。中耕具有松土、除草、增温、保墒、改善土壤通透性、促进根系发育的作用，一般中耕 2～3 次。中耕原则：前后两次浅、中间一次深，苗旁浅、行中深。中耕按时间可分苗前中耕和苗后中耕。苗前中耕是在播后进行浅中耕，促进玉米早出苗、早齐苗；苗后中耕是幼苗齐苗现行后进行 2 次以上的中耕，到灌头水前结束。

③ 拔除分蘖。玉米 4～5 叶时易发生分蘖，为促进主茎果穗分化和减少养分损耗，应及时去除分蘖。

④ 间苗、定苗。在玉米 3～4 片叶时及早进行间苗，拔除小苗、病苗、弱苗，有利于壮苗早发。定苗一般在 4～5 叶期进行，地下害虫严重的可适当推迟至 6～7 叶期。每穴留 1 株壮苗。田间保苗株数可根据品种对密度要求进行留苗，一般叶型紧凑、株型矮健可适当密些，叶型平展、株型松散可稀些。

⑤ 化学除草。杂草较重的地块，在玉米 3～5 叶期进行化学除草。

⑥ 滴水滴肥。滴灌玉米施肥采用水肥一体化技术。玉米进入拔节期，可根据田间受旱情况进行滴水滴肥。滴肥从第 1 水开始到抽雄期结束，要求第 1、2 水每次滴尿素 5 千克/亩和磷钾滴灌肥 1～2 千克/亩，以后各次滴水时将尿素滴用量减少为 3 千克/亩。

⑦ 虫害防治。一般情况下，玉米虫害发生较轻，部分地块上有红蜘蛛发生，在拔节前用杀螨剂进行叶面喷药，并对周边的杂草进行喷药。玉米螟主要发生在复播的青贮玉米上。

（4）收获

① 玉米成熟标志。玉米果穗苞叶干枯松散，籽粒变硬发亮，呈现本品种固有的色泽、粒型等特征。

② 收获时间。9月末至10月初，玉米果穗完熟后收获。

③ 收获方法。人工收获，堆放在干净的场地摊晒，晾干后及时脱粒。机械收获，玉米成熟后及时进行收获、晾晒。

④ 滴灌带回收。玉米收获后，及时回收滴灌带，耙除地膜，减少土地污染。

### 3. 吉林省玉米膜下滴灌栽培技术

玉米膜下滴灌栽培技术适宜在吉林省北方干旱、半干地区推广应用。

（1）井灌条件　井的出水量大于20吨/时，水泵功率大于5千瓦。

（2）地块选择　土地连片，以75亩或75亩的倍数为一个灌溉单元。坡度小于10°。

（3）整地起垄　播种前整地起垄，用灭茬机灭茬或深松旋耕，耕翻深度要达到20～25厘米，如果施用农家肥，要在灭茬耕翻前施用，前茬垄宽如果是60～65厘米，隔1个垄沟施于另外1个垄沟内（条施），记住施肥的位置，起垄后保证所施农家肥在大垄的中间。起宽垄，打成垄底宽120～130厘米、垄顶宽90厘米的宽垄，即将原来60～65厘米的2条垄合并成1条宽垄。垄高在10～12厘米。起垄的同时深施基肥，每条大垄上施2行肥，2个施肥口的间距为50～60厘米。起垄后镇压。膜上播种对整地质量要求很高：一是灭茬效果要好；二是深松耙耢平整，做到不漏耕、无立垡、无坷垃、无堑沟；三是垄高要均匀一致，且不能超过15厘米。采用大型联合整地机一次完成整地起垄作业，整地效果好。

（4）施肥　在测土配方施肥的基础上，确定具体肥料施用量。一般亩施优质有机肥2.5～3.0米³，施用三元复合肥（15：15：15）40～43千克、尿素23～27千克、硫酸锌1.0～1.5千克。施肥方法是三元复合肥全部用作基肥，其他肥料作追肥，追肥1～2

次，以玉米大喇叭口期追肥为宜。如果采用 2 次追肥，第 2 次追肥在授粉后灌浆期进行。

（5）选用良种　要选用增产潜力大、根系发达、抗逆性强、适于密植的耐密型和半耐密型品种，种子发芽率≥90％，纯度≥98％，净度≥98％，含水率≤14％。选用品种的熟期可比当地主推品种延长 5～7 天，可选生育期在 128～132 天的品种。用种量要比普通种植方式多 15％～20％。

（6）种子处理

① 晒种。播前 3～5 天，选择晴朗微风的好天气，将种子摊开在阳光下翻晒 2～3 天，以打破种子休眠，提高发芽势和发芽率。

② 种子包衣。选用适宜的多功能种子包衣剂进行包衣，预防玉米系统性侵染病害、地下害虫及鼠害。要选用经审定部门正式审定通过、"三证"俱全的多功能种衣剂，按照使用说明将药与种子搅拌均匀，摊开阴干后即可播种。要严格掌握种子包衣剂的使用剂量，以防药害。

（7）适时播种　按播种方式可分为膜上播种和膜下播种两种。

① 膜上播种。

a. 播种时期。耕层 5～10 厘米地温稳定通过 8 ℃时即可开犁播种，吉林省西部半干旱地区播种期一般在 4 月 15—25 日。

b. 种植密度。根据玉米品种特性和水肥条件确定，高水肥地块种植宜密，低水肥地块种植宜稀，植株繁茂的品种每亩保苗 4 000～4 300 株，株型收敛的品种每亩保苗 4 300～5 000 株。土壤肥力好的每亩播种 4 500～5 000 株，肥力较差的每亩播种 4 300～4 700 株。收敛的品种加上肥力好的可播种 5 300 株。每条大垄上种植 2 行，行距 30～40 厘米。

c. 化学除草。选用广谱性、低毒、残效期短、效果好的除草剂。一般用乙阿合剂，即每亩用 40％的莠去津胶悬剂 0.20～0.23千克加乙草胺 0.13 千克，兑水 33 千克喷施，进行全封闭除草。

d. 地膜。用厚度为 0.01 毫米的地膜，每亩 3.3 千克左右，地膜宽度根据垄宽确定，一般采用 1 米宽的地膜。

e. 机械播种。用 25 马力*左右的拖拉机提供动力，采用玉米膜下滴灌多功能精量播种机播种，能将铺滴灌带、喷施除草剂、覆地膜、播种、掩土、镇压作业一次完成，其作业顺序是铺滴灌带→喷施除草剂→覆地膜→播种→掩土→镇压。作业速度 37.5～45.0 亩/天。节省引苗和掩苗操作过程。播种时可不考虑土壤墒情，可干播，土壤湿度越大播种质量越差。

② 膜下播种。

a. 播种。有 3 种方式。机械播种：调整好株距、行距、播深、播量即可，开沟、点籽、覆土、镇压一次完成。半机械播种：机械开沟、覆土、镇压，人工点籽。人工播种：可用扎眼器，注意行距，两行要播在垄中间，否则覆膜时容易将种子覆到膜外。

b. 喷药。用机械将除草剂喷施于垄上，喷后及时覆膜。

c. 铺带、覆膜。用拖拉机完成这两项作业，在拖拉机前端安装滴灌带架，将滴灌带放置在架子上，滴头向上。在拖拉机后端挂上覆膜机，进行覆膜。地膜两侧压土要足，每隔 3～4 米还要在膜上压一些土，防止风大将膜刮起。

d. 引苗、掩苗。当玉米普遍出苗 1～2 片叶时，及时扎孔引苗，引苗后用湿土掩实苗孔。过 3～5 天再进行一次，将晚出的苗引出。注意及时引苗，引苗晚了对玉米生长有影响，严重时苗在膜内会被烤死。

由于引苗要求及时，工作量大（每 15 亩引苗需要 8 个工，掩苗需要 4 个工），并且一次不能引完，出苗不齐的要引苗 3 次，大面积种植时要准备足够的劳动力。建议采用膜上播种。

（8）滴灌管网的设计与安装　滴灌管网分为主管、支管、毛管（滴灌带）。将毛管连接到支管上，随大垄铺设在 2 行中间，毛管上镶嵌有滴头，滴头间距 30 厘米，滴头流量为 2.8 升/时。铺管时滴头向上。将支管连接到主管上，与垄向垂直，支管间的距离视地势而定，没有坡度或坡度很小，距离可远，一般在 160～200 米，坡

---

＊　马力为非法定计量单位，1 马力＝735.499 瓦。下同。——编者注

度越大，距离越近。支管直径 33 毫米。每根支管上可连接 16 条滴灌带，构成一个"区"。主管连接在首部上，主管直径 63 毫米，主管和支管上安有阀门，用以控制开启。主管一般按"丰""土"字设计。将首部连接到水泵上，首部上安装有压力表、设有回流装置，当水泵功率过大时，多余的水可从回流口放出。首部内装有过滤网，对水中的杂质起到过滤作用，防止滴头堵塞。首部有两种，一种可灌溉 75 亩，另一种可灌溉 225 亩。整个管网安装完毕，要分区进行给水，对管内异物进行冲洗，最后对各类管头进行安装封堵。

（9）田间管理

① 灌溉。设备安装调试后，可根据土壤墒情适时灌溉，每次灌溉 15 亩，根据毛管的长度计算出一次开启的"区"数，首部工作压力在 2 个标准大气压（1 个标准大气压 = 1.013 25 × 10^5 帕）内，一般 10～12 小时灌透，之后可转换到下一个灌溉区。在转换时，要先开启即将灌溉区的阀门，后关闭灌溉完毕区的阀门。

② 防治玉米螟。可因地制宜地选用赤眼蜂、性诱剂、白僵菌、高压汞灯和化学农药颗粒剂等生物、物理和化学防治物质综合防治玉米螟。

③ 追肥。以 2 次追肥效果为好，在玉米大喇叭口期、授粉后灌浆期追肥，每次用尿素 10～13 千克/亩。追肥方法是用滴灌设备追肥，计算出每个灌溉区的用肥量，先将肥料在大的容器中溶解，再将溶液倒入首部的施肥罐中，开启水泵，10～15 分钟后肥液全部用完。如果溶液一次不能全部加到施肥罐中，可重复加入，水泵停止工作后再向施肥罐中加肥液直至肥液全部用完。

④ 中耕除草。除草主要是除垄沟的杂草，少量的杂草一般可以不除，待玉米植株长到一定高度时杂草就枯萎了。如果杂草较多、较茂盛，就需除草。一是人工除草，二是机械除草。用拖拉机带铧犁对垄沟耥一次，一般用小四轮一次可挂 2 个铧，当拖拉机走到支管处时将事先准备好的 2 个"桥"架到支管上，拖拉机从"桥"上驶过。机械中耕除草一定要注意玉米植株的高度，如果除

草过晚，植株达到一定高度后拖拉机无法进地。

⑤ 化学控制。因种植密度大、温度高、水分足，植株生长快，为防止植株生长过高引起倒伏，要采取化控措施。控制玉米株高，防止倒伏，可用玉黄金（主要成分：胺鲜酯·乙烯利）、玉米壮丰灵（主要成分：乙烯利和芸薹素内酯）、吨田宝（主要成分：乙矮合剂）等植物生长剂。在大喇叭口期，超低量喷施玉米壮丰灵，每亩半瓶。玉黄金用量为 6～8 片叶时 0.6 瓶/亩、8～12 片叶时 1 瓶/亩、15 千克水兑 1.5 瓶药。喷药后 6 小时内无雨即可完全吸收。

为了改善田间通风透光条件、减少养分的损失，有条件的可在清除田间和地头大草的同时打掉玉米分蘖和主茎上的无效小穗。

（10）滴灌设备收回及保管　秋天可将滴灌设备收回，首部放掉罐内的水分，防止生锈，清洗过滤网。主管、支管、毛管在玉米收获后即可收回。保管好安装小件，防止丢失。毛管一般可用 2～3 年，也可收回，农闲时对其整理、粘接、打捆，主管、支管、毛管要妥善保管，防止鼠咬。

（11）适当晚收　为使玉米充分成熟、降低水分含量、提高品质，在收获时可根据具体情况适当晚收。西部地区一般提倡在 10 月 5 日之后收获。

### （五）膜侧集雨节水栽培技术

四川省针对丘陵区全膜覆盖成本大、土壤集雨面减少、后期玉米根系早衰的问题，研究提出了玉米膜侧集雨节水栽培技术，即将地膜幅宽调整为 40 厘米覆盖于玉米窄行间，或盖膜后将玉米栽（播）于地膜两侧，实现集雨节水高产。该技术适于四川、云南等土层浅薄、易发生季节性干旱的丘陵地区。技术要点如下：

**1. 规范开厢**

秋季小麦播种时，规范开厢，实行"双三〇""双二五""三五二五"中带种植或"双五〇""双六〇"种植，预留玉米种植带。

**2. 沟施基肥和底水**

玉米播种或移栽前，在玉米种植带正中挖一条深 20 厘米的沟槽（沟两头筑挡水埂），按亩施磷肥 50 千克、尿素 10.5 千克、农家肥 1 000 千克兑水 500 千克作基肥和底水全部施于沟内。或者在沟内一次性施入长效缓释肥 45～60 千克，后期不再追肥。

### 3. 小垄双行

结合沟施基肥和底水后覆土，挖一个高于地面 20 厘米、垄底宽 40～50 厘米的垄，垄面呈瓦片形。

### 4. 待雨盖膜

在春季持续 3～5 天累计降雨 20 毫米或下透雨后，立即将幅宽 40 厘米的超微膜盖在垄面上，并将四周用泥土压严，保住降水。

### 5. 膜际栽苗

将符合要求的玉米苗移栽于盖膜的边际，每垄 2 行玉米。种植规格为窄行距 50 厘米，窝距 40 厘米，3 500 株/亩左右。

### 6. 干湿促根

在玉米生长期，季节性的降雨与季节性的干旱交替发生使得玉米根区处于干湿交替状态，从而促进了根系的生长。

## 四、大豆玉米带状复合种植技术

为了解决大豆生产面积不足问题，我国推广应用了大豆玉米带状复合种植技术，力争在不降低玉米产量的情况下增加大豆产量。此项技术的推广和应用，可以充分发挥高位作物玉米的边行优势，扩大低位作物大豆的受光空间，实现玉米带和大豆带年际地内轮作，又适于机播、机管、机收等机械化作业，在同一地块实现大豆、玉米和谐共生、一季双收，对于扩大大豆种植面积、提高大豆产能、促进农业供给侧结构性改革和农业绿色发展具有重要意义。该技术被列为农业农村部 2021 年 114 项主推技术之一。

为了进一步促进大豆玉米带状复合种植技术推广应用，提高技术规范化标准化水平，增强有效性、针对性和适配性，保障玉米不减产、亩增大豆 100 千克左右，特制定全国带状复合种植技术指导意见。

### （一）搞好播前准备

播前准备主要包括定品种、定行比、定播种机。

**1. 定品种**

科学的品种搭配是充分发挥玉米边行优势、降低玉米对大豆遮阳影响、确保稳产增产的基本前提。各地区应根据当地生态气候特点和生产条件选配适合带状复合种植要求的大豆、玉米品种，带状间作区玉米品种应稍早熟于大豆。要提前做好适宜品种的引种备案，种源不足的应及时调配。

玉米：在选用株型紧凑、株高适中、熟期适宜、耐密、抗倒伏、宜机收的高产品种的基础上，黄淮海地区要突出耐高温、抗锈病等特点，西北地区要突出耐干旱、增产潜力大等特点，西南地区要突出耐苗涝、耐伏旱等特点。

大豆：在选用耐阴、抗倒伏、耐密、熟期适宜、宜机收的高产品种的基础上，黄淮海地区要突出花荚期耐旱、鼓粒期耐涝等特点，西北地区要突出耐干旱等特点，西南要突出耐干旱等特点。

**2. 定行比**

科学配置行比既是实现玉米不减产或少减产、亩多收大豆100千克以上的根本保障，也是实现农机农艺融合、平衡产量和效益的必然要求。各地都应明确以 4∶2（大豆、玉米行比配置，下同）为主导模式，选择适宜当地气候、生产条件的其他行比配置。黄淮海地区和西北地区可选择 6∶2、6∶4，西南地区可选择 3∶2、2∶2（带状套作）。所有行比配置大豆、玉米间距 60～70 厘米，大豆行距 30 厘米，玉米行距 40 厘米，4 行玉米中间两行玉米行距 80厘米。

**3. 定播种机**

优先选用与行比配置相适应的大豆玉米带状复合种植播种机。各地应根据现有的播种机情况，参照大豆玉米带状复合种植配套机具应用指引调整改造播种机，相应技术参数必须达到大豆玉米带状复合种植的要求，播量可调、播深可控、肥量可调。

**（二）提高播种质量**

确定适宜播种时间、播种方式和播种粒数是提高播种质量、保证出苗率的关键。

**1. 确定适宜播种时间**

各地根据前后茬和春季耕作层温度稳定在 10 ℃以上的时间确定适宜的播期。黄淮海地区应在麦收后及时播种；西北地区无前茬根据气温回升情况，在 4 月下旬至 5 月中旬播种；西南地区夏播应根据前茬和夏伏旱发生情况确定播期。墒情适宜时抢墒播种，墒情不足时造墒播种，做到精细播种、下种均匀、深浅一致、不漏播。

**2. 选择适宜的播种方式**

机播：选择符合农艺要求的大豆玉米带状复合种植播种机进行播种作业，一次性完成播种、施肥、覆土等工序。大豆播深 3～4 厘米、玉米播深 4～5 厘米。黏性土壤，土壤墒情好的，宜浅播；沙性土壤，墒情差的，可适当增加播深。建议播种作业时安装北斗导航辅助驾驶系统和播种报警装置，以有效提高作业精准度和衔接行行距均匀性。

人工播种：应严格按照行比、间距、行距、株穴距开沟单粒点播；也可打窝点播，穴距加倍，下种量加倍，玉米穴留 2 株，大豆穴留 2～3 株；玉米也可育苗移栽，穴距加倍，穴栽 2 株。

**3. 确定适宜播种粒数**

苗全、苗齐、苗壮是确保玉米稳产、大豆增产的基础。玉米、大豆产量太低均是出苗不足所致。为了保障带状复合种植玉米密度与净作相同、大豆密度达到净作的 70％以上，建议各地根据当地气候条件、土壤肥力条件和品种特性等确定适宜的种植密度。黄淮海地区：玉米亩有效穗数 4 000 穗以上、亩播粒数 4 500 粒以上，大豆亩有效株数 6 000 株以上、亩播粒数 9 000 粒以上。西北地区：玉米亩有效穗数 4 500 穗以上、亩播粒数 5 000 粒以上，大豆亩有效株数 8 000 株以上、亩播粒数 11 000 粒以上。西南地区：玉米亩有效穗数 3 500 穗以上、亩播粒数 4 000 粒以上，大豆亩有效株数 7 000 株以上、亩播粒数 10 000 粒以上。

注意：无论采用哪种行比配置，都可通过调节株距来确保大豆、玉米亩播粒数一致。以黄淮海地区为例，要确保"玉米亩播粒数 4 500 粒以上、大豆亩播粒数 9 000 粒以上"的目标，4∶2 的生产单元宽度为 2.7 米，玉米、大豆的株距都应为 11 厘米；6∶4 的生产单元宽度为 4.3 米，玉米株距应为 14 厘米，大豆株距应为 10 厘米。

### （三）科学施肥

大豆、玉米分别控制施肥，玉米要施足氮肥，大豆少施或不施氮肥；带状复合种植玉米单株施肥量与净作玉米单株施肥量相同，1 行玉米施肥量至少相当于净作玉米 2 行的施肥量，大豆玉米带状复合种植播种机玉米的下肥量须调整为净作玉米下肥量的 2 倍以上。

增施有机肥作为基肥，适当补充中微量元素，鼓励接种大豆根瘤菌。相较于净作不增加施肥作业环节和工作量，实现播种施肥一体化，有条件的地方尽量选用缓释肥或控释肥。

玉米按当地常年玉米产量和每生产 100 千克籽粒需氮 2.5～3.0 千克计算施氮量，可一次性作种肥施用，也可种肥＋穗肥两次施用，选用高氮缓控释肥（含氮量≥25％）作种肥，带状间作追肥建议选用尿素在玉米行间施用，带状套作追肥建议选用高氮复合肥在玉米、大豆行间离玉米植株 25 厘米处施用。切忌对玉米、大豆采用同一滴灌系统施氮肥，杜绝玉米追肥时全田撒施氮肥。

大豆高肥力田块不施氮肥，中低肥力田块少量施用氮肥，建议亩施纯氮 2.0～2.5 千克，推荐使用低氮平衡复合肥（含氮量≤15％），在初花期根据长势亩追施尿素 2～4 千克。

为了提高粒重，可在玉米大豆灌浆结实期补充叶面肥。

### （四）加强田间管理

#### 1. 杂草防控

杂草防控应该遵循"化学措施为主，其他措施为辅，土壤封闭为主，茎叶喷施为辅，科学施药，安全高效，因地制宜，节本增收"的原则。化学除草优先选择芽前土壤封闭除草，减轻苗后除草压力，苗后定向除草要注重治早、治小，抓住杂草防除关键期用药。严禁选用对玉米或大豆有残留危害的除草剂。

封闭除草：在播后芽前土壤墒情适宜的条件下，播种后 2 天内选择无风时段喷施，选用精异丙甲草胺（或二甲戊灵等）＋唑嘧磺草胺（或噻吩磺隆等）兑水喷雾。

茎叶除草：在玉米 3～5 叶期、大豆 2～3 片复叶期、杂草 2～5 叶期，选择禾豆兼用型除草剂如噻吩磺隆、灭草松等喷雾。也可分别选用大豆、玉米登记的除草剂分别施药，可采用双系统分带喷雾机隔离分带喷雾；也可采用喷杆喷雾机或背负式喷雾机，加装定向喷头和隔离罩，分别对着大豆带或玉米带喷药，喷头离地高度以喷药雾滴不超出大豆带或玉米带为准，严禁药滴超出大豆带或玉米带，喷雾需在无风的条件下进行。

用药量和喷液量参照产品使用说明书，并按照玉米、大豆实际占地面积计算。对于抗耐同一种除草剂的大豆和玉米品种带状复合种植，可按照目标除草剂登记剂量一起对大豆和玉米喷雾。

## 2. 控旺防倒伏

对水肥条件好、株型高大的玉米品种，在 7～10 片展开叶时喷施乙烯利、胺鲜·乙烯利等控制株高。对肥水条件好、有旺长趋势的大豆，在分枝期（4～5 片复叶）至初花期用 5％烯效唑可湿性粉剂兑水喷施茎叶控旺。采用植保无人机、高地隙喷杆喷雾机或背负式喷雾器喷施。严格按照产品使用说明书的推荐浓度和时期施用，不漏喷、重喷。喷后 6 小时内遇雨，可在雨后酌情减量重喷。

## 3. 病虫防治

根据大豆玉米带状复合种植病虫害发生特点，在做好播种期预防工作的基础上，加强田间病虫调查监测，准确掌握病虫发生动态，做到及时发现、适时防治。尽可能协调采用农艺、物理、生物、化学等有效技术措施，进行技术集成，总体上采取"一施多治、一具多诱"的田间防控策略。

播种期防治：选择使用抗性品种。针对当地主要根部病虫害（根腐病、胞囊线虫、地下害虫等），进行种子包衣或药剂拌种处理，防控根部和苗期病虫害。

生长前期防治：出苗—分枝（喇叭口）期，根据当地病虫害发生动态监测情况，重点针对叶部病虫害和粉虱、蚜虫等刺吸害虫开展病虫害防治。有条件的可设置杀虫灯、性诱捕器、释放寄生蜂等防治各类害虫。

生长中后期防治：玉米大喇叭口—抽雄期和大豆结荚—鼓粒期是防治玉米、大豆病虫害的最重要时期，应针对当地主要荚（穗）部病虫危害，采用广谱、高效、低毒杀虫剂和针对性杀菌剂等进行统一防治。

田间施药尽可能采用机械喷药或无人机、固定翼飞机航化作业；各时期病虫害防控措施应尽可能与大豆玉米田间喷施化学除草剂、化控剂、叶面肥等相结合，进行"套餐式"田间作业；实施规模化统防统治。

## （五）高效减损收获

### 1. 收获时期

大豆适宜机收的时间在完熟期，豆荚和籽粒均呈现品种固有色泽，植株变黄褐色，用手摇动植株会发出清脆响声。玉米适宜在完熟期收获，苞叶变黄，籽粒脱水变硬、乳线消失，籽粒呈现品种固有色泽。

### 2. 收获方式

根据大豆、玉米成熟顺序，收获方式有玉米先收、大豆先收、大豆玉米同时收 3 种模式。

玉米先收：选用割台宽度小于大豆带之间宽度 10～20 厘米的玉米联合收获机在大豆带之间进行果穗或籽粒收获；大豆采用当地的大豆联合收获机或经过改造的稻麦联合收获机适时收获。

大豆先收：可选用割台宽度小于玉米带之间宽度 10～20 厘米的大豆联合收获机或经过改造的稻麦联合收获机在玉米带之间收获大豆；玉米采用当地玉米联合收获机进行果穗或籽粒收获。

大豆玉米同时收获：可选用当地大豆、玉米收获机一前一后进行收获作业。收获机选择和收获方法可参考大豆玉米带状复合种植机械化减损收获技术指导意见。

## 五、玉米密植滴灌高产关键技术

### （一）技术概述

#### 1. 技术基本情况

增粮和提高资源效率是当前我国农业生产的主要任务。产量不高、水资源不足、干旱、水肥利用率低、生产成本高等问题是制约玉米产业发展的主要问题。密植是国内外玉米增产的主要途径，水肥一体化精准调控技术可以有效解决干旱和水肥利用率低的问题，并有效增加种植密度，显著提高产量。集密植、水肥一体化精准调控及全程机械化于一体的玉米密植滴灌高产关键技术是行之有效的增粮与资源高效协同的技术模式。

#### 2. 技术示范推广情况

2019—2022年，以密植高产水肥精准调控为核心的玉米生产技术在新疆（北疆900万亩玉米）、宁夏（450万亩玉米）、甘肃河西走廊（300万亩）等地进行大面积推广应用，3年累计推广面积超过5 000万亩。2019—2022年，该项技术模式在东北春播玉米区的内蒙古通辽、赤峰地区以及辽宁、吉林、黑龙江西部地区开展示范推广，辐射带动面积已超过百万亩。

因此，该项技术已在新疆、甘肃、宁夏、陕西、内蒙古、辽宁、吉林、黑龙江等地进行了示范展示，属于在较大范围内的推广应用。

#### 3. 提质增效情况

自2004年以来，中国农业科学院作物栽培生理创新团队系统探索了玉米产量提升的技术途径，以密植高产群体调控栽培和滴灌水肥一体化精准调控技术为核心，配套耐密抗倒宜机收品种筛选、单粒精量点播与导航播种、秸秆覆盖与免耕、机械籽粒直收等全程机械化关键技术，构建了玉米节水增粮的密植高产水肥精准调控全程机械化技术体系，先后7次刷新了我国玉米高产纪录，2020年最高亩产达到1 663.25千克。

2021—2022年，在内蒙古、辽宁、吉林、黑龙江等东北补充灌溉玉米区，经实际测产采用该技术模式的 474 户农民平均产量达到了 1 039.45 千克/亩，其中 74.6％ 的农户单产超过 1 000 千克/亩，与周边传统稀植漫灌田相比，在相同施氮量和灌溉量条件下，密植滴灌技术可增产 389.1～547.8 千克/亩，增幅为 48.3％～55.72％；氮肥偏生产力、灌溉水利用率和水分生产率分别增加了 22.8 千克/千克、1.4 千克/米$^3$ 和 1.2 千克/米$^3$，实现了产量与资源利用率的协同提高。

该技术模式不仅能够大幅度增加产量，还能够显著提高资源利用率：与传统施肥灌溉方式相比，在相同施氮量（18 千克/亩）和灌溉量（300 米$^3$/亩）条件下，氮肥偏生产力、灌溉水利用率和水分生产率分别增加了 33.2％、32.9％和 59.5％（15.6 千克/千克、0.93 千克/米$^3$ 和 0.91 千克/米$^3$）。增密种植与水肥一体化精准调控技术融合运用，不仅显著提高了玉米生产水平，在不增加水肥投入量的前提下，还实现了产量、效率与效益的协同提升，是灌溉区和补充灌溉区的节水增粮新模式。

### （二）技术要点

该技术内容主要包括玉米密植增产和滴灌水肥精准调控栽培技术。

#### 1. 铺设滴灌管道

根据水源位置和地块形状的不同，主管道的铺设方法主要有独立式和复合式两种：独立式管道的铺设方法具有省工、省料、操作简便等优点，但不适合大面积作业；复合式主管道的铺设可进行大面积滴灌作业，要求水源与地块较近，田间有可供配备使用动力电源的固定场所。支管的铺设形式有直接连接法和间接连接法两种。直接连接法投入少但水压损失大，造成土壤湿润程度不均；间接连接法具有灵活性、可操作性强等特点，但增加了控制、连接件等部件，一次性投入成本加大。支管间距离在 50～70 米的滴灌作业速度与质量最好。

#### 2. 精细整地，施足基肥

播种前整地，采用灭茬机灭茬翻耕或深松旋耕，耕翻深度要求

28～30 厘米，结合整地施足基肥，做到上虚下实，无坷垃、土块，达到待播要求。一般每亩施优质农家肥 1 000～2000 千克、磷酸二铵 15～20 千克、硫酸钾 5～10 千克或者用复合肥 30～40 千克作基肥施入。采用大型联合整地机一次完成整地作业，整地效果好。

**3. 科学选种，合理密植**

选择株型紧凑、穗位适中、抗倒抗逆性强、耐密性好、穗部性状好、中秆、中穗、增产潜力大、熟期适宜、适合机械籽粒直收的品种。合理增加种植密度，西北灌溉区种植密度为 6 000～7 500 株/亩，东北补充灌溉区为 5 000～6 000 株/亩，黄淮海夏播区为 5 000～6 000 株/亩。

**4. 宽窄行配置，导航精量播种**

利用带导航的拖拉机和玉米精播机将铺滴灌带、带种肥和播种等作业环节一次性完成。行距采用 40 厘米＋(70～80) 厘米的宽窄行配置，导航精量播种，毛管铺设在窄行内，一条毛管管两行玉米，毛管铺设采用浅埋式处理，埋深 3～5 厘米，主要起固定毛管的作用。

**5. 密植群体调控**

① 滴水齐苗。播种后立即接通毛管并滴出苗水，达到出全苗、出苗整齐一致的目的。干燥土壤每亩滴水 20～30 米³，墒情较好的每亩滴水 10～15 米³。

② 化学调控。为防止密植植株倒伏，在 6～8 片叶展开期用玉米专用生长调节剂化控。

③ 综合植保。通过种子精准包衣解决土传病害和苗期病虫害；苗前苗后用化学除草控制杂草；在大喇叭口期和吐丝后 15 天各进行一次化防，每次喷洒杀虫剂、杀菌剂防治玉米螟、叶斑病、茎腐病和穗粒腐病。

**6. 按需分次精准灌溉与施肥**

(1) 精准灌溉 根据玉米需水规律进行灌溉，灌水周期和灌溉量依据不同生育时期玉米耗水强度和不同耕层最佳土壤含水量确定。拔节期，土壤湿润深度控制在 0.4～0.5 米，孕穗期土壤湿润深度控制在 0.5～0.6 米。如果采用水分传感器监测进行自动化灌溉，采用小灌量、高频次灌溉，应始终把耕层土壤水分控制在田间合理持水量上下较小变幅内，更有利于提高产量和水分生产率。

（2）精准施肥　优先选用滴灌专用肥或其他速效肥，根据玉米水肥需求规律，按比例将肥料装入施肥器，随水施肥，做到磷肥深施、氮肥后移、适当补钾，氮肥少量多次分次追肥原则，基肥施入氮肥的 20%～30%，磷肥、钾肥的 50%～60%，其余作为追肥随水滴施，吐丝前施入氮肥的 45% 左右，吐丝至蜡熟前施入氮肥的约 55%，防止玉米前期旺长、后期脱肥早衰，提高水肥利用率。

（3）灌溉与施肥建议　在东北补充灌溉区，7～8 片叶展开期滴第一水，参考灌溉量 20～30 米³/亩，施纯氮 3 千克/亩。10～12 天后滴第二水，参考灌溉量 20～30 米³/亩，施纯氮 4 千克/亩。8～10 天后滴第三水，参考灌溉量 25～30 米³/亩，施纯氮 4 千克/亩。8～10 天后滴第四水，参考灌溉量 30～35 米³/亩，施纯氮 3 千克/亩。8～10 天后滴第五水，参考灌溉量 25～35 米³/亩，施纯氮 2 千克/亩。10～12 天后滴第六水，参考灌溉量 20～35 米³/亩，施纯氮 2 千克/亩。10～12 天后滴第七水，参考灌溉量 20～25 米³/亩，施纯氮 1 千克/亩。10 天后，沙土地滴第八次水，参考灌溉量 20～25 米³/亩。

**7. 机械收获**

为使玉米充分成熟，降低籽粒水分含量，提高品质，应在生理成熟后（籽粒水分含量降至 30% 以下）进行收获。可根据具体情况采取粒收或穗收。粒收在籽粒水分含量降至 25% 以下时进行，收获质量达到以下标准：籽粒破碎率不超过 5%，产量损失率不超过 5%，杂质率不超过 3%。

**8. 回收管带与秸秆处理**

① 回收管带。收获前后，清洗过滤网、主管和支管，收回田间的支管和毛管。

② 秸秆处理。在回收管带作业之后，粉碎秸秆翻埋还田，达到培肥土壤、改善土壤结构的目的。翻耕前通过增施有机肥提高土壤有机质含量。秸秆翻埋还田时，耕深不小于 28 厘米，耕后耙透、

镇实、整平，消除秸秆造成的土壤架空。秸秆量大的地块可将一部分秸秆打捆作饲草料。

### （三）适宜区域

适宜在西北灌溉春玉米区和东北灌溉和补充灌溉春玉米区推广应用，黄淮海夏玉米区和西南玉米区可参照执行。

### （四）注意事项

（1）注意增密群体的倒伏、大小苗和早衰等问题；可以通过选用耐密抗倒品种、化控、滴水出苗、水肥调控、耕层构建等关键技术的综合施用，实现密植群体防倒、防衰和提高整齐度。

（2）根据密植群体的生长发育和水肥需求规律，按需分次灌溉和施用肥料，避免"一炮轰"式施肥带来的前期旺长、后期倒伏和早衰，实现群体生长的精准调控。

（3）每次施肥时结合灌溉，应计算出每个灌溉区的用肥量，将肥料在较大的容器中溶解，再将溶液倒入施肥罐，每次施肥前，先滴清水2小时，然后再开始滴肥，以保证施肥的均匀性。收获后，及时排空管道内积水，防止冻裂。

# 第二节　玉米高产高效技术模式

## 一、玉米全程机械化高产高效技术模式

该技术以玉米高产抗倒伏、收获期籽粒含水量低和籽粒机收破碎率低的"一高两低"三项指标为核心，实现了减少损耗、提高效率和节约用工三大目标，解决了玉米全程机械化的最后一个瓶颈，对促进玉米规模化生产和集约化经营、提升我国玉米产业竞争力具有重要意义。可根据各地生产条件和技术水平组装配套成多种技术模式，应用前景广阔。

### 1. 技术要点

（1）选择耐密、抗倒伏、适合机械收获的优良品种及优质种子　选择通过国家或省级审定，在当地已种植并表现优良的耐密、抗倒伏、后期脱水快、适宜籽粒机收特性的玉米品种。

（2）合理增密　根据种植区气候条件、土壤条件、生产条件及品种特性和生产目的，合理配置株行距，确保密度适宜。一般大田比目前种植密度每亩增加500～1 000株。西北地区光照条件较好，有灌溉条件的地区一般中晚熟品种留苗6 000～6 500株/亩、中早熟品种留苗6 500～7 000株/亩。

（3）机械精播　采用单粒精量播种机进行足墒、适期播种，提高播种质量和群体整齐度，确保苗全、苗齐、苗匀、苗壮。带种肥播种时，要种、肥分离。

（4）科学施肥　重点抓好大喇叭口期补钾强秆和灌浆后期控氮促脱水。根据各地玉米产量目标和地力水平进行测土配方施肥，在当地推荐配方的基础上，氮肥总施用量以测土配方的推荐量为上限并可适当减少，钾肥总施用量以测土配方的推荐量为下限并可适当增加。

（5）化控防倒　对于倒伏频发地区以及种植密度较大、长势过旺的地块，可在玉米6～8片叶展开期喷施化控剂，控制基部节间长度，增强茎秆强度，预防倒伏。

（6）病虫害绿色防控　在采用抗病抗虫品种和包衣种子的基础上，加强玉米螟、茎腐病等病虫害的绿色防控，采用高地隙喷药机或植保无人机进行统防统治。

（7）适时收获　根据种植行距及作业质量要求选择合适的收获机械，玉米完熟后可收获果穗。籽粒机械直收可在生理成熟（籽粒乳线完全消失）后2～4周进行收获作业，春玉米区籽粒含水率降至24%以下、黄淮海夏玉米区籽粒含水率降至28%以下，选择籽粒破碎率低、秸秆粉碎均匀、动力充足、作业效率高且经广泛使用表现良好的主导机型机收籽粒，实现总损失率≤5%、破碎率≤5%、杂质率≤3%。

（8）秸秆还田　利用秸秆还田机粉碎秸秆，用翻转犁翻地，深度为30～40厘米；或秸秆覆盖还田，下茬免耕播种。

（9）机械烘干　收获后，及时烘干或摊匀晾晒，以防霉变。

**2. 适宜区域**

东北、西北、黄淮海地区，其他区域可参照执行。

**3. 注意事项**

要抓好播种与收获 2 个关键环节，玉米密植后要抓好抗倒伏、提高整齐度和防早衰 3 个关键问题，机械收获时间应适当推迟，保证收获质量。

## 二、玉米水肥一体化高产高效技术模式

针对水资源短缺、干旱以及水肥利用率低等问题，发展以滴灌为主的玉米水肥一体化高产高效技术，可实现局部精确灌溉与施肥，使玉米保持在最佳水、肥、气状态，提高水肥利用率，达到节本增产增效的目的。

**1. 技术要点**

（1）精细整地，施足基肥　平作或垄作，等行距或大小行种植。秋整地，采用深松机或翻转犁进行土壤深松或深翻后，用旋耕机械整平耙细，无垡块、无残茬，并及时镇压，达到待播状态。播前整地，采用灭茬机灭茬或深松旋耕，耕翻深度为 20～25 厘米。结合整地施足基肥，及时镇压，达到待播状态。一般亩施优质农家肥 1 000～2000 千克、磷酸二铵 15～20 千克、硫酸钾 5～10 千克或用复合肥 30～40 千克作基肥。

（2）铺设滴灌管道　可采用膜下滴灌或浅埋滴灌。根据水源位置和地块形状，主管道的铺设主要有独立式和复合式：独立式铺设省工、省料、操作简便，但不适合大面积作业；复合式铺设可进行大面积滴灌作业，要求水源与地块较近，田间有可供设备使用动力电源的固定场所。支管铺设形式有直接连接法和间接连接法：直接连接法成本低但水压损失大，导致土壤湿润程度不均；间接连接法灵活性、可操作性强，但增加了控制、连接件等部件，一次性投入增大。支管间距离在 50～70 米时滴灌作业速度与质量最好。

（3）品种及种子选择　选择通过国家或省级审定的高产优质、多抗广适、耐密抗倒、适于机械化种植的优良玉米品种及高质量种

子，特别是种子发芽率应达 93％以上，满足机械单粒精量播种需求。

（4）精细播种，滴水出苗　选用具有铺设滴灌带（覆膜）的播种机一次性完成开沟、施肥、播种（起垄、喷洒除草剂）、铺设滴灌带（覆膜）等作业。膜下滴灌采用"一膜一带大垄双行"栽培模式，浅埋滴灌采用宽窄行种植模式，将毛管铺设在窄行内，埋深为 5 厘米左右，一条毛管管两行玉米。合理增加种植密度，较普通种植方式增加 15％～20％。播后立即接通毛管并滴出苗水。

（5）加强田间管理　播种后立即滴出苗水，及时检查地膜破损和出苗情况，发现地膜破损及时用土压盖，防止大风揭膜。根据降雨、土壤湿度和玉米需水情况，在苗期、拔节期、抽雄期和灌浆期适时、适量补充灌溉；根据不同生育阶段需肥规律，结合灌溉实施水肥一体化追施尿素或玉米滴灌专用肥等可溶性肥料。6～8 片叶展开期进行化控，防止因密度大、水肥充足、植株生长快且株高过高而出现倒伏；适当晚收，降低含水率，提高产量和品质。

（6）回收支管及滴灌带　机械收获前，回收地上部设备和输水管、滴灌带；收获后，清洗过滤网、主管和支管，及时清除田间残膜。

**2. 适宜区域**

西北及东北灌区。

**3. 注意事项**

利用滴灌系统施肥，先滴清水半小时再开始滴肥，以保证施肥均匀；所有要注入的肥料必须是可溶的，同时还要注意不同肥料间的反应，反应产生的沉淀物会堵塞滴灌系统。每年生产结束后，排空管道中的水分，避免冬季冻裂。

## 三、玉米种肥同播一体化高产高效技术模式

该技术以环境友好、资源高效、绿色发展为目标，以培育壮苗、提高肥效、节本增效为重点，可为玉米高产稳产打下良好基础，能显著提高玉米产量、降低生产成本。

**1. 技术要点**

（1）选择优良品种及优质种子　选择通过国家或省级审定、适宜当地种植的熟期适宜、耐密抗倒、高产稳产、抗逆广适优良玉米品种及高质量种子，特别是种子发芽率应达 93％以上，满足机械精量播种需求。

（2）机械精量播种　春玉米区秋季前茬收获后及早灭茬、深松或翻耕，深度不低于 25 厘米，结合整地施足基肥并及时镇压，达到待播状态。黄淮海夏玉米区采用带切碎和抛撒功能的联合收获机收获上茬小麦，留茬高度为 10 厘米左右，切碎长度≤10 厘米，切断长度合格率≥95％，抛撒均匀率≥80％，漏切率≤1.5％。采用可实现种肥同播的玉米单粒精播机播种夏玉米，确保每穴 1 粒、距离均匀，不重播、不漏播，播深一致（3～5 厘米），播后覆土压实，墒情不足及时浇"蒙头水"，确保一播全苗。

（3）种肥同播与化肥侧深施　随着播种将种肥和基肥分层施入。种肥施于种子侧面 4～5 厘米处，种、肥隔离，防止烧种和烧苗。基肥深施，施于种子侧下方 12～15 厘米处。侧深施种肥，注意种、肥隔离，防止烧种和烧苗。如选用高质量玉米专用缓控释肥，可实现种肥同播，不再追肥；如选用普通复合肥，可在小喇叭口期前后酌情追肥，进行机械侧深施（深 10 厘米左右）。

**2. 适宜区域**

全国玉米主产区。

**3. 注意事项**

种肥要选用含氮、磷、钾三元素的复合肥。种肥同播时需做到种、肥隔离，化肥侧深施，防止烧种和烧苗。

## 四、玉米保护性耕作高产高效技术模式

该技术通过少（免）耕秸秆覆盖或深翻深松秸秆深埋等方式实现秸秆还田，并解决了玉米秸秆焚烧、培肥地力、蓄水保墒等绿色高效可持续农业生产问题。可稳步提高玉米产量、降低生产成本、增强玉米抵御干旱的能力、提升生产效益，目前已在东北等地广泛应用。

## 1. 技术要点

（1）**玉米秸秆覆盖免耕**　秋冬季秸秆覆盖＋免耕，春季直接免耕播种，必要时可在玉米生长前期进行土壤深松（少耕）。该技术主要在东北半干旱地区应用。秋季使用联合收获机收获玉米果穗或籽粒，同时粉碎秸秆并将其和残茬一起覆盖于地表越冬。翌年春季，用牵引式重型免耕播种机直接免耕精量播种，并种、肥同播，化肥侧深施。少耕每隔2～3年深松一次，打破犁底层。在中低产地块，宜采用均匀垄覆盖免耕；在中高产地块，还可采用宽窄行秸秆覆盖免耕。

（2）**玉米秸秆覆盖条带耕作**　秋季收获时留茬并将秸秆粉碎覆盖于田间，春季播种前或者播种时，将秸秆归集到宽行形成秸秆覆盖免耕带，在无秸秆窄行深松浅旋形成耕作播种带进行播种。主要在东北半干旱地区及湿润地区使用。秋季机械收获玉米的同时将秸秆粉碎均匀并撒于地表，留茬高度为15厘米左右，秸秆粉碎长度为20厘米左右。秋季或春季播种前，利用条带耕作机将秸秆归行到非播种带常年覆盖，播种带同步进行深松灭茬浅耕，翌年春季用牵引式重型免耕播种机一次性完成播种、施肥、覆土等环节，播后及时镇压。

（3）**玉米秸秆深耕翻埋还田**　秋季收获时将秸秆粉碎并进行深耕翻埋，旋耕耙平镇压，春季起垄种植。主要在东北半干旱地区使用。秋季收获玉米后，将秸秆粉碎均匀，长度不超过10厘米，均匀抛于田间，然后深耕30厘米以上并深埋秸秆，耙平后镇压或耙平后起垄镇压，达到播种状态。翌年春季，当10厘米耕层地温稳定在10℃以上、相对含水量达到60％以上时，采用玉米精量播种机一次性完成开沟起垄、播种、施肥、覆土、镇压等作业。如土壤墒情不足，可采用浅埋滴灌、喷灌或坐水种等形式播种。

（4）**种植方式**　根据各地的光热资源、降水情况、地形地貌及土壤条件等，因地制宜采用平作、垄作或大垄双行交替休闲、等行距或大小行方式种植。

## 2. 适宜区域

主要适宜东北等春播玉米区采用，其他类似地区也可以采用。

**3. 注意事项**

（1）对于秸秆量较大的地块，需喷施秸秆腐解剂和撒施适量尿素，然后再深埋还田。并应注意控制田间杂草。

（2）免耕播种时，对秸秆量较大和还田年份较长地块，可在拖拉机头安装前置秸秆归行机，增加播种带秸秆清理能力，提高播种质量。

（3）对耕层较浅犁底层较厚地块，在玉米苗期或秋整地时进行土壤深松作业，深松深度为30厘米以上。

## 五、春玉米雨养旱作稳产技术模式

该技术在完全没有灌溉的条件下，以玉米雨养旱作节本增产增效为目标、以提高自然降水利用率为核心，主要解决玉米生产"一次播种全苗"和"过卡脖旱关"等关键难题，实现玉米稳产丰产，符合当前节本增效、绿色可持续生产的要求。目前，该技术在北京、天津、河北、东北地区及西北地区等全国类似生态区得到大面积推广应用。

**1. 技术要点**

（1）选择耐旱品种及优质种子　选用通过国家或省级审定、适宜当地种植的熟期适宜、抗逆广适、高产稳产，特别是耐干旱、节水能力强的优良玉米品种。选择高质量包衣种子，种子发芽率应达到93％以上。

（2）抢墒播种与等雨播种　采取抢墒播种或等雨播种技术，实现一次播种全苗。早春可利用土壤化冻后的返浆水或降水所形成的充足墒情，适时抢墒播种；如墒情不足，则采取等雨播种方式，待下透雨后再及时播种，注意采用中早熟品种。

（3）蓄水保墒综合农艺措施　采用保护性耕作、深耕深松、增施有机肥、秸秆还田、秸秆覆盖、免耕直播等耕作方式，充分蓄纳自然降水，减少水分散失，有效保持土壤水分，增强蓄水保墒增产效果。在降水较少的干旱、半干旱地区，采用地膜覆盖、全膜双垄沟播等蓄水保墒技术。

（4）缓效肥基深施及等雨追肥　采用长效缓释肥一次性基深

施，施肥深度为 10 厘米以上；或采用基肥＋追肥的方式，注意要适期等雨追肥，实现水肥耦合、以肥调水，提高肥效和水分利用率。

（5）抗旱种衣剂与保水剂复合应用　采用具有抗旱功效的种衣剂进行种子包衣，既能杀虫杀菌又有促进生根和抗旱的作用。也可保水剂与种衣剂复合应用。

**2. 适宜区域**

北京、天津、河北、东北地区及西北地区等全国类似生态区。

**3. 注意事项**

（1）北京、天津、河北及类似生态区露地种植，宜选用中早熟品种，既能充分适应抢墒早播和等雨晚播在播期上的变化，又能利用播期和生长发育时期调节躲过或避过"卡脖旱"，实现早播不早衰、晚播能成熟、产量有保障、节水又增效。

（2）西北等旱作农业区可根据降水量和积温条件，采用全膜双垄沟覆盖、黑色地膜覆盖、降解地膜覆盖、膜侧覆盖等技术，品种熟期可比露地种植品种长 7～15 天。

# 六、东北春玉米坐水种保全苗技术模式

玉米坐水种保全苗技术在东北干旱、半干旱地区被广泛应用。该技术有效解决了在干旱无灌溉条件地区土壤墒情较差影响玉米播种和发芽出苗的问题，出苗率可提高 30 个百分点以上，并可大幅提高一类苗比例和群体整齐度，实现"一次播种全苗、齐苗、壮苗"，为丰产奠定基础。

**1. 技术要点**

（1）选择耐旱品种及优质种子　选用通过国家或省级审定，适宜当地种植的熟期适宜、抗逆广适、高产稳产，特别是耐干旱、萌发出苗能力强的优良玉米品种及高质量种子，种子发芽率应达 93％以上，满足机械单粒精量播种需求。

（2）坐水补墒机械播种　采用玉米抗旱坐（补）水种机械，一次完成开沟、浇水、播种、施肥、覆土、镇压等作业。一种施（补）水方式是种床开沟施水，用施水开沟器在垄上开沟、施水，开沟深度一般为 6～10 厘米、宽度为 10～15 厘米；另一种是种床下开沟施水，在种床表土下面施水，将施水铧尖调整到比开沟器铧尖低 3～5 厘米处。灌水量以在 20 天内不降雨可保证出全苗为基本标准，旱情较重或沙质土壤地块施水量为 4 000～6 000 米³/亩，旱情较轻地块为 2 000～4 000 米³/亩。

（3）土壤蓄水保墒农艺措施　通过增施有机肥、秸秆还田、深耕深松、地膜覆盖等耕作方式，提高土壤有机质含量，增强土壤自身蓄水、保墒、保肥能力，减少水分散失，增强抗旱增产效果。

**2. 适宜区域**

东北干旱、半干旱地区以及全国类似生态区。

**3. 注意事项**

对采用该技术但播后一个月内无有效降雨的严重旱区，生育期间必须进行多次灌溉。有条件的地区可采取滴灌、微喷、喷灌等节水灌溉技术。

## 七、黄淮海夏玉米贴茬直播高产技术模式

该技术针对黄淮海夏玉米区冬小麦夏玉米一年两熟热量资源紧张、积温不足问题，以夏玉米贴茬早直播和适时晚收为重点、以减少农耗和提高资源利用率为目标，可显著提高玉米产量和品质。已在黄淮海夏玉米区广泛应用。

**1. 技术要点**

（1）品种及种子选择　选择通过国家或省级审定、适宜当地种植的熟期适宜、耐密抗倒、高产稳产、抗逆广适优良玉米品种及高质量种子，种子发芽率应达 93％以上，满足机械单粒精量播种需求。

（2）上茬秸秆处理　上茬小麦成熟后及时收获，采用带切碎和抛撒功能的联合收割机收获上茬小麦，秸秆留茬高度在 10 厘米左右，切碎长度≤10 厘米，切断长度合格率≥95％，抛撒均匀率≥80％，漏切率≤1.5％。

（3）抢时早播、贴茬直播　尽可能加快作业进度和加大作业间隔，抢时早播，贴茬直播。小麦秸秆还田后及时贴茬抢播夏玉米。

选用多功能、高精度、种肥同播的玉米单粒精播机械，一次性完成开沟、施肥、播种、覆土、镇压等作业。黄淮海中南部争取在 6 月 15 日前、北部在 6 月 20 日前完成播种。60 厘米等行距种植，播深为 3～5 厘米。一般地块每亩保苗 4 500 株左右，耐密品种和高产田可适当提高密度。

（4）化学除草　玉米播后苗前，土壤墒情适宜时或浇完"蒙头水"后，及时进行化学封闭除草。或在出苗后，选用适宜除草剂进行苗后除草。喷药方法和用量要规范，避免重喷、漏喷和产生药害。

（5）科学管理肥水　播种时如墒情不足，可先播种、播后及时补浇"蒙头水"。前茬小麦秸秆还田地块以施氮肥为主，配施一定量的钾肥并补施适量微肥。抽穗期可根据植株长势补施适量氮肥。也可选用高质量专用控释肥一次基深施。

（6）病虫害防治　在采用抗病虫品种及高质量包衣种子的基础上，加强病虫害特别是突发性、暴食性、流行性病虫害如草地贪夜蛾等的动态监测和预报预警，并进行绿色防控。

（7）适期晚收　在不影响下茬小麦播期的情况下，根据籽粒灌浆进程和乳线情况适时晚收，机械收获果穗或直收籽粒，收获后及时晾晒或烘干，以防霉变，提高产量和品质。

**2. 适宜区域**

黄淮海夏玉米区。

**3. 注意事项**

重点提高上茬小麦秸秆的处理质量和夏玉米播种质量。

# 八、西南西北玉米高产高效栽培技术模式

西北灌区光热资源充足、昼夜温差大且具有良好的水肥保障条件，西南丘陵山地播种季干旱、低温等灾害频发且播种机具适宜性差导致播种出苗质量差，基于此分别提出西北灌区以增密增产、西南丘陵山地以机播壮苗为核心的玉米增产增效技术模式，并已得到广泛使用，增产增收效果显著。

## 1. 技术要点

（1）品种及种子选择　选用通过国家或省级审定、适宜当地种植的熟期适宜、耐密抗倒、抗逆广适、高产稳产优良玉米品种。西北灌区选用品种应适宜机械收获作业，籽粒机械直收要求后期脱水快、生育期短 5～7 天。选用高质量包衣种子，种子发芽率应达到 93% 以上。

（2）适墒适期播种　根据地形、田块大小和种植制度等，选择适宜播种机型。待 5～10 厘米耕层地温稳定在 10 ℃ 以上、土壤相对含水量在 60%～80% 时进行适墒播种，保证苗齐、苗匀、苗全、苗壮。

（3）合理密植　根据气候条件、土壤条件、品种特性等合理进行株行距配置，确保适宜密度。西北灌区光照条件较好，一般大田比目前每亩增加 500～1 000 株，留苗密度每亩 6 000 株以上；西南丘陵山地每亩留苗 3 500 株以上。

（4）水肥管理　西北灌区采用浅埋滴灌、膜下滴灌、水肥一体化等方式，确保萌发出苗及全生育期充足的水肥供应；西南丘陵山地为确保一播全苗齐苗，应足墒播种，如土壤墒情不足可坐水种或等雨播种，并根据地力和产量目标等合理施肥。

（5）防止倒伏　西北灌区对于倒伏常发地区和密度较大、生长过旺地块，可在玉米 6～8 片叶展开期喷施化控药剂，控制基部节间长度，增强茎秆强度，预防倒伏。西南丘陵山地可结合追施苗肥，采用人工或选用 6 马力以上微耕机，配套培土机进行培土起垄，既可提高肥效又可增强植株抗倒伏性。

（6）适时收获　西北灌区，玉米完熟后可收获果穗，机械粒收在生理成熟（籽粒乳线完全消失）后 2～4 周进行收获作业，籽粒水分含量应为 28% 以下；西南丘陵山地，在玉米生理成熟后机械收获果穗，或待籽粒含水率降至 28% 以下时机收籽粒。收获后及时晾晒或烘干，以防霉变。

## 2. 适宜区域

西北灌区及西南丘陵山地玉米区。

**3. 注意事项**

（1）播种及收获机型的选择要因地制宜。

（2）西南丘陵山地要根据自然灾害发生特点（避开倒春寒和高温伏旱）和耕作制度选择适宜播期。

## 九、玉米抗倒伏防灾减损技术模式

近年来，黄淮海、东北等玉米主产区多次遭受台风侵袭，受大风和暴雨等影响，玉米发生不同程度的倒伏或茎折，对丰产造成严重不利影响。为增强玉米抗倒伏能力、减轻台风暴雨灾害对玉米生产的影响，集成了玉米抗倒伏防灾减损技术，并在生产中广泛应用。

**1. 技术要点**

（1）选用良种　根据当地气候特点，选择通过国家或省级审定的熟期适宜、高产优质、多抗广适、耐密抗倒伏能力突出的优良玉米品种。

（2）适时播种　适时适墒播种，使玉米关键生育阶段处在较好的气候条件下，从而减轻或避开不利天气影响。

（3）合理密植　按品种推荐密度的最低限进行种植，改善植株生长条件，促进个体健壮，构建抗倒伏群体。

（4）适当蹲苗　苗期适当蹲苗，促进根系下扎、基部节间粗壮，有利于培育壮苗和提高中后期植株抗倒伏能力。

（5）合理施肥　采用合理施肥技术，以地定产、以产定肥，并按因缺补缺原则注意补施微肥。适当增施钾肥，提高茎秆机械强度和植株抗倒伏能力。

（6）化控防倒　拔节期喷施化控剂，降低株高、穗位与重心高度，缩短基部节间长度，增加茎粗与茎秆强度，提高植株抗倒伏能力。

（7）品种间混种植　将抗倒伏性较强的品种与抗倒伏性较弱的品种间混种植，提高群体的抗倒伏能力，从而实现减损稳产。

（8）灾后措施

① 抢排积水防内涝。及时挖沟通渠排水，提高土壤通透性，减少植株浸水时间，保持根系活力，促进恢复生长。

② 分类管理促恢复。对植株倾斜、未完全倒伏田块，尽量维持现状，依靠自身能力恢复生长。对完全倒伏、茎秆未折断的田块，及早垫扶果穗，防止果穗贴地或相互叠压发芽霉变。对倒伏严重或茎秆折断的田块，适时抢收，已经绝产的田块视情况及时抢收秸秆作青贮饲料。

③ 强化监测控病虫。加强对穗腐病、大斑病等病虫害及对倒伏严重地块鼠害的监测与防控。

④ 预防早霜促早熟。采取叶面喷肥和后期站秆剥皮等措施，促进籽粒早熟。适时晚收，提高产量。

⑤ 改进机具抢收获。加强收获机具的选型与改进，实施贴地面收获，提高倒伏地块果穗收起率，减少收获损失。

⑥ 及时脱水防霉变。人工清选收获果穗，剔除霉变果穗。及时处理果穗，离地贮存。有烘干条件的及时脱粒、烘干、入库、贮存。

**2. 适宜区域**

全国玉米产区及遭遇风灾地区。

**3. 注意事项**

进行间混作的两个品种株型、株高及生育期应基本一致。

# 十、玉米促授粉保结实防灾减损技术模式

该技术针对黄淮海夏玉米区频发、西南等其他区域时有发生的高温热害及阴雨寡照气象灾害，集成了以"优选良种、播期调整、合理密植、科学肥水"为主要内容的玉米高温热害及阴雨寡照防控减灾技术，在黄淮海夏玉米区及西南玉米区大面积应用，效果显著。

**1. 技术要点**

（1）选用优良品种　选用通过国家或省级审定，经当地试验示范和大面积生产实践证明对高温热害、阴雨寡照等具有较强抗耐能力的高产稳产优良玉米品种。

（2）调整优化播期　根据当地历年气候条件，通过调整播期使玉米品种开花授粉期避开高温干旱及阴雨寡照天气。如开花授粉期遇到连续高温或阴雨天气，必要时可人工或利用无人机进行辅助授粉。

（3）合理密植，适当稀植　在品种合理密度范围内，采用最适种植密度下限，构建合理群体结构，减少水分养分竞争，促进个体健壮。及时去除田间杂草及玉米弱小病株，改善通风透光条件，提高光能利用率，加快田间散热，并减少营养和水分消耗。

（4）保障良好肥水　高温热害往往和干旱叠加，因此要保障充足的水分供应。高温来临前及时灌溉，通过自身蒸腾作用降低植株温度，保持稳定正常"体温"，同时还可改善小气候，降低田间温度。阴雨寡照天气条件下，及时排涝，适当追施氮肥、微肥及喷施多胺等，进一步改善植株营养状况，强根壮穗。必要时，还可使用无人机或植保机叶面喷施磷酸二氢钾营养液，可有效降低玉米群体冠层叶片温度，补充营养，增强抵抗能力，提高叶片光合生产能力，保证正常生长。

（5）极端危害补救措施　灌浆期，及时调查果穗结实情况。对于高温灾害、阴雨寡照导致穗分化异常和严重减产地块，可根据实际情况及时收获作青贮，将损失降到最低。

（6）抗逆互补型品种间混种植　利用不同品种间的抗性互补、育性互助，选择两个不同基因型玉米品种间混种植，提高群体抗逆能力，从而实现玉米减损稳产。

**2. 适宜区域**

高温热害及阴雨寡照频发区域。

**3. 注意事项**

（1）无人机辅助授粉时，飞行高度不宜过低，应根据功率大小适当调整飞行高度。

（2）进行间混作的两个品种株型、株高及生育期应基本一致。

# 第八章 玉米高产潜力探索与高产创建

## 第一节 玉米高产潜力探索研究与实践

### 一、我国玉米高产潜力探索研究的发展历程

高产是永恒的课题。美国是世界上玉米科研和生产水平最高的国家，也是世界上最早发起和举办玉米高产竞赛的国家，并通过玉米高产竞赛不断创造和刷新玉米高产纪录。美国的第一次玉米高产竞赛在1920年于艾奥瓦州举行，随后逐渐扩大到全国。美国玉米高产竞赛活动已成为各大农业公司展示和宣传各自品种、农机、肥料、农药，以及玉米种植者充分利用优良品种和配套栽培技术措施挖掘玉米品种产量潜力的重要平台，在很大程度上带动和促进了整个美国玉米生产的不断发展。

我国山东莱州李登海自1972年起开始进行夏玉米小面积高产攻关试验，到目前为止已连续进行了50多年，其中有10多个年份突破夏玉米亩产1 000千克的超高产水平，最高产量纪录达到1 402.86千克/亩（2005年，未去除边行）。此外，其他地区也有一些地块达到超高产水平。

为挖掘玉米产量潜力，中国农业科学院作物科学研究所李少昆课题组在总结国内外玉米高产经验和分析玉米产区光热资源的基础上，设定了亩产1 500千克的第一阶段产量目标。自2006年起，在新疆、宁夏、甘肃、陕西、山东等10余个生态区开展高产理论与技术研究及高产创建。历时8年，在创造2009年亩产1 360.1千克、2011年亩产1 385.4千克、2012年亩产1 410.3千克、2013年亩产1 511.74千克、2017年亩产1 517.11千克5次全国玉米单产纪

录的基础上，2021 年再创新高，实现了亩产 1 600 千克目标的突破，创造了亩产 1 663.25 千克的全国最新高产纪录。近年来，全国玉米栽培学组借鉴美国玉米高产竞赛的经验，倡导并组织骨干专家结合各自岗位和所承担的项目开展了玉米超高产潜力及关键技术、构成因素等研究，并总结了一些玉米超高产的规律，已初步建立了我国玉米超高产的区域化技术模式。目前，我国玉米界比较一致地认为亩产≥1 000 千克的地块为超高产田。2006—2010 年，全国经专家组严格测产验收的玉米超高产田共 159 块，其中 2006 年 15 块、2007 年 21 块、2008 年 40 块、2009 年 45 块、2010 年 38 块。分析玉米超高产田的特点及其创高产的关键因素，将对今后进一步挖掘我国玉米的技术增产潜力和指导玉米大田生产具有重要意义。

## 二、我国玉米创高产的关键栽培技术

### （一）自然生态条件适宜

光温资源是决定玉米产量的重要生态因素。一般情况下，光照充足、昼夜温差较大的自然条件有利于玉米植株制造和积累更多的干物质，从而较易创出高产。

159 块玉米超高产田分布于内蒙古、宁夏、新疆、吉林、陕西、甘肃、北京、河北、山东、河南和四川共计 11 个省份。一年一季的春玉米种植模式更容易实现超高产。其中：内蒙古的玉米超高产田最多，共 56 块，占超高产田总数的 35.2%；其次是宁夏，共 30 块，占超高产田总数的 18.9%。生育期较长和生态条件较好的春播玉米占 90.6%，而夏播玉米仅占 9.4%。

我国不同地区实现玉米超高产的技术难度存在较大差异。从超高产田的分布可以看出，多数超高产田位于北纬 40°—45° 的高纬度、高海拔地区，这些地区光照充足、昼夜温差较大且多数以灌溉为主，更容易实现超高产。而对于一些具有特殊小气候的地区，通过综合运用各项高产技术措施来弥补当地自然生态条件较差的劣势也可实现超高产。如地处北纬 31° 的四川宣汉虽海拔在 1 000 米以上，昼夜温差也较大，而全年平均日照时长仅 1 400 小时左右，且高温高湿，实现超高产的难度较大。但通过采用高产耐密品种、育苗移栽和提高种植密度等栽培技术，也实现了玉米亩产 1 000 千克以上的超高产水平。地处胶东半岛的山东莱州虽然日照时长和昼夜温差相对较小，但通过采用高产耐密型品种、合理增加种植密度、精耕细作等技术措施也创造了我国夏玉米的最高产纪录。此外，对于灌溉条件较差且以雨养种植为主的吉林和甘肃等干旱、半干旱地区，通过地膜覆盖和雨养旱作等种植技术也获得了超高产。

## （二）选用高产耐密品种

选用高产耐密品种是实现玉米超高产的重要条件。在当前的生产条件下，将推广和改种耐密型品种以及合理增加种植密度作为提高玉米产量的主要抓手已成为越来越多玉米同行的共识。2006—2010 年，159 块高产田共涉及 46 个玉米品种（组合）。其中，郑单 958 和先玉 335 在高产田中所占比例最大（分别为 20.8% 和 17.6%），其次是内单 314、超试系列和浚单 20，再次是京单 28 和登海系列品种。此外，一些新品种如京科 968、MC670、超试 1 号、登海 605、农华 101、NK815、京农科 728、MC121 等也表现出了较高的产量水平。

综合品种的形态和产量表现可以看出，上述品种的共同特征是株型紧凑，耐密性、抗倒伏性和穗部综合性状较好，具有较高的肥水响应能力和产量潜力。以耐密型最为突出且密度变幅最大的郑单 958 为例，在 31 块选用郑单 958 的超高产田中，该品种的亩穗数为 4 812～8 378 穗，产量变幅为 1 005.9～1 360.1 千克/亩。其产量构成因素如穗粒数、千粒重和穗粒重也表现出了较好的自我调节能力，变幅分别为 432～662 粒、295.7～409.8 克、140.2～248.6 克。此外，近年来在我国超高产玉米中表现突出的新品种超试 1 号也具有较好的密度响应能力。10 块选用该品种的超高产田亩穗数最低为 4 800 穗，最高达 9 050 穗，并创造了夏玉米亩产 1 316.9 千克的超高产水平。

## （三）合理增加种植密度、构建合理群体结构

近年来，我国各地玉米创高产的经验充分证明，通过增加种植密度以保证足够多的穗数和粒数是实现超高产的重要措施。但需要注意的是，增加种植密度一定要坚持因地制宜的原则，一味地追求高密度并不一定能够不断提高产量。

2006—2010 年，159 块玉米超高产田平均亩产 1 112.8 千克，产量结构模式为平均每亩 5 930 穗、每穗 541 粒、千粒重 360.2 克、穗粒重 191.8 克。但超高产田的产量构成因素变化幅度较大，亩穗数、穗粒数、千粒重和穗粒重的变幅分别为 4 240～9 050 穗、421～720 粒、296～483 克、140.2～267.6 克。对所有超高产田的产量及其构成要素进行相关性分析，结果表明产量与亩穗数极显著正相关，与穗粒数和穗粒重显著正相关，而与千粒重的相关性未达到显著水平（表 8 - 1）。这说明合理增加种植密度可进一步提高群体的产量水平。通过构建合理的群体结构、协调好群体与个体以及各产量构成要素间的相互关系更有利于获得高产和稳产。

**表 8 - 1　玉米超高产田的产量及其构成要素间的相关性分析**

|  | 亩穗数 | 穗粒数 | 千粒重 | 穗粒重 | 产量 |
|---|---|---|---|---|---|
| 亩穗数 | 1 |  |  |  |  |
| 穗粒数 | −0.57** | 1 |  |  |  |
| 千粒重 | −0.33 | −0.19* | 1 |  |  |
| 穗粒重 | −0.77** | 0.76** | 0.33** | 1 |  |
| 产量 | 0.33** | 0.16* | −0.03 | 0.16* | 1 |

注：*表示在 0.05 水平下显著相关；**表示在 0.01 水平下极显著相关。

进一步分析发现（表 8 - 2），45.3％的超高产田亩穗数为 5 000～6 000 穗。而 80.5％的超高产田亩穗数为 4 500～6 500 穗，在此范围内较为稳妥的产量结构模式为每亩 5 664 穗、每穗 550 粒、千粒重 363.5 克、穗粒重 197.1 克。尽管在一定范围内种植密度的增加可提高群体的产量水平，但高密度种植却对品种的耐密抗倒性能提出

了更高的要求，即需要以选用耐密抗倒性强的品种为重要前提。

表 8 - 2　不同产量水平下玉米超高产田的产量结构分析

| 密度<br>（穗/亩） | 地块数<br>（块）（占比，%） | | 单位穗数<br>（穗/亩） | 穗粒数<br>（粒） | 千粒重<br>（克） | 穗粒重<br>（克） | 产量<br>（千克/亩） |
|---|---|---|---|---|---|---|---|
| 4 000～4 500 | 1 | (0.6) | 4 220 | 660 | 370.0 | 241.0 | 1 022.9 |
| 4 501～5 000 | 17 | (10.7) | 4 751 | 600 | 383.1 | 228.5 | 1 065.4 |
| 5 001～5 500 | 27 | (17.0) | 5 284 | 582 | 363.2 | 208.8 | 1 108.8 |
| 5 501～6 000 | 45 | (28.3) | 5 756 | 542 | 361.1 | 193.5 | 1 104.6 |
| 6 001～6 500 | 39 | (24.5) | 6 218 | 517 | 358.4 | 179.4 | 1 113.1 |
| 6 501～7 000 | 15 | (9.4) | 6 645 | 524 | 354.5 | 181.2 | 1 163.2 |
| 7 001～7 500 | 10 | (6.3) | 7 231 | 472.9 | 339.3 | 154.6 | 1 092.4 |
| ＞7 500 | 5 | (3.1) | 8 331 | 462 | 334.3 | 151.6 | 1 275.5 |
| 平均 | | | 5 930 | 541 | 360.2 | 191.8 | 1 112.8 |

## （四）科学施肥，满足养分需求

　　矿质营养与玉米植株的形态建成和干物质积累密切相关，充足的土壤养分是提高群体光合效率、保证玉米丰产的基础。美国的高产田多分布在肥沃土地上，土壤有机质含量为 3%～6%。与之相比，我国玉米超高产田的地力水平普遍偏低。从目前搜集的超高产田土壤肥力资料可以看出，玉米超高产田总体上缺磷富钾，并且不同超高产田的有机质含量相差悬殊（0.5%～4.8%）。

　　尽管不同区域玉米超高产田的基础地力水平存在较大差异，但各地通过配方施肥、合理搭配肥料的种类、比例，并通过化肥深施等措施基本上均可满足玉米一生对养分的需求。如陕西榆林和宁夏等地的部分超高产田为肥力水平较低的沙壤土，但土壤通透性较好，通过科学施肥也能保证充足的养分供应。由此可见，地力水平并不是玉米超高产的决定性因素。

## （五）保证充足的水分供应

　　满足玉米各生育阶段对水分的需求有利于水肥耦合，以肥调水，充分发挥肥料的增产潜力和品种的高产潜力。美国玉米高产田所在地区降雨较丰富且分布均匀，土壤结构良好，具有极强的土壤蓄水保墒能力，可在完全不灌溉的条件下实现亩产≥1 000 千克的超高产水平。从我国玉米超高产田的分布可以看出，具备灌溉条件的地区更容易实现超高产，但吉林桦甸（年均降水量 700 毫米以上）、四川宣汉（年均降水量 1 000 毫米以上）等地降雨较为充足，超高产田主要是依靠雨养种植。

虽然保证充足的水分供应是玉米高产的重要条件之一，但水分属于人为可控因素，水分条件也可通过灌溉实现。对于保水能力稍差的沙壤土地块则要求能够保证足够多的灌溉次数，以满足玉米不同生育时期对水分的需求。以宁夏和新疆为例，宁夏玉米超高产田在玉米全生育期内一般灌溉 4～5 次，新疆玉米超高产田玉米全生育期内的灌溉次数更多，一般灌溉 5～8 次。

### （六）其他高产技术措施

地膜覆盖技术具有增温、保墒的作用，不仅可解决我国高纬度和高海拔冷凉地区（如内蒙古、新疆、陕西等）温度较低的问题，还可用于干旱、半干旱地区（如甘肃等地）以解决水资源供应的问题，已成为高寒地区和干旱地区玉米创高产的一项重要技术措施。近年来，全膜双垄沟播技术在甘肃、内蒙古等地的玉米超高产创建中也发挥了重要作用。在 159 块玉米超高产田中，应用地膜覆盖栽培技术的地块共 59 块，占高产田总数的 37.1%。

加强病虫草害的综合防治以及一次播种保全苗和早间苗晚定苗技术是确保苗全、苗匀、苗壮，构建合理群体结构，充分发挥品种产量潜力从而实现超高产的重要技术措施。对黄淮海地区而言，夏玉米及时早播和适时晚收技术可延长籽粒灌浆时间，能进一步提高籽粒的容重和品质，是提高该区夏玉米产量最简便易行的技术措施。

近年来，我国玉米小面积超高产创建取得了阶段性的研究成果，为我国大面积实施高产创建（亩产≥800 千克）提供了有力技术支撑，在陕西、内蒙古等地还出现了接近或达到亩产 1 000 千克超高产水平的万亩片。综上所述，具备良好的自然条件是实现玉米超高产的基础。在此基础上，通过综合运用高产耐密品种、合理增加种植密度、科学施肥、保证充足水分供应和良好的土壤通透性以及地膜覆盖、一次播种保全苗、病虫害综合防治和化学调控等各项技术措施，充分发挥品种和技术的增产潜力即可实现超高产。

## 第二节　玉米高产创建

### 一、玉米高产创建基本情况

为促进我国粮食生产稳定发展，保障粮食安全和市场供给，农业部将 2008 年作为全国粮食高产创建活动年，并自 2008 年起在全国范围内大力开展包括玉米在内的粮食高产创建活动。

2008 年，农业部共在全国粮食主产区建设了 500 个万亩优质高产创建示范点。其中，共在全国 25 个省（自治区、直辖市）选择 150 个县（市、区）各建立 1 个万亩连片玉米高产创建示范区，产量目标是东北、华北、黄淮海地区亩产 800 千克以上，其他地区亩产 600 千克以上。各创建示范点的玉米总产较前 3 年平均增加 10% 以上。自 2009 年起，农业部高产创建工作在更大规模、更广范围、更大力度上不断推进，并且目前已扩展到包括粮、棉、油、糖在内的多种作物。2009 年，农业部在全国 1 700 个粮、棉、油生产大县建设了 2 600 个粮、棉、油高产创建示范片，在其中 300 个玉米主产县安排了 600 个万亩玉米连片高产创建示范片。2010 年，共在全国建设了 5 000 个粮、棉、油、糖高产创建示范片，其中有 1 000 个万亩连片玉米高产创建示范片。

高产创建万亩示范片不是最终目标，而是更大面积、更广范围的高产。从近年来各地高产创建工作的具体实践来看，整建制推进高产创建是发展的必然和有效途径，是扩大示范效应、突破资源瓶颈、转变农业发展方式的需要。2011 年，农业部以《全国新增 1 000 亿斤粮食生产能力规划》和《粮食优势区域布局规划》确定的重点建设县（市、区）为基础，综合考虑资源禀赋、生态条件、生产基础等因素，分类指导，突出重点，在全国建设 7 500 个高产创建万亩示范片的基础上，选择基础条件好、增产潜力大的 50 个县（市、区）、500 个乡（镇），实行整乡整县整建制推进。

2016 年，为适应农业供求形势和发展环境新变化，农业部打造了高产创建"升级版"——绿色高产高效创建。不单纯追求高产，还要追求效益的提升，更要体现绿色的内涵。绿色发展理念贯穿于粮、棉、油、糖生产的全过程，以县为单元整建制推进，辐射带动区域性绿色高产高效。同时，开展绿色增产模式攻关，突破制约粮食生产的资源瓶颈、技术瓶颈和效益瓶颈，集成组装节种节水节肥节药技术模式。

2023 年，中央 1 号文件对抓好粮食和重要农产品稳产保供做出全面部署。要求全力抓好粮食生产，千方百计稳住面积、主攻单产、力争多增产。开展吨粮田创建，实施玉米单产提升工程，努力提高粮食单产。2023 年 3 月 14 日，农业农村部办公厅、国家发展改革办公厅印发了《玉米单产提升工程实施方案》的通知。在东北、西北和黄淮海 3 大玉米主产区的 19 个县（市、区）实施玉米单产提升工程 300 万亩。

## 二、玉米高产创建的主要成效

经过近几年的组织实施，农业农村部玉米高产创建工作取得了显著成效。

### （一）涌现出一批万亩高产典型

通过玉米良种良法配套技术的综合运用，在北方春玉米区、黄淮海夏玉米区和西南山地丘陵玉米区都涌现出较多亩产 800 千克以上的万亩片。2009 年，陕西省榆林市定边县玉米高产创建万亩示范方平均亩产 1 023.2 千克，实现了我国玉米万亩单产超吨粮的突破，同时十万亩高产创建示范片达到 838.7 千克/亩的产量水平，创建了我国十万亩玉米示范片亩产 800 千克以上的高产示范典型。内蒙古赤峰市松山区以安庆镇元茂隆村为核心区的万亩玉米高产示范田在遭遇历史上罕见旱灾的不利气候条件下通过综合运用各项高产栽培技术，创下了测产 1 002.1 千克/亩的高产水平，刷新了东北—内蒙古春玉米万亩连片高产纪录。2010 年陕西省咸阳市 10 420 亩高产示范田平均亩产 868.1 千克，创造了陕西省旱作雨养农业万亩连片春玉米高产纪录。河南省鹤壁市淇滨区钜桥镇万亩玉米高产创建示范片平均亩产高达 858 千克，实现连续 2 年亩产 850 千克以上，创造了我国夏玉米产区大面积高产纪录。2008—2010 年，玉米万亩高产创建示范片中分别有 61 个、237 个和 390 个达到亩产 800 千克以上产量水平的示范片，分别占全国万亩玉米片总数的 40%左右。

### （二）带动了区域均衡增产

高产创建是集优势区域布局规划、高产优质品种、高产高效栽培技术和优质高效投入品于一体的科技成果转化和推广活动，是促进先进技术进入千家万户、提高技术到位率和普及率的重要载体，对带动我国玉米大面积平衡增产发挥了重要作用。如四川省宣汉县在 2008 年小面积达到吨粮、2009 年万亩高产示范片单产达到 800 千克的基础上，2010 年玉米高产创建工作力度进一步向全县辐射。虽然遭遇了前期低温寡照、后期部分地区暴雨洪涝灾害等不利情况，但通过依托高产创建等项目全面推广玉米高产集成技术，整体推进了全县玉米生产水平的提高。经测产，全县玉米平均单产由 2009 年的 547 千克/亩提高到 2010 年的 624.9 千克/亩，实现了全县玉米整县制突破 600 千克/亩，这在我国西南山地丘陵玉米区是首例。

### （三）促进了高产高效技术的集成与推广

各地依托高产创建，根据生产实际情况进一步优化集成了高产耐密品种、测土配方施肥、适时晚收、合理增密、全膜双垄沟播、新耕作制度下的病虫草鼠害综合防治、定期深耕深松等技术措施，形成了具有区域特色的玉米高产高效栽培技术模式，并在高产创建示范区进行了大面积示范和推广。

### （四）促进了农民增产增收

通过推广高产高效栽培技术，玉米产量和品质较以前大幅提高。并且，通过品种、集成技术、病虫害防治、肥水管理和机械化作业等的统一，玉米生产成本降低，种植收益增加。

### （五）高产创建成为发展玉米生产的新抓手

依靠科技进步提高玉米单产是稳定玉米总产量、满足市场需求的重要途径。高产创建通过充分发挥高产优良品种和先进科学技术的增产潜力及其示范带动作用，已成为近年来各地发展玉米生产的重要平台和新抓手。

# 第三节　玉米高产集成与配套技术

以高产创建为平台，各玉米产区在超高产田攻关、万亩高产田示范过程中，充分发挥资源与科技优势，配套集成了一批适合当地的高产栽培技术规范，对带动当地玉米产业的发展起到了积极的推动作用。

## 一、北方春玉米区玉米高产创建技术规范

### （一）黑龙江省玉米亩产 800 千克高产创建技术规范

#### 1. 品种选择

根据生态条件，选用通过国家或黑龙江省审定的具有亩产 800 千克潜力的优质、适应性及抗病虫性强的优良品种。

直播栽培：选择生育期活动积温比当地常年活动积温少 100～150 ℃的品种。第一积温带可选用先玉 335、郑单 958、吉单 261、兴垦 3 号、吉单 517 等；第二积温带可选用鑫鑫 2 号、龙单 37、绥玉 10、龙单 38。

地膜覆盖和育苗移栽：选择比当地直播主栽品种生育期长 10～15 天或所需积温高 200～250 ℃或叶片数多 1～2 片的品种。

#### 2. 播前准备

（1）选地及整地　选择地势平坦、耕层深厚、肥力较高、保水保肥性能好、排灌方便且前茬未使用长残效除草剂的大豆、小麦、马铃薯或玉米等肥沃茬口。实施以深松为基础、松、翻、耙相结合的土壤耕作制，3 年深翻 1 次。一般深松 30～35 厘米，耕翻深度

为 20～23 厘米，做到无漏耕、无立垡、无坷垃。翻后耙耢，按种植要求的垄距及时起垄或夹肥起垄镇压。

（2）肥料准备及施肥　根据土壤供肥能力、土壤养分状况及气候、栽培等因素进行测土配方平衡施肥，做到氮、磷、钾及中微量元素合理搭配。一般每亩施有机质含量 8％以上的农家肥 2 000～2 500 千克（结合整地撒施或条施）、尿素 20～35 千克（20％～25％作基肥或种肥），磷酸二铵 20～25 千克（基肥或种肥，结合整地施入），钾肥 6～10 千克（种肥）。缺锌地区每亩还应施 1.0～1.5 千克锌肥（种肥）。

（3）精选种子及种子处理　播前精选种子，确保种子纯度≥98％、净度≥98％、发芽率≥85％、含水率≤16％。

① 晒种。播前 15 天，将种子曝晒 2～3 天，2～3 小时翻动 1次，并进行发芽试验。

② 催芽。将种子放在 28～30 ℃的水中浸泡 8～12 小时，然后捞出置于 20～25 ℃条件下进行催芽，每隔 2～3 小时将种子翻动 1次。待催芽的种子露出胚根，将其置于阴凉干燥处炼芽 6 小时后进行拌种或包衣。

③ 药剂拌种。地下害虫发生重、玉米丝黑穗病发病轻（田间自然发病率 5％以下）的地区，干籽播种可选用 35％的多克福种衣剂，按药种比 1∶70 进行种子包衣，催芽坐水种可按药种比1∶（75～80）进行催小芽包衣；地下害虫重、玉米丝黑穗病也重（田间自然发病率 5％以上）的地区，采用 2％戊唑醇按种子重量的0.4％拌种，播种时每亩再用辛硫磷颗粒剂 2～3 千克随种肥下地；地下害虫轻、玉米丝黑穗病重的地区，干籽种播可选用 2％戊唑醇拌种剂或 25％三唑酮可湿性粉剂或 12.5％烯唑醇可湿性粉剂，按种子量的 0.3％～0.4％进行拌种，催芽坐水播种则可选用 2％戊唑醇按种子量的 0.3％进行拌种。

（4）做床、扣棚（适于育苗移栽栽培方式）　苗床应选择背风向阳、地势平坦、排水方便的岗地，不要选择低洼地、风口地。尽量做到集中选地，大棚育苗。4 月 10—15 日扣棚，并配制营养土。

营养土用旱田沃土与腐熟的农家肥按 7：3 的比例配制，营养土要捣细过筛，1 米³ 营养土加磷酸二铵 0.75～1.00 千克，充分拌匀待用。播前，将营养土装入营养钵，并放入大棚。

**3. 精细播种**

（1）播种时期

① 直播栽培。5～10 厘米耕层地温稳定通过 7～8 ℃时抢墒播种。第一积温带 4 月 20 日至 5 月 1 日播种，第二积温带 4 月 25 日至 5 月 5 日播种。

② 覆膜栽培、育苗移栽。比直播田早 5～7 天。

（2）播种方式

① 直播栽培。机械精量播种，并做到深浅一致、覆土均匀。直播地块播种后及时镇压，坐水种地块则播后隔天镇压。镇压要做到不漏压、不拖堆。镇压后覆土，覆土深度以 3～4 厘米为宜。

② 覆膜栽培。若播种后覆膜，则采取垄上机械开沟坐水，人工或机械精量点播并覆土，覆土深度以 3～4 厘米为宜。封闭除草后，机械覆膜。膜下滴灌采取大垄通透栽培，覆膜前按水利滴灌条件铺设滴灌毛管。若先覆膜后播种，则采取封闭除草、机械覆膜（若为膜下滴灌栽培，则应在覆膜前按水利滴灌条件铺设滴灌毛管）、机械精量点播。

③ 育苗移栽。每个小孔摆放 1 粒发芽的种子，覆土 2～3 厘米，播后浇水。或于播前 1～2 天浇透水，每个小孔摆放 1 粒发芽的种子，覆土 2～3 厘米。

（3）播种量　按种子发芽率、种植密度要求等确定播种量，一般 2.0～2.5 千克/亩。

**4. 田间管理**

（1）直播栽培

① 化学除草。土壤墒情好的地区宜采取苗前化学除草，可选择的药剂有乙草胺（禾耐斯）、莠去津、异丙草胺、精异丙甲草胺、唑嘧磺草胺、2,4 -滴异辛酯、噻吩磺隆、嗪草酮（限土壤有机质含量＞2%的土壤）。苗后除草可在玉米幼苗 3～5 叶期、禾本科杂

草 3～5 叶期、阔叶杂草 2～4 叶期施药，可选用的药剂有烟嘧磺隆、莠去津、嗪草酮、噻吩磺隆和磺草酮。

② 查田补栽或移栽。出苗前，及时检查发芽情况，若发现粉种、烂芽，要准备好预备苗。出苗后若缺苗，要利用预备苗或田间多余苗及时进行坐水补栽或移栽。

③ 间苗、定苗。幼苗 3～4 片叶时，去弱苗、病苗、小苗，一次等距定苗。直播标准垄栽培，耐密型品种每亩保苗 3 500～4 500 株，稀植品种每亩保苗 3 200～3 500 株。直播通透栽培、覆膜栽培则较直播标准垄栽培每亩增加 500～600 株。

④ 铲前深松、及时铲蹚。出苗后，进行铲前深松或铲前蹚 1 犁。头遍铲蹚后，每隔 10～12 天铲蹚 1 次，做到 3 铲 3 蹚。

⑤ 虫害防治。6 月中下旬，每百株黏虫达到 50 头时，每亩用菊酯类农药 20～30 毫升兑水 20～30 升进行防治。当每百株玉米螟卵超过 30 块或每百株玉米螟达到 80 头时，应及时防治。如可利用黑光灯诱杀成虫，也可依据预测预报及调查，于玉米螟卵始盛期（7 月 10—20 日）在田间放赤眼蜂，7 天后进行第 2 次放蜂；或剥秆调查，玉米螟成虫羽化达 15%时放蜂 1 次，羽化达 45%时进行第 2 次放蜂。

⑥ 去分蘖。拔节期前后，应及早掰除分蘖。去蘖要轻，避免损伤主茎。

⑦ 追肥。幼苗 7～9 叶期或拔节前，追施总氮肥量的 75%～80%，追肥部位离植株 10～15 厘米、深 8～10 厘米。

⑧ 放秋垄。8 月上中旬，拿大草 1～2 次。

（2）覆膜栽培　待幼苗 1 叶 1 心至 2 叶 1 心时，及时剪孔放苗 2～3 次，每墩（穴）只留 1 株，放苗后用湿土封严放苗孔。若先覆膜后播种，应在 3 叶期前及时间苗，若缺苗应及时补栽同龄预备苗。及时掰掉分蘖，避免损伤主茎。6 月末至 7 月初，选晴天上午、表土已干燥且不粘膜时进行揭膜。气温高时可适当早些，气温低时则可适当晚些。揭膜后铲蹚 1 次。拔节前及开花期进行膜下滴灌，其余时期则视土壤状况进行适当灌水。

除铲蹚、苗后除草外，其他管理同直播栽培。

（3）育苗移栽　播后苗前，白天棚内温度保持在 20～25 ℃，若超过 28 ℃则要适时放风；夜间温度保持在 5 ℃以上。出苗到 2 叶期，白天棚内温度保持在 18 ℃左右，夜间 4 ℃以上。2 叶期后，通风炼苗，使棚内温度逐渐与外界保持一致。育苗一般不浇水，若缺水较重，可一次性补足。待幼苗 3 叶 1 心时进行移栽。移栽前 1 天浇 1 次透水，采取机械随开沟、随深施肥、随滤水、随摆苗、随后覆土。移栽后深松 1 次，若发现死苗则要及时坐水补栽。其他管理同直播栽培。

**5. 适时收获**

完熟期后收获，并适时晚收。

## （二）吉林省西部风沙干旱区玉米亩产 800 千克高产创建技术规范

吉林省西部风沙干旱区以吉林省西部的双辽、农安、扶余、乾安、大安、通榆、镇赉等为典型代表。该区特点为春季干旱多风、夏季干热少雨、冬季严寒少雪。土壤以风沙盐碱土为主，土壤肥力较低，耕种粗放，投入少，单产水平低。主要自然灾害是干旱、多风、少雨，有利条件是光热资源丰富。产量增加的主要限制因素是全生育期干旱，在自然条件下是吉林省的玉米低产区。

**1. 品种选择**

以生育期适宜的中晚熟品种为主，并搭配中熟品种。选用抗旱性强、耐瘠薄、密度适宜范围宽、产量潜力和综合抗性好、可充分利用当地光热资源的品种，如郑单 958、先玉 335、吉单 35、沈玉 21、银河 33 等。

**2. 播前准备**

（1）选地及整地　选择土壤物理性状好、水肥条件较好的冲积土、淡黑钙土等。耕层土壤 pH 6.5～7.0，有机质含量 1%以上，速效氮 0.04%以上，五氧化二磷 15 毫克/千克以上，氧化钾 110 毫克/千克以上，耕层深度 20 厘米以上，保水保肥，排水条件较好。

① 秋翻秋整地。一般于上年秋季完成。前茬作物收获后及时灭茬秋翻，做到根茬翻埋良好，耕深 20 厘米以上，耕后及时耙、压，深施农家肥成垄，做到随打垄、随镇压，并注意保墒，使土壤达到待播状态。也可采取深松措施（深松 35～40 厘米），耙、耢、起垄、镇压，使土壤达到待播状态。

② 秋翻春整地。一般在上年秋季前茬作物收获后及时灭茬秋翻，做到根茬翻埋良好。当年春季待土壤化冻 15 厘米左右时，耙、耢、起垄、镇压，使土壤达到待播状态。

（2）施肥　农家肥（根茬、秸秆粉碎直接还田或腐熟还田）结合秋翻地或整地一次性施入，一般每亩施优质农家肥 1.7～2.0 米³、纯氮 3.3～4.0 千克、五氧化二磷 4～5 千克、氧化钾 3.3～5.0 千克，混匀后结合整地全耕层施入，深度为 20～30 厘米。

（3）灭鼠　对于鼠害较重的地方（密度 5% 以上），可用 0.015%～0.020% 氯鼠酮毒饵等杀鼠剂。灭鼠最佳时期为春播前，选晴好天气 15：00—16：00 投药。在事先查好并标记的鼠洞口约 10 厘米的上风头踩出一脚平地投放毒饵，每洞投 5～10 克。投药 3 天左右后查找鼠尸并集中深埋，将毒饵踢入鼠洞埋掉。

（4）精选种子及种子处理　播前精选种子，确保无杂物，纯净率应在 98% 以上；种子发芽势要强，发芽率 95% 以上；种子粒度均匀一致、无破损，有利于机械播种，保证播种质量。

① 晒种。播前 3～5 天，选无风晴天将种子摊开在干燥向阳处晒 2～3 天，以增强种子活力。

② 种子包衣。根据各地病虫害发生情况，针对不同防治对象选用不同种衣剂进行种子包衣处理以防治地下害虫及各种病害。吉林省西部玉米丛生苗和丝黑穗病严重，有必要选择含有烯唑醇、三唑醇成分并具有内吸性的种衣剂进行包衣。

③ 浸种催芽。若采用催芽播种，则需先浸种，种子吸足水分萌动"拧嘴露白"时摊开，阴干后用种衣剂包衣，以备翌日播种。

**3. 精细播种**

（1）播种时期　做到适时早播，一般 5～10 厘米地温稳定通过

8 ℃时即可播种，最佳播种期以 4 月 20—30 日为宜。干旱年份可提前 3～5 天，土壤含水量低于 18％、地温稳定通过 5 ℃时即可播种。

（2）播种方式

① 一条龙补墒机械化播种技术。机牵引坐水播种系统机具组装：在拖拉机牵引的拖车上安装水箱，在拖车后挂接（用绳索铰接）单体播种机（多为 2BFS－2 机型），将播种机开沟器适当前置，施肥口置于开沟器与水管出口间；从水箱处引出放水管在开沟器后部固定，用放水阀控制水流量；在播种机后挂接覆土器，并根据实际需要确定覆土器的安装位置，在覆土器后挂接镇压器（碌子）进行适时镇压；用小四轮拖拉机牵引坐水播种系统（铁耙架、载水桶和单体播种机）播种，同时完成开沟、施肥、点种、补水、覆土作业。

② 三犁川打垄、豁沟、催芽坐水种技术。结合三犁川打垄一次完成豁沟、施肥、浇水、点种、覆土、镇压，省工、省时、节水、抗旱，每亩坐水 4 吨左右。

③ 施种肥。每亩施纯氮 0.67 千克、五氧化二磷 1.67 千克、氧化钾 1 千克、硫酸锌 1 千克，混合施入种床，做到种、肥隔开，以防烧种烧苗。

④ 镇压。播后视土壤墒情采用铁制镇压轮镇压，最好为 IYM 苗眼镇压器。土壤含水量低于 18％时，镇压强度为 600～800 克/厘米$^2$；土壤含水量为 22％～24％时，镇压强度为 300～400 克/厘米$^2$（或镇压强度以人踩在垄台上刚见到脚印为宜）。

（3）播种量　播种量因播种精度、种子发芽率及保苗密度的不同而不同，种植密度以 3 500～4 000 株/亩为宜，播种量一般为2～3 千克/亩。

### 4. 田间管理

（1）苗期管理

① 化学除草。将莠去津类胶悬剂和乙草胺乳油（或异丙甲草胺）混合，兑水后于播后苗前土壤较湿润时进行土壤喷雾。干旱年

份或干旱地区，土壤处理效果差，可用莠去津类乳油兑水在杂草2～4叶期进行茎叶喷雾。土壤有机质含量高的地块在较干旱时使用高剂量，反之使用低剂量。苗带施药按施药面积酌情减量。施药要均匀，做到不重喷、不漏喷，不能使用低容量喷雾器及弥雾机施药。

② 定苗。幼苗4～5叶时定苗。留大苗、壮苗、齐苗，不苛求等距，但要按单位面积的保苗密度留足苗。

③ 铲蹚。以蓄墒、保墒、接墒为核心技术建立土壤水库，以机械深松蓄水、少耕保墒节水为主，以灌溉措施为辅。及时铲蹚，当幼苗长至2～3叶时，铲前深蹚1犁，深度为20～25厘米。每隔7～10天铲蹚1遍，蹚地深度为20厘米以上，回犁土10～15厘米。第3遍铲蹚要起大垄。

（2）穗期管理

① 追肥。一般在大喇叭口期前（6月25日前）一次性完成追肥。结合蹚地深追，即在距植株根10～15厘米处，追肥深度12～15厘米，每亩追施纯氮10千克、五氧化二磷3.7千克、氧化钾4.3千克左右。

② 病虫害防治。大斑病：可用50%多菌灵可湿性粉剂500倍液或50%肿·锌·福美双可湿性粉剂800倍液等药剂，于雄花期喷1～2次，每隔10～15天喷1次。

小斑病：发病初期，可用50%多菌灵可湿性粉剂500倍液或65%代森锰锌可湿性粉剂500倍液等药剂，于心叶末期至抽雄期每隔7天喷1次，连喷2～3次。

黏虫：6月中旬至7月上旬，平均每株有1头黏虫时，每亩可用2.5%氯氟氰菊酯乳油（功夫）20毫升兑水30升进行喷雾防治，或用50%敌敌畏乳油1000倍液喷雾，将黏虫消灭在3龄前。

玉米螟：可于6月末在心叶间投撒白僵菌防治1、2龄玉米螟幼虫；也可于6月中下旬至7月末在玉米产区村屯的开阔地（距房屋15米以上），每225亩玉米田设置1盏高压汞灯，20:00至翌日4:00开灯捕杀；或于6月初至7月10日剖秆调查，当玉米螟化蛹率达 20％时，后推 11 天第 1 次放蜂（每亩 0.7 万头），5～7 天后第 2 次放蜂（每亩 0.8 万头）。每亩 1～2 个点，将蜂卡固定在植株中部叶片背面，将螟虫消灭在孵化前。

（3）花粒期管理

① 追肥。玉米生长后期若脱肥，最好于 9:00 前或 17:00 后用 1％尿素溶液＋0.2％磷酸二氢钾进行叶面喷施。

② 玉米螟防治。玉米放螟羽化盛期，用 50％敌敌畏乳油浸泡的高粱秆 2～3 根/米$^3$ 熏杀羽化成虫。

**5. 适时收获**

低温年份，对于中晚熟或晚熟品种在蜡熟（吐丝后 50～55 天）后采取站秆剥开果穗苞叶的措施，以促进玉米成熟和籽粒脱水。籽粒成熟（出现黑层）后 7～10 天为最佳收获期，一般为 10 月 5 日左右。及时收获，且收获后及时剥皮，于通风向阳处搭架棚晾晒。

### （三）吉林省中东部半湿润区玉米亩产 800 千克高产创建技术规范

吉林省中东部半湿润区以公主岭、梨树、德惠、榆树、东辽、九台为典型代表县（市、区）。该区为雨水较为调和的雨养农区，生态条件好、土壤肥力高、玉米生产水平高，是吉林省的玉米高产区。

**1. 品种选择**

选用生育期适宜、适合密植、高产优质、活秆成熟、综合抗性好、可充分利用当地光热资源、产量潜力高的玉米品种，如郑单 958、吉单 35、吉单 264、辽单 565、益丰 29、银河 32 等。

**2. 播前准备**

（1）选地及整地　该区地块多为黑钙土，土层深厚，土壤物理性状好，应选择耕层土壤有机质含量 2.2％以上、速效氮 125 毫克/千克左右、有效磷 28 毫克/千克左右、速效钾 120 毫克/千克的地块。

于上年秋季整地，使其达到可播种状态。一般前茬作物收获后及时灭茬施肥秋翻，做到根茬翻埋良好，耕深 20 厘米以上。

耕后及时耙、压，深施农家肥成垄，做到随打垄、随镇压，并注意保墒，以待播种。若整地质量好，可提高土壤墒情，为种子发芽创造良好的环境，促进种子早发芽、发齐苗。也可采取深松措施（深松 35～40 厘米），耙、耱、起垄、镇压，使土壤达到待播状态。

（2）肥料准备及施肥　要达到玉米亩产 800 千克的产量水平，需增施优质腐熟农家肥，每亩施鸡粪 2 米$^3$、纯氮 18 千克、五氧化二磷 8 千克、氧化钾 9 千克。此外，每亩需施 1 千克多元锌肥。将氮肥总量的 1/3、磷肥和钾肥总量的 3/4 及多元锌肥作为基肥随整地一起施入土壤。

（3）灭鼠　农区统一灭鼠。可于 5 月 10 日集中投药，选用 0.05％敌鼠毒饵，统一采用毒饵站投饵法。鼠密度在 10％以下的农田，每亩放置毒饵站 1 个；鼠密度在 10％以上的农田，每亩放置毒饵站 2 个，用铁丝将毒饵站固定于田埂或沟渠边，离地面 2～3 厘米。每个毒饵站投放毒饵 50～80 克。

（4）精选种子及种子处理　播前精选种子，确保无杂物，纯净率应在 98％以上；种子发芽势要强，发芽率 95％以上；种子粒度均匀一致，无破损，有利于机械播种，保证播种质量。

① 晒种。播前 3～5 天，选无风晴天将种子摊开在干燥向阳处晒 2～3 天，以增强种子活力。

② 等离子体种子处理。播前 5～12 天，采用等离子体种子处理机处理种子。

③ 种子包衣。播前采用 7.5％克·戊唑等种衣剂进行种子包衣，防治地下害虫及丝黑穗病。

**3. 精细播种**

（1）播种时期　做到适时早播，一般以 5 厘米地温稳定通过 8℃、4 月 20—30 日为宜。

（2）播种方式　采用等行距机械精量播种，做到种肥分离、播深一致、覆土均匀。磷钾肥总量的 1/4 作基肥，每亩施用磷酸二铵和硫酸钾各 4.5 千克。播种后及时镇压保墒，镇压后播深要达到

2.5～3.0 厘米。镇压采用铁制镇压轮镇压，镇压强度以人踩在垄台上刚见到脚印为宜。

（3）播种量 播种量因播种精度、种子发芽率及保苗密度的不同而不同，一般为 2～3 千克/亩。

**4. 田间管理**

（1）苗期管理

① 化学除草。玉米播后苗前，每亩可用 40% 莠去津胶悬剂 200 毫升+50% 乙草胺乳油 200 毫升，兑水 40 升，在土壤较湿润时进行地面喷雾。喷药时应倒着走均匀喷雾于土壤表面，切忌漏喷或重喷，以免药效不好或发生局部药害。注意不要在雨前或有风、低温天气喷药。

② 定苗。幼苗 4～5 叶期定苗。留大苗、壮苗、齐苗，不苛求等距，但要按单位面积的保苗密度留足苗。吉单 35 等半耐密型中晚熟品种每亩保苗 3 800 株左右，耐密型品种每亩保苗 4 000 株以上。

③ 深松。深松深度为 30 厘米以上，可建立土壤水库，有效改善土壤理化性状，促进根系下扎，提高土壤保水保肥能力，防止植株倒伏和早衰。

（2）穗期管理

① 追肥。大喇叭口期一次性追施，每亩施尿素 22 千克，垄侧撒施，随蹚地深埋，确保追肥深度 8～10 厘米。为确保肥料利用率，采取垄沟分段间隔深追方法，防止雨水过多造成肥料流失。

② 病虫害防治。大斑病与小斑病：发病初期用 50% 多菌灵 500 倍液进行喷雾，每隔 5 天喷 1 次，连喷 2～3 次。玉米螟：统一释放赤眼蜂，于 7 月上旬进行第 1 次放蜂（每亩 0.7 万头），5～7 天后进行第 2 次放蜂（每亩 0.8 万头），将螟虫消灭在孵化前。

（3）花粒期管理

① 玉米螟防治。玉米螟羽化盛期，用 50% 敌敌畏乳油浸泡的高粱秆 2～3 根/米$^3$ 熏杀羽化成虫。

② 促熟降水。开花期，喷洒 0.3%磷酸二氢钾＋2%尿素混合液（每亩 1.5 千克尿素＋250 克磷酸二氢钾，兑水 50 升）；成熟前站秆剥开果穗苞叶，以促进籽粒形成，提高抗逆性，提早成熟。

**5. 适时收获**

玉米籽粒乳线消失后适时收获，以使玉米籽粒充分成熟，降低籽粒含水量，增加百粒重，提高产量。一般于 10 月 5 日后收获。

## （四）辽宁省玉米亩产 800 千克高产创建技术规范

**1. 品种选择**

选用株型紧凑、耐密植、中熟、抗病、抗倒、耐旱、中大穗的优良品种，如郑单 958、辽单 565、京单 28 等；或选用植株高大、中晚熟、抗病性强、大穗型的高产品种如丹玉 39、辽单 526、东单 90 等。

**2. 播前准备**

（1）选地及整地　选择地势平坦、耕层深厚、土壤有机质含量 1.5%以上、速效氮 100 毫克/千克左右、有效磷 20 毫克/千克左右、速效钾 100 毫克/千克左右、排灌方便的地块。

秋季收获玉米后，在机械灭茬和部分秸秆粉碎还田的基础上，深耕（松）30～40 厘米，打破犁底层，平整土地（翻、耕、耙、耢），以增强土壤保水保肥能力，促进根系生长。

（2）肥料准备及施肥　根据玉米吸肥规律及土壤和肥料的特点科学施肥。播前施足基肥，基肥包括全部的有机肥、磷肥、钾肥以及部分氮肥。基肥每亩施优质有机肥 2 米$^3$，全部氮肥的 30%（约 5 千克，总施氮量为每亩 15～18 千克，折合尿素 33～39 千克）、五氧化二磷 10～12 千克（折合标准过磷酸钙 70～85 千克）、氧化钾 12～15 千克（折合硫酸钾 25～30 千克）。在此基础上，还要适施种肥。

（3）精选种子及种子处理　播前进行种子筛选，将大、中、小种子分开、进行分类播种，以使种子大小均匀、出苗整齐。最好直接购买信誉度较高企业生产的小包装精加工种子。

播前进行晒种、种子包衣或药剂拌种以增强种子活力，并防治丝黑穗病、瘤黑粉病等病害及地老虎、蝼蛄等地下害虫。如可用15%三唑酮可湿性粉剂以种子重量的0.5%拌种，或用12.5%烯唑醇（速保利）可湿性粉剂以种子重量的0.3%拌种，均对丝黑穗病有较好防效。另外，将70%五氯硝基苯做成含药量不超过0.7%的药土并盖在种子上，可有效预防青枯病。

**3. 精细播种**

（1）播种时期　早春温度较低，切忌早播，以减少弱苗、提高出苗整齐度、避免病虫害特别是地下害虫和丝黑穗病等土传病害。一般于5～10厘米地温稳定达到8℃以上时，即4月下旬至5月上旬进行播种。

（2）播种方式　采用等行距或宽窄行（宽行距80厘米与窄行距40厘米交替）机械精量播种。做到播深一致、下种均匀。一般每亩施磷酸二铵3～5千克或尿素5千克（约占总氮量的10%）作为种肥，注意种、肥隔离。播后及时镇压保墒。

（3）播种量　播种量主要取决于种植密度、每穴粒数和粒重等因素。紧凑耐密型品种如郑单958和辽单565的适宜种植密度为4 500～5 000株/亩；稀植大穗型品种如丹玉39和辽单526则以4 000～4 500株/亩为宜。播种量一般为3～4千克/亩。

**4. 田间管理**

（1）苗期管理

① 化学除草。播种后及时喷施化学除草剂，可选用40%乙阿合剂（每亩200～250毫升）、50%乙草胺（每亩70～80毫升，并加40%莠去津100毫升混用）或50%都阿合剂（每亩125～175毫升）。若播种后由于天气干旱而不适宜喷施除草剂，可在幼苗3～5叶期用都阿合剂（每亩100～200毫升）或烟嘧磺隆（玉农乐）每亩50～100毫升进行茎叶喷施。还可用55%硝磺草酮·莠去津（耕杰）悬浮剂每亩100～150毫升，兑水15～30升进行喷雾。施药关键时期为阔叶草2～4叶期、禾本科草1～3叶期。

② 间苗、定苗。幼苗3叶期间苗、5叶期定苗。定苗时要比适宜种植密度多留10%的苗，留大苗、壮苗，以提高保株保

穗率。

③ 攻秆肥。幼苗 5～7 片展开叶时，将全部氮肥的 20％左右深施进垄沟。

（2）穗期管理

① 攻穗肥。幼苗 13～15 片展开叶时，结合中耕或浇水施入全部氮肥的 30％左右。

② 病虫害防治。瘤黑粉病：在三唑酮拌种的基础上，于抽雄前 10 天左右喷施 50％福美双可湿性粉剂 500～800 倍液，能有效减轻黑粉病的再侵染。此外，喷施 1％的波尔多液也有一定的防治效果。大小斑病：发病初期，可用 50％多菌灵 500 倍液喷雾，每隔 5 天喷 1 次，连喷 2～3 次。灰斑病：发病初期，可用 75％百菌清、50％多菌灵、25％丙环唑或 50％甲基硫菌灵等药剂，每隔 7～10 天防治 1 次，连喷 2～3 次。

玉米螟：采取生物防治与化学防治相结合的策略。释放赤眼蜂是生物防治的有效措施之一，可在越冬代玉米螟化蛹率 20％时，后推 8 天进行第 1 次放蜂，间隔 5 天后进行第 2 次放蜂（每亩 1.5 万头，每亩 1 个放蜂点）。另外，还可利用化学药剂如穗期用 3％辛硫磷颗粒剂（每亩 250 克，拌细沙 5～6 千克，撒于植株心叶或叶腋处），授粉后用 80％敌敌畏（200 倍液，每株 3 毫升滴于顶部花丝内）或 50％辛硫磷（1 000 倍液喷雾）进行防治。

（3）花粒期管理

① 补施攻粒肥。为延长根系和叶片的生理活性，以防早衰、保粒数、增粒重，抽雄前后 15 天补施攻粒肥，施用量不超过全部氮肥的 10％。

② 及时补水。抽雄吐丝期是辽宁省玉米的第 2 个需水关键期，此阶段为玉米开花、授粉及籽粒形成的关键时期。因此，应及时补水以满足需要。

**5. 适时收获**

坚持 10 月 5 日以后收获，以保障玉米籽粒充分成熟，降低籽粒含水率，增加百粒重，提高产量。

## （五）内蒙古自治区玉米亩产 1 000 千克高产创建技术规范

### 1. 品种选择

选用适应性强、高产、多抗、耐密植的紧凑型优良杂交种，如内单 314、金山 27、先玉 335、浚单 20、郑单 958 等。

### 2. 播前准备

（1）选地及整地　选择土壤肥力中等以上、有机质含量 1%～2%、速效氮 80～120 毫克/千克、有效磷 10～16 毫克/千克、速效钾 120～190 毫克/千克、有效锌 0.6～0.8 毫克/千克、地势平坦、土层深厚（50 厘米以上）、熟土层 20～30 厘米、保水保肥性能较好、井渠配套、可保证玉米生育期间灌溉需求的地块。

（2）整地及施肥　秋收后即时灭茬，每亩施优质有机肥 2 000 千克以上，深耕 20～30 厘米，将根茬、有机肥翻入土壤下层，耕翻后及时耙碎坷垃，修成畦田，平整土地，并达到埂直、地平的目的。11 月下旬土壤封冻时进行冬灌，每亩灌水 80～100 米$^3$。

播前精细整地，一般于 3 月上中旬土壤昼化夜冻的顶凌期耙地、耱（耢）地，使耕层土壤含水量保持在田间持水量的 70% 以上，使耕层上虚下实，为适期早播、提高播种质量创造良好的土壤条件。结合播前整地或结合播种每亩深施磷酸二铵 18～23 千克、硫酸钾 5～8 千克、尿素 5 千克、硫酸锌 0.5～1.0 千克。

（3）精选种子及种子处理　精选种子，确保种子纯度≥96%、净度≥98%、发芽率≥95%。播前晒种 2～3 天，种子精选后机械或人工进行种子包衣。

### 3. 精细播种

（1）播种时期　4 月 20 日至 5 月 1 日，5～10 厘米土层温度稳定通过 8～10 ℃、耕层土壤含水量在田间持水量的 70% 左右时进行播种。

（2）播种方式　宽窄行种植，宽行 67～70 厘米，窄行 33～30 厘米，株距 29～30 厘米。机械精量点播，播深 5～6 厘米，播后及时覆土镇压，使土、种密切接触，确保苗全。种肥若结合播种施用，则应随播种机深施于种子下方或种子旁侧 5～6 厘米处，与种子分层隔开，以防烧苗。

### 4. 田间管理

（1）苗期管理

① 适时查苗、补苗、间苗、定苗。玉米出苗一周内，若缺苗，可催芽补种或进行移栽，以确保每亩株数。幼苗 3～4 片叶展开时，结合浅中耕间苗，去除弱苗、杂苗，留匀苗、壮苗；5～6 片叶展开时，结合深中耕定苗。若缺苗，可就近或邻行留双苗。一般每亩保苗 4 500 株以上。

② 防治地下害虫。苗期若发生地老虎、蝼蛄危害，每亩可用 90%敌百虫晶体 0.5 千克兑水 2.5～5.0 升，拌入 50 千克秕谷或麦麸制成毒谷；或用 1 千克辛硫磷兑水 5～10 升，拌入 300 千克细土制成毒土，于傍晚撒在苗周围进行防治。

（2）穗期管理

① 去除分蘖。6 月中旬玉米拔节后陆续长出分蘖，为减少养分消耗，应将其及时去除。

② 巧施拔节肥、孕穗肥。幼苗 6～7 片叶展开（6 月 15—20 日）时开始拔节，为保证植株健壮生长和雌雄穗顺利分化，要追施拔节肥。每亩可追施尿素 10～15 千克，施肥后覆土并及时浇拔节水。当 12～13 片叶展开时（7 月 10 日前后），雄穗进入小花分化期（即大喇叭口期），为促进中部以上叶片扩大并延长功能期、提高雌穗分化强度、争取穗大粒多，要重施孕穗肥。每亩可追施尿素 20～25 千克，覆土后浇孕穗水。

③ 喷施生长调节剂，防倒增粒。进入大喇叭口期，每亩可用玉米健壮素 30 毫升兑水 15～20 升，于 15～16 片叶展开时（7 月中旬）均匀喷于上部叶片，可矮化植株，防倒、增粒，提高粒重和产量。玉米健壮素不能与碱性农药或化肥混用。

④ 防治害虫。6 月 20 日前后第 2 代黏虫发生危害时（平均每百株 150 头黏虫），每亩可用 50%灭幼脲 40 毫升兑水 30～50 升进行喷雾，消灭 3 龄前幼虫。7 月上中旬玉米螟发生危害时，每亩可用 3%杀螟灵颗粒剂 1 千克（0.2 克/株）灌心叶；或于玉米心叶末

期，花叶率达到 10％时，每亩用 1‰甲氨基阿菌素苯甲酸盐乳油 12 毫升与 10 千克细沙拌成毒土，撒入玉米心叶丛最上面 4～5 片叶内。

（3）花粒期管理

① 看长相补施攻粒肥。吐丝期，若发现叶片淡绿，有脱肥现象，应立即补施攻粒肥，每亩可用尿素 5 千克左右，并及时浇水，以维持中上部叶片功能，促进籽粒形成和灌浆饱满。

② 隔行去雄或人工辅助授粉。抽雄始期及时隔行去雄，以增加果穗长度和穗粒重。或散粉盛期于 9:00—11:00 隔日人工辅助授粉 2～3 次，以增加穗粒数、减少秃尖。

③ 视土壤墒情浇好抽穗水、灌浆水。抽雄期、灌浆期是玉米一生中的重要需水时期。若土壤墒情不好，应按每亩 60～70 米$^3$ 灌水定额浇抽穗水，以促进授粉结实和籽粒形成。8 月中下旬，若土壤含水量低于田间持水量的 70％，按每亩 50～60 米$^3$ 的灌水定额浇灌浆水，以促进籽粒灌浆、增加粒重、提高产量。

④ 根外追肥，防衰保叶。雄穗散粉后，每亩用 1 千克尿素和 0.15 千克磷酸二氢钾，兑水 40 升，选无雨天下午进行叶面喷洒，以防叶早衰、增加粒重。

⑤ 防治病虫害。8 月下旬，当第 2 代玉米螟或第 3 代黏虫发生危害时，于每雄穗顶端喷洒 50％敌敌畏 800 倍液进行防治，可同时预防金龟甲成虫危害。若有黑穗病植株，应及时将病株拔除，并于田外深埋。

**5. 适时收获**

玉米籽粒乳线消失时已达到生理成熟，应适时收获。

### （六）陕西省春玉米亩产 800 千克高产创建技术规范

本技术规范适用于陕北长城沿线风沙区、陕北丘陵沟壑区和渭北旱塬的春玉米大面积亩产 800 千克高产创建。

**1. 品种选择**

选用中熟（春播 115～125 天）、高产、抗病、耐旱、抗倒伏的杂交种，如登海 9 号、沈单 16、三北 6 号、郑单 958 和榆单 9 号等。

**2. 播前准备**

（1）选地及整地　选择 5—9 月 ≥10 ℃ 年活动积温 2 700 ℃ 以上，土壤 pH 6.5～7.0，有机质含量 1.5％ 以上，速效氮 0.05％ 以上，五氧化二磷 20 毫克/千克以上，氧化钾 120 毫克/千克以上，耕层深度 20 厘米以上，保水保肥，排水条件较好的中上等肥力地块。

耕地前，每亩用 50％ 辛硫磷乳剂 0.1 千克，拌炒熟的麸皮或谷子 2～3 千克制成诱饵并均匀撒于地表，结合耕地深翻入土壤。在清除前茬作物根茬和地膜的基础上，根据墒情（土壤墒情不足时要灌底墒水），合墒翻耕（深度以 20～30 厘米为宜），耕后及时耙耱。

（2）施肥　按照有机肥、磷肥、钾肥、锌肥和硼肥作为基肥一次深施，氮肥分期施用的原则施肥。一般每亩施有机肥 3 000～5 000 千克，尿素 5～6 千克，磷酸二铵 22～26 千克，硫酸钾 15～20 千克，锌肥、硼肥各 1 千克，混匀后在耕地时撒施于地表，深翻入土壤。

（3）精选种子及种子处理　所选种子应色泽光亮，具有本品种固有颜色，籽粒饱满，大小一致，无虫损，符合《粮食作物种子 第 1 部分：禾谷类》（GB 4404.1—2008）二级良种以上要求（纯度 ≥97％，净度 ≥99％，发芽率 ≥85％，含水率 ≤13％），挑出小粒、秕粒、破碎粒和霉粒。

① 晒种。精选种子后，于播前 15 天进行发芽率检验。播前 3～5 天，选无风晴天，将种子摊开在干燥向阳处晒 2～3 天。

② 种子包衣。根据各地病虫害发生情况，针对不同防治对象选用通过国家审定登记并符合环保标准的种衣剂进行种子包衣以防治各种地下害虫及病害。禁止使用含有甲拌磷等杀虫剂的种衣剂，应选择高效低毒无公害的玉米种衣剂，如用 5.4％ 吡·戊玉米种衣剂进行包衣可有效防治苗期灰飞虱、蚜虫、粗缩病、丝黑穗病和纹枯病等。或采用药剂拌种，如用戊唑醇、福美双、三唑酮等药剂拌种可减少玉米丝黑穗病发生，用辛硫磷等药剂拌种可防治地老虎、

金针虫、蝼蛄、蛴螬等地下害虫。

（4）地膜选择　最好选用幅宽 80 厘米、厚度 0.007 毫米的微膜或线性膜，适合小行距 40～50 厘米宽的垄面。

### 3. 精细播种

（1）播种时期　5～10 厘米地温稳定通过 10 ℃时即可播种。若采用地膜覆盖栽培，播种时间可比露地种植提早 7～10 天，以 4 月下旬为宜，争取 4 月 30 日左右播种完毕。

（2）播种方式　采用地膜覆盖栽培。覆膜前进行化学除草，每亩垄面用乙草胺或玉农思（丁·异·莠去津）或宣化乙阿或莠去津 100 克，兑水 100 升均匀喷于垄面。

覆膜方式一般分先播种后盖膜和先盖膜后播种两种。先播种后盖膜方式适用于机械化水平高、土壤墒情较好的地块，出苗后要及时破膜放苗。先盖膜后播种方式多在土壤墒情不好或播前遇雨时采用，一般采用打孔播种，播后用湿土将膜孔盖严压实。盖膜时应将膜拖展，紧贴地面铺平，四周用土压严盖实，每隔 5～7 米或更长距离（视风力大小）压一道腰土，以防风鼓膜。

根据"密度适宜、用膜较少、管理方便"的原则配置合理株行距。通常采用宽窄行或大小垄种植，垄沟种植比平播地块墒好，出苗早且整齐，具有明显增温、保墒、防倒、增产的效果。根据垄宽和垄沟宽划线抢墒起垄，一般垄高 8～10 厘米。若采用大小行播种，一般小行 40 厘米、大行 60 厘米。

### 4. 田间管理

（1）苗期管理

① 查田护膜。播种后经常到田间检查，若发现膜损要及时用土封住破处。盖膜地块应及时破孔放苗，机播地块放苗时应根据留苗密度所需要的株距打孔，放苗孔越小越好，每孔放出 1～2 株健壮苗，放苗后用土将苗孔封严。放苗时间应避开风天和中午大热天。先盖膜后播种的地块，出苗后要将苗孔封严。

② 及时间苗、定苗。幼苗 3～4 叶期间苗，5～6 叶期按留苗密度定苗。除去弱苗、小苗、病苗，每孔留 1 株健壮苗。若发现缺

株，可在相邻孔中留双株来补缺，其效果要好于移栽或补种。留苗密度一般为 4 500～5 000 株/亩。

③ 除草与去蘖。定苗后，中耕垄沟，松土保墒，清除杂草。幼苗产生分蘖时，应及时彻底去掉。

（2）穗期管理

① 追施拔节肥和穗肥。拔节期和大喇叭口期分别追施氮肥总量的 20% 和 40%。拔节期（7 叶展开）每亩施尿素 9.0 千克，大喇叭口期（13 叶展开）每亩施尿素 17.5 千克。

② 防治害虫。防治玉米螟可在大喇叭口期用 1.5% 的辛硫磷颗粒剂（每亩 1.5 千克）灌心，或于玉米心叶末期花叶率达到 10% 时，每亩用 1% 甲氨基阿菌素苯甲酸盐乳油 12 毫升加 10 千克细沙拌成毒土，撒入玉米心叶丛最上面的 4～5 片叶内；防治黏虫用菊酯类农药；防治红蜘蛛可用阿维·哒螨灵 2 000～3 000 倍液进行喷雾。

③ 灌水。浇好抽雄水，抽雄开花期要求土壤相对含水量不低于 80%，否则就应灌水。

（3）花粒期管理

① 追肥。灌浆期（吐丝后 10 天左右），随水补施氮肥总量的 10%（每亩施碳酸氢铵 20 千克）。

② 灌水。要求饱灌升浆水。升浆成熟期要求土壤相对含水量不低于 75%，否则就应灌水。

**5. 适时收获**

果穗苞叶变黄、籽粒变硬、乳线消失至 2/3 处时可适时收获。

**（七）甘肃省旱地春玉米亩产 700 千克高产创建技术规范**

**1. 品种选择**

低海拔、热量条件较好区域，宜选用中晚熟品种，如沈单 16、豫玉 22、富农 1 号、金凯 2 号、金穗 8 号、郑单 958、武科 2 号、酒试 20；高海拔区宜选用早熟品种，如酒单 4 号、金穗 3 号。

**2. 播前准备**

（1）选地及整地　选择地势平坦、土层深厚、土质疏松、肥力中上、土壤理化性状良好、保水保肥能力强、坡度 15°以下的地块，不宜选择陡坡地、石砾地、重盐碱地等瘠薄地。

前茬作物收获后及时深耕灭茬，耕深达到 25～30 厘米，耕后及时耙耱。秋季整地质量好地块，春季尽量不耕翻，可直接起垄覆膜；秋季整地质量较差地块，覆膜前要浅耕，平整地表。有条件的地区可采用旋耕机进行旋耕，做到地面平整、无根茬、无坷垃。

（2）施肥　应加大施肥量。一般亩施优质腐熟农家肥 3 000～5 000 千克（若计划 1 膜 2 年用，第 1 年农家肥施用量应增加到每亩 7 000 千克以上），起垄前均匀撒在地表。每亩施尿素 25～30 千克、过磷酸钙 50～70 千克、硫酸钾 15～20 千克、硫酸锌 2～3 千克，划行后将化肥混合均匀撒在小垄的垄带内。

（3）起垄覆膜

① 覆膜时间。秋季覆膜：前茬作物收获后，及时深耕耙地，于 10 月中下旬起垄覆膜。加强冬季地膜管理，可用秸秆覆盖护膜。顶凌覆膜：3 月上中旬，于土壤消冻 15 厘米时起垄覆膜。最好选择秋季覆膜，做不到秋季覆膜的则必须顶凌覆膜。

② 覆膜方法。划行：每幅垄分为大小两垄，幅宽 110 厘米。用划行器（大行齿距 70 厘米、小行齿距 40 厘米）一次划完一幅垄。划行时，首先在距地边 35 厘米处划一边线，然后沿边线按照一小垄一大垄的顺序划完全田。

起垄：川台地按作物种植走向开沟起垄，缓坡地则沿等高线开沟起垄。大垄宽 70 厘米、高 10 厘米，小垄宽 40 厘米、高 15 厘米。使用起垄机沿小垄划线开沟起垄；若用步犁开沟起垄，则沿小垄划线来回向中间翻耕起小垄，将起垄时的犁臂落土耙刮至大垄中间形成垄面，用整形器整理垄面，使垄面隆起，防止凹陷而不利于集雨。要求起垄覆膜连续作业，以防止土壤水分散失。

土壤消毒：地下害虫危害严重地块，起垄后每亩用 40％辛硫磷乳油 500 毫升加细沙土 30 千克拌成毒土撒施，或兑水 50 升进行喷雾。

杂草危害严重地块，起垄后用 50％乙草胺乳油 100 毫升兑水

50 升进行全地面喷施，喷完后及时覆膜。

覆膜：选用厚 0.008～0.010 毫米、宽 120 厘米的地膜。沿边线开浅沟（深度为 5 厘米），将地膜展开后，将靠边线的一侧在浅沟内用土压实；另一侧在大垄中间，沿地膜每隔 1 米左右用铁锹从膜边下取土原地固定，并每隔 2～3 米横压土腰带。覆完第 1 幅膜后，将第 2 幅膜的一侧与第 1 幅膜在大垄中间相接，膜与膜不重叠，从下一大垄垄侧取土压实，依次铺完全田。覆膜时，要将地膜拉展铺平，从垄面取土后，应随即整平。有条件的地方可直接选用起垄覆膜机直接起垄覆膜。

③ 覆膜后管理。盖膜后一周左右，地膜与地面贴紧时，在沟中间每隔 50 厘米打一直径为 3 毫米的渗水孔，以便于垄沟的集雨入渗。田间覆膜后，严禁牲畜入地践踏造成地膜破损。要经常沿垄沟逐行检查，一旦发现破损，要及时用土盖严，防止大风揭膜。

（4）种子处理　要求使用包衣种子。防治地下害虫，可用 50％辛硫磷乳油按种子重量的 0.1％～0.2％拌种。防治瘤黑粉病等病害，可用 20％三唑酮粉剂或 70％甲基硫菌灵乳油 150～200 毫升兑水 1.5～2.5 升，拌种 50 千克。

**3. 精细播种**

（1）播种时期　气温稳定通过 10 ℃时为适宜播期，各地可结合当地气候特点确定具体的播种时间，一般为 4 月中旬。

（2）播种方式　用玉米点播器按规定株距将种子破膜穴播在沟内，每穴下籽 2 粒，播深 3～5 厘米。点播后随即踩压播种孔，使种子与土壤紧密结合，或用细沙土、农家肥等疏松物封严播种孔。

（3）合理密植　年降水量 300～350 毫米的地区，以每亩 3 000～3 500 株为宜，株距 35～40 厘米；年降水量 350～450 毫米的地区，以每亩 3 500～4 000 株为宜，株距 30～35 厘米；年降水量 450 毫米以上的地区，以每亩 4 000～4 500 株为宜，株距 27～30 厘米。肥力较高、墒情好的地块可适当增加种植密度。

**4. 田间管理**

（1）苗期管理

① 破土引苗。若春旱时遇雨，播后覆土容易造成土壤板结，从而导致幼苗出土困难。因此，建议播后出苗时破土引苗，不提倡沟内覆土。

② 查苗、补苗。出苗后及时查苗，若发现缺苗断垄则要及时移栽。在缺苗处补苗后，浇少量水，并用细湿土封住孔眼。

③ 定苗。幼苗长至4～5片叶时即可定苗。每穴留1株，除去病苗、弱苗、杂苗，保留生长整齐一致的壮苗。

④ 打杈。全膜玉米生长旺盛，常常产生大量分蘖（杈），定苗后至拔节期要勤查勤看，及时将分蘖彻底从基部掰掉，并注意防治玉米顶腐病、白化苗及虫害。

（2）穗期管理

① 追施壮秆肥、攻穗肥。大喇叭口期，每亩施尿素15～20千克，可用玉米点播器从2株中间打孔施肥，或将肥料溶解在150～200千克水中，在两株间打孔浇灌50毫升左右。

② 病虫害防治。注意防治玉米顶腐病、瘤黑粉病、玉米螟等病虫害。

（3）花粒期管理

① 补施粒肥。肥力高的地块一般不追肥，以防贪青。但若植株出现发黄等缺肥症状，则应及时追施增粒肥，一般每亩追施尿素5千克。

② 虫害防治。及时防治红蜘蛛、黏虫、玉米螟等虫害。

**5. 适时收获**

果穗苞叶变黄、籽粒乳线消失、籽粒变硬有光泽时收获。果穗收获后搭架或晾晒，防止淋雨受潮导致籽粒霉变，待籽粒含水量降至13％以下后脱粒贮藏或销售。收获果穗后，将秸秆及时收获青贮。如果是1膜2年用，可将秸秆砍倒后放在地膜上保护地膜，不采用1膜2年用的地块可在秸秆收获后将地膜留在地里，保蓄土壤水分，第2年不揭膜，播种玉米或马铃薯，或在第2年土壤消冻后顶凌覆膜时，撤膜、整地、施肥、起垄、覆膜。注意残旧地膜的回收。

## （八）甘肃省灌溉区春玉米亩产1000千克高产创建技术规范

### 1. 品种选择

选用熟期适宜、高产、优质、抗逆性强的优良玉米品种，如武科 2 号、金穗 4 号、豫玉 22、沈单 16、甘鑫 128 等。

### 2. 播前准备

（1）选地　选择土层深厚、土壤疏松通气、渗水保水性能好、有机质含量高、肥力均匀的中上等肥力地块。选择前茬作物为小麦、马铃薯、油菜、瓜菜等作物的地块。

前茬作物收获后，及时深耕晒垡、蓄水。播前及时打碎地表土块，耙耱平整地表，为玉米生长创造深、松、细、平、肥、润的良好土壤环境。

（2）精选种子及种子处理　播前精选种子，确保种子纯度≥98％、发芽率≥95％、发芽势强、籽粒饱满均匀、无破损粒和病粒。

播前进行晒种、种子包衣或药剂拌种，以防治丝黑穗病、瘤黑粉病及地老虎等地下害虫。

（3）地膜覆盖　选用厚度为 0.008 毫米、宽 140 厘米的地膜平铺，膜与膜间距为 15 厘米。

### 3. 精细播种

5～10 厘米地温稳定通过 10 ℃时（即 4 月上中旬）播种。等行距穴播种植，播深一致、下种均匀。一般 1.4 米幅宽地膜种 3 行或 4 行。可先播种后覆膜，也可覆膜后破膜播种。播后及时封口保墒、保温。根据品种特性、留苗密度及种子质量等因素综合确定适宜播种量，一般 3～4 千克/亩。

### 4. 合理密植

及时放苗、定苗。结合间苗、定苗去除病株。幼苗 5～6 片叶时定苗，留大苗、壮苗。半紧凑、大穗型品种的适宜留苗密度为 4 500 株/亩，紧凑、耐密型品种为 5 500～6 000 株/亩。

**5. 科学施肥**

（1）施肥原则　坚持因需施肥、有机无机配施、多元素肥料配施、合理施用的施肥原则。增施有机肥，重施基肥，减少拔节肥，重施穗肥，增施花粒肥。

（2）施肥量　施足基肥，合理追肥。一般亩施优质农家肥5 000～6 000 千克、纯氮 28～31 千克、五氧化二磷 11～13 千克、氧化钾 4～6 千克、硫酸锌 2.5 千克。

（3）施肥时期　分基肥、拔节肥、穗肥和花粒肥。基肥：结合深耕将全部有机肥、磷肥、钾肥及 30％的氮肥施入土壤中。追肥以氮肥为主，分别在拔节期、大喇叭口期和籽粒灌浆初期追施。结合灌水追施氮肥 3 次，追肥以前轻、中重、后补足为原则。头水每亩追施尿素 15 千克，大喇叭口期和抽雄期每亩分别追施尿素 25 千克、5 千克。

（4）叶面喷肥　对于出现缺锌症状的地块，苗期及时喷施0.2％的硫酸锌液肥。大喇叭口期，每亩用磷酸二氢钾 150 克或多元微肥 100 克，兑水 50～60 升进行叶面喷洒，以防止后期脱肥早衰，提高粒重。

**6. 科学灌溉**

前期蹲苗促进根系生长，一般在 6 月 20 日前后灌头水。全生育期灌水 5～6 次，灌水定额为每亩 300～350 米$^3$，分别在拔节期、大喇叭口期、抽雄前、吐丝后、乳熟期 5 个时期进行灌溉。

**7. 病虫害防治**

（1）杂草防治　可用 50％乙草胺乳油 100～150 毫升在覆膜前进行土壤处理，或用 25％宝成（玉嘧磺隆）干悬浮剂 6～8 克于杂草 3 叶 1 心期进行叶面喷雾，喷药时应均匀喷雾，切忌漏喷或重喷。另外，注意不要在高湿低温天气喷药，以免产生药害。

（2）病害防治

① 丝黑穗病。播前，按药种比 1∶（40～60）进行种衣剂包衣，或用 2％戊唑醇湿拌种剂每 10 千克种子用药 30 克进行拌种，堆闷24 小时，或用 50％多菌灵按种子重量的 0.7％进行拌种。

②瘤黑粉病。抽雄前 10 天，用 12.5％烯唑醇可湿性粉剂 2 500～3 000 倍液进行喷施，可有效减轻黑粉病的再侵染。

（3）虫害防治　采取生物防治和化学防治相结合的方法。成株期，根据病虫害发生情况及时防治。

①玉米螟、棉铃虫。每亩用 30％高渗杀螟硫磷乳油 90～120 毫升、1.8％阿维菌素乳油 150 毫升，兑水 75 升，叶片喷雾防治。

②蚜虫。可用 10％吡虫啉 WP2 000 倍液进行喷雾防治。

③红蜘蛛。严重地块，可用 24％螨危（螺螨酯）悬浮剂 4 000～6 000 倍液或 73％炔螨特乳油 2 000 倍液、1.8％阿维菌素 5 000～6 000 倍液进行喷雾防治，并加强早春预防。

**8. 适时收获**

为使玉米籽粒充分成熟，降低籽粒含水率，增加百粒重，提高产量，可适当推迟收获期，一般推迟到 10 月 5—10 日收获最佳。

## （九）宁夏引黄灌区春玉米亩产 1 000 千克高产创建技术规范

**1. 品种选择**

选用中高秆、低穗位、耐密、抗倒的高产玉米品种，如先玉 335、郑单 958、正大 12、沈玉 21、LB-15 等。

**2. 播前准备**

（1）选地　选择 4—9 月≥10 ℃年活动积温 2 900 ℃以上，土质为灌淤土、灰钙土（沙壤土）、黑垆土等，土壤 pH 7.0～7.5，有机质含量 1.3％以上，全盐含量 0.15％以上，碱解氮 50 毫克/千克以上，五氧化二磷 15 毫克/千克以上，氧化钾 200 毫克/千克以上，耕层深度 20 厘米以上，灌排水条件较好的中上等肥力地块。

（2）整地及施肥　秋季前茬作物收获后及早平田整地，及时灭茬、清除杂草、施肥秋翻。耕地深度不低于 20 厘米，并结合秋耕施入腐熟农家肥和磷肥。入冬前冬水要灌足、灌透。春季待土壤化冻 15 厘米左右时（3 月上旬）进行耙、耱。一般耙地 3～5 厘米，不宜过深，耙后及时覆耱，以确保足墒播种。

进行测土配方施肥，并要做到适量施肥、适位施肥、适期施肥。上年秋季结合耕地施入腐熟农家肥 1～2 米³、五氧化二磷 5 千克、氧化钾 5 千克。农家肥和磷肥尽可能深施于地表 20 厘米以下的犁底层。

（3）精选种子及种子处理　选择籽粒饱满均匀一致的种子，要求种子纯度≥98％、发芽率≥90％、净度≥98％、含水量≤13％。根据各地病虫害发生情况，有针对性地选择高效低毒的玉米种衣剂进行种子包衣。

**3. 精细播种**

（1）播种时期　土壤表层 5～10 厘米地温稳定在 12 ℃以上时播种。最佳播期为 4 月 15—25 日。

（2）播种方式　采用宽窄行种植，窄行 30～40 厘米、宽行 70～80 厘米，株距 22～30 厘米。宽、窄行可根据机械配置、作业及田间管理要求适当调整。机械播种时播深 5～7 厘米，将种子播到湿土上。沙壤土可适当深播，灌淤土可适当浅播，干旱、半干旱补充灌溉地区可采用深播种浅覆土方法确保种子紧贴湿土。若采用精量机械点播，播后要及时镇压提墒，确保一次全苗。若人工播种，则要落籽均匀、深浅一致，播后要将种子踩实，然后覆土再镇压。播种时每亩施纯氮 3～5 千克、五氧化二磷 2.5 千克作种肥，机械播种时种、肥分层或肥料侧播。人工穴播可于播种前 7 天左右先将肥料播入土壤。严禁将氮肥与种子混合播种，务必做到种、肥分离。

（3）合理密植　根据品种耐密性、种子大小等确定适宜播种量，一般 3 千克/亩左右。视品种的耐密性、地力水平等确定适宜种植密度，先玉 335、正大 12、DK656、辽单 565 等品种的适宜密度为 5 500～6 000 株/亩，郑单 958、沈玉 21 的适宜密度为 6 000～6 500 株/亩。

**4. 田间管理**

（1）苗期管理

① 防治地老虎。出苗期—拔节前（4～7 叶期），用辛硫磷拌撒毒土，间隔 5～7 天进行第 2 次喷药。

② 间苗、定苗。幼苗 3～4 叶期间苗，5～6 叶期定苗。缺穴留双株，留长势整齐一致的苗。

③ 中耕除草。中耕除草 2～3 次，间苗、定苗时浅中耕，定苗后深中耕。苗期严防淹水，适当干旱有利于根系发育。大面积生产中苗期除草可选用莠去津类乳油、丙·莠·滴丁酯悬浮剂等玉米田间除草剂于幼苗 2～6 片叶时进行喷雾，清除田间杂草。

（2）穗期管理

① 追肥。拔节期—大喇叭口期进行追肥，坚持磷肥深施、前氮后移、适当补钾，沙壤土"少量多餐"分次追肥的原则。6 月中旬灌头水前，结合深中耕每亩追施纯氮 10 千克左右、五氧化二磷 5.0～7.5 千克，在宽行玉米植株两侧机械深中耕追肥，尽可能将肥料深施于地表 20 厘米以下。

② 病虫害防治。瘤黑粉病：主要在拔节期后（6 月中旬后）发生，早期可摘除病瘤深埋。播前用 50％福美双可湿性粉剂或 50％克菌丹可湿性粉剂或 12.5％烯唑醇（速保利）可湿性粉剂按种子重量的 0.2％进行拌种。适期灌水，确保田间湿度合理。

玉米螟：大喇叭口始期（6 月中旬后），每亩将 1.5％辛硫磷颗粒剂 1～2 千克或 0.3％辛硫磷颗粒剂约 10 千克施入喇叭口。抽雄前后，用 2.5％溴氰菊酯（敌杀死）乳油 400～500 倍液，或 50％敌敌畏乳油 1 000 倍液进行喷雾防治。同时还可防治玉米蚜、叶螨、黏虫等。

（3）花粒期管理

① 追肥。7 月中旬即抽雄期—吐丝期，结合灌第 2 水追施粒肥，每亩追施纯氮 5.0～7.5 千克。8 月上中旬即灌浆中期，结合灌第 3 水每亩追施纯氮 3～5 千克。可随灌水补施碳酸氢铵类肥料，将碳酸氢铵整袋放在渠口，使其随灌水逐渐融化后进入田间。

② 灌水。除拔节期、吐丝期、灌浆初中期结合追肥灌水外，灌浆中后期的 8 月底至 9 月初要根据降雨和田间湿度等具体情况及时灌水（第 4 水），确保水分供应。

③ 病虫害防治。红蜘蛛：灌浆初、中期（7—8月），于叶片背面喷洒1.8%阿维菌素乳油（虫螨克星）4 000～5 000倍液或15%哒螨灵等。严重地块可隔7～10天防治1次，并间隔换药。

大斑病、小斑病：抽雄始期（7月中下旬），用50%多菌灵可湿性粉剂500倍液或65%代森锰锌可湿性粉剂500倍液等药剂，每隔7～10天喷洒1次，连喷2～3次。

霜霉病：加强田间栽培管理，苗期严格控制浇水量，防止大水漫灌，及时排除田间积水，降低土壤湿度。避免田间积水或低洼潮湿。注意轮作倒茬。

**5. 适时收获**

一般于9月底至10月初收获。适期收获标准为果穗苞叶变枯松、籽粒乳线消失、胚部变硬。

## （十）宁夏南部山区地膜春玉米亩产700千克高产创建技术规范

**1. 品种选择**

选用高产、优质、抗逆性强的优良玉米品种，如长城706、中单5485、登海1号等。

**2. 播前准备**

（1）选地及整地　选择海拔1 800米以下、4—9月≥10 ℃年活动积温2 300 ℃以上、热量条件较好的区域种植。选择地势平坦、土层深厚、肥力中上、最好有补充灌溉条件的地块。

秋季，结合深施肥深耕翻晒灭茬，耕地深度不低于20厘米，做到地表平整、无根茬、无坷垃。采用秋覆膜田块，可直接在垄带内一次性完成施肥、深耕、起垄。

（2）施肥　秋覆膜施肥：起垄前将农家肥和化肥均匀撒在垄带区域地表，亩施腐熟农家肥2 000千克左右、纯氮5千克、五氧化二磷5千克、氧化钾5千克，通过深耕地将肥料集中翻入垄床底部20厘米左右处，然后在施肥区域起垄覆膜。

春覆膜施肥：将农家肥于秋季耕地前撒施于地表，通过耕地翻入地下20厘米左右处，化肥于翌年春季起垄前撒施于地表，通过起垄翻入地下。

（3）起垄覆膜

① 选膜。选用厚度为 0.008～0.010 毫米、宽 80～90 厘米的地膜。

② 起垄。按照地膜宽度起垄。利用起垄机或人工起垄，垄宽 60 厘米左右，垄高 5～10 厘米，沟宽 40 厘米。起垄不宜过高，以便充分纳雨蓄墒。

③ 覆膜。秋覆膜：秋末（10 月中下旬），结合深耕、施肥、起垄覆膜，等待翌年春季播种。春覆膜：早春 3 月中下旬，土壤解冻 15 厘米时起垄覆膜，施肥、起垄、覆膜要连续作业，严防跑墒。注意地膜边角要绷紧压实，每隔 3～5 米横压土腰带，防止冬春季节大风将膜刮开。

（4）精选种子及种子处理　选择籽粒饱满均匀一致的种子，要求种子纯度≥98%、发芽率≥90%、净度≥98%、含水量≤13%。根据各地病虫害发生情况，有针对性地选择高效低毒的玉米种衣剂进行种子包衣。

**3. 精细播种**

（1）播种时期　气温稳定通过 10 ℃时播种，适宜播期为 4 月下旬。

（2）播种方式　于地膜两侧 3～5 厘米处，用玉米点播器刺入地膜将种子穴播在地下 5 厘米左右处，每穴 2 粒。播后踩压播种孔，使种子与湿土层紧密贴合。严禁将氮肥与种子混合播种。

宁南山区十年九春旱，若遇严重春旱，地表干土层过厚，为不误农时，可采用坐水播种，即用点播器播种同时浇水、点种、覆土。

（3）合理密植　膜上种 2 行玉米，行距为 50～60 厘米，露地走道间行距 40～60 厘米。海拔较低、光热资源丰富、土壤肥力水平较高、有补充灌溉条件的地区种植密度为 4 000～4 500 株/亩，株距 30 厘米左右。地力较差、海拔较高，半冷凉雨养农区种植密度为 3 500～4 000 株/亩，株距为 30～35 厘米。

### 4. 田间管理

（1）苗期管理

① 放苗。播种后压实产生的小空间避免幼苗出土后因与地膜直接接触而造成烧苗。经过几天的炼苗，等气温稳定后再将苗放出来。放苗后及时用土将幼苗基部薄膜压实，既能严防漏气、跑墒，又能抑制杂草生长。

② 定苗。幼苗 4～5 片叶时，及早间苗、定苗。定苗应拔弱留壮，每穴 1 株，按密度要求定苗，缺穴时则邻穴留双株，保留整齐一致的壮苗。

③ 去蘖。地膜玉米生长旺盛，易产生分蘖（杈），消耗养分和水分，生产中应在拔节期前将其及时彻底去除（打杈）。

（2）穗期管理

① 追施穗肥。拔节期—大喇叭口期，用玉米点播器从 2 株中间打孔施肥，每亩追施纯氮 7.5～10.0 千克、五氧化二磷 5 千克，尽可能将肥料深施于地表 20 厘米以下。

② 灌溉。大喇叭口期，有灌溉条件的川水地追肥后应及时补充灌水。

③ 病虫害防治。瘤黑粉病：主要在拔节期后发生。早期可摘除病瘤深埋，也可于播前用 50％福美双可湿性粉剂或 50％克菌丹可湿性粉剂或 12.5％烯唑醇可湿性粉剂（速保利）按种子重量的 0.2％拌种。

玉米螟：大喇叭口始期，每亩将 1.5％辛硫磷颗粒剂 1～2 千克或 0.3％辛硫磷颗粒剂约 10 千克施入喇叭口。抽雄前后，用 20％氰戊菊酯乳油 4 000 倍液，或 50％敌敌畏乳油 1 000 倍液进行喷雾防治。同时，还可防治玉米蚜、叶螨、黏虫等。

（3）花粒期管理

① 增施粒肥。7 月底至 8 月初正值降雨高峰期，玉米授粉结束，进入灌浆初期，应适量增施灌浆肥。可在降雨前将氮肥撒施于玉米基部，一般每亩施纯氮 3～5 千克。

② 补充灌溉。抽雄吐丝期、灌浆期如遇干旱，有补充灌溉条

件的川水地施肥后及时灌水。

③ 防治红蜘蛛。灌浆初、中期（7—8月），于叶片背面喷洒1.8％阿维菌素乳油（虫螨克星）4 000～5 000 倍液或15％扫螨净等。严重地块可隔7～10天防治1次，连防2～3次。

**5. 适时收获**

一般于9月下旬至10月初收获。适期收获标志为果穗苞叶变枯松、籽粒乳线消失、胚部变硬。

## （十一）新疆维吾尔自治区春玉米亩产1 000千克高产创建技术规范

**1. 品种选择**

根据当地自然生态条件和生产水平，选用熟期适宜、高产、抗逆性强、后期脱水快的优良玉米杂交种，如郑单958、先335、新玉18、新玉34、新玉39、SC‑704等中大穗型中晚熟品种，以及登海3716、新玉41等中熟品种。

**2. 播前准备**

（1）选地及整地　选择地势平坦、土层深厚、肥力中等以上、土壤含盐量低、排灌条件良好的地块。

秋季前茬作物收获后及时灭茬深耕、晒垡，并灌足底墒水。翌年早春进行耙耱保墒，使土壤达到待播状态。若前茬作物收获较晚而来不及秋耕冬灌，可于翌年春季尽早整地，随耕随耙，防止跑墒，注意春耕深度应浅于秋耕。冬春雨雪较少、土壤墒情不足而仍需春灌的地区，则应在春灌后进行耕翻；若失墒严重，可及早春耕，并于耕后灌水，适时耙耱保墒，使土壤达到上虚下实的待播状态。

（2）选种子及种子处理　播前精选种子，种子质量应达国家种子分级标准的二级以上，即纯度≥97％、净度≥99％、发芽率≥85％、含水量≤13％。种子色泽光亮，籽粒饱满，大小均匀一致，具有本品种固有特征，无虫蛀、无破损。

播前选择晴天晒种2～3天，以提高种子活力。直接选购包衣种子，以防治地下害虫、玉米丝黑穗病和黑粉病等。而对未包衣种子则应进行包衣处理，如可用 40％卫福（有效成分：萎锈·福美双）200FF 按种子量的 0.3％～0.5％进行拌种，可有效防治玉米丝黑穗病和瘤黑粉病。

**3. 精细播种**

（1）播种时期 春玉米适宜播种期可根据土壤的温度、墒情以及品种特性等综合确定，一般以 5～10 厘米地温稳定在 9～10 ℃时开始播种为宜。

（2）播种方式 地膜覆盖栽培，墒情较好地块一般先播种后覆膜，而墒情较差的干旱地区一般先盖膜后打孔播种或育苗移栽。一般地膜春玉米采用大小行种植，大行 70 厘米、小行 40 厘米，或者等行距种植（60 厘米）。机械精量播种，要求下籽均匀、播深一致。随播种施入种肥，每亩施磷酸二铵 5 千克，种肥深施（以 8～10 厘米为宜），并与种子隔离。播后及时覆土镇压，注意覆土均匀。

（3）播种量 播种量因播种精度、种子发芽率及保苗密度而不同，一般机械精量播种用种量为每亩 3 千克左右。

**4. 田间管理**

（1）化学除草 玉米播种后覆膜前或播种前，每亩用 42％甲·乙·莠 150 毫升兑水 50 升，均匀喷洒于土壤表面，除草效果可达 90％以上。

（2）及时放苗、查苗、补苗 玉米第 1 片叶展开时，若气温较高、膜内湿度较小，可及时破膜放苗，并用湿土封严膜口；若气温较低或遇寒潮，膜内温度较大，可推迟放苗。放苗后及时查苗、补苗，以保证全苗。

（3）间苗、定苗 幼苗 3 叶期间苗，4～5 片叶期定苗，每穴留 1 株，缺苗处邻穴留双株。去弱苗留壮苗，去病苗留健苗，以确保苗全、苗齐、苗匀、苗壮。一般中等以上土壤肥力条件下耐密型品种的密度为 5 000～6 000 株/亩，中等土壤肥力条件下则以 4 500～5 000 株/亩为宜。

（4）中耕 出苗后，及时进行中耕松土，中耕深度为 10～15

厘米。

（5）及时灌水　幼苗 6～7 叶期及时灌头水。缺墒地块定苗后应立即灌水，之后每隔 15～20 天灌水 1 次，共灌水 4～5 次，每次每亩灌水 80 米$^3$ 左右。

（6）追肥　大喇叭口期结合中耕一次性追施，以氮肥（尿素）为主，每亩施尿素 20 千克，追肥深度在 8～10 厘米，以提高肥料利用率。植株生长后期，为防止植株早衰、延长绿叶功能期，若穗肥不足，植株发生脱肥现象，可补施粒肥，每亩施尿素 10 千克左右，且宜早不宜迟。

（7）人工去雄　雄穗抽出而未散粉时进行人工隔行或隔株去雄，但地头、地边植株不宜去雄，以免影响正常授粉。

**5. 防治虫害**

（1）地老虎　地老虎是复播玉米苗期主要害虫。

① 毒饵诱杀。每亩可用 90％敌百虫晶体 100～150 克，溶于水，喷洒于 75 千克切碎的青草或 4～5 千克炒香的棉籽饼或菜籽饼上，拌成毒饵，于傍晚撒在玉米行中诱杀。

② 化学防治。用 2.5％氯氟氰菊酯乳油 2 500 倍液（加氯氟氰菊酯乳油 15 毫升），在太阳落山时进行药剂喷雾防治。

（2）玉米螟　第 1 代玉米螟产卵初期，即 6 月上中旬，可用 20％吡虫啉 5 000 倍液进行喷雾防治，喷药 2 次，间隔 7～10 天。也可用 90％敌百虫晶体 0.5 千克，于 500 千克水中溶解后进行喷雾或灌心。

8 月初，即第 2 代玉米螟产卵初期，可在田间人工释放赤眼蜂以有效防控第 2 代玉米螟的危害。根据玉米螟的具体发生情况，每亩放蜂 4 万～6 万头，连续放蜂 3～4 次，每次间隔 3～5 天。

（3）叶螨

① 人工防治。结合除草追肥等摘取玉米基部 1～3 片有螨（卵）叶片并带到田外深埋或喷药，可有效压低玉米田叶螨的基数。

② 化学防治。7 月下旬至 8 月上中旬，叶螨未达高峰前，可用持效期长的专用杀螨剂，如 73％炔螨特乳油 1 000～1 500 倍液，

或 25％四螨嗪 2 000 倍液，或 5％噻螨酮可湿性粉剂或乳油 1 500 倍液，或 50％四螨嗪悬浮液 4 000 倍液，或 15％哒螨灵 2 000 倍液进行喷雾，既对天敌相对安全，又可有效控制叶螨的危害。

**6. 适时收获**

玉米籽粒乳线消失、种胚背面基部出现黑层时及时收获。果穗收获后及时晾晒、脱粒，待籽粒含水量为 14％以下时即可安全贮藏。

## （十二）山西省春玉米亩产 800 千克高产创建技术规范

**1. 品种选择**

根据当地生态条件及生产水平，选用高产、优质、抗逆性强的优良玉米品种，如郑单 958、农大 108、东单 60、晋单 38、晋单 39、晋单 51、晋单 52、安森 7 号等。

**2. 播前准备**

（1）选地及整地　除山西西北部高寒区外，全省均可种植。选择 4—10 月≥10 ℃年活动积温达 2 800 ℃以上，土质为石灰性褐土、褐土性土、褐土和脱潮土等，土壤 pH 为 6.5～7.0，有机质含量 1.4％以上，碱解氮 75 毫克/千克以上，五氧化二磷 15 毫克/千克以上，氧化钾 140 毫克/千克以上，耕层深度 20 厘米以上，保水保肥，排水条件较好的中、上等肥力地块。

前茬作物收获时可全秆覆盖地面，以利于蓄秋冬水、保土保地墒。干旱年份，有条件的地区可在播前 15～20 天浇灌 1 次春水。播前碎秆深松，深松深度为 30～40 厘米，耙、耢、起垄、镇压，使土壤达到待播状态。

（2）灭鼠　鼠害较重的地方（密度在 5％以上），可用 0.015％～0.020％氯敌酮钠毒饵等杀鼠剂。灭鼠最佳时期为春播前，选晴好天气 15：00—16：00 投药。在事先查好并标记的鼠洞口约 10 厘米的上风头踩出一脚平地投放毒饵，每洞投入 5～10 克。投药 3 天左右后查找鼠尸并集中深埋，将毒饵踢入鼠洞埋掉。

（3）肥料准备及施肥　按土壤测试结果进行配方施肥，或根据当地土壤肥力，计算农家肥的基本养分量、肥料当季利用率等。一般每生产 100 千克籽粒需纯氮 2～3 千克、五氧化二磷 1.5～1.8 千克、氧化钾 3.0～3.5 千克。实现亩产 800 千克的产量目标，每亩需施纯氮 16～24 千克（折合尿素 32～50 千克）、五氧化二磷 12～15 千克（折合标准过磷酸钙 80～100 千克）、氧化钾 10～15 千克（折合氯化钾 35～50 千克），还需施用适量的微量元素肥料。基肥一般结合整地施用，每亩施腐熟农家肥 1.5～2.0 米$^3$、25％的氮肥、50％的五氧化二磷、全部氧化钾、1 千克硫酸锌，混匀后全耕层施入，施肥深度为 20～30 厘米。注意种、肥隔开，以防烧种烧苗。

（4）精选种子及种子处理　所选种子应纯度≥97％、发芽率≥85％、净度≥99％、含水量≤13％。选择饱满均匀一致的种子，或者选用包衣精加工的良种，以提高出苗率和群体整齐度。

精选种子后，于播前 15 天进行发芽率检验。播前 3～5 天，选无风晴天，将种子摊开在干燥向阳处晒 2～3 天。在水泥地面晾晒时，种子厚度不得低于 3 厘米。根据山西省各地病虫害发生情况，针对不同防治对象选用通过国家审定登记并符合环保标准的种衣剂进行种子包衣，防治各种地下害虫及病害。

**3. 精细播种**

（1）播种时期　耕层 5 厘米地温稳定通过 10 ℃且土壤耕层含水量达 20％左右时即可播种。最佳播种期一般为 5 月 1 日左右。

（2）播种方式　包括机械播种和人工播种。机械播种一般播深 5～7 厘米，要做到深浅一致、覆土均匀。应采取深开沟、浅覆土、重镇压的措施。人工播种指人工开沟、覆土、镇压。采用等行距或宽窄行种植，等行距一般为 60 厘米，宽窄行一般为大行 80 厘米、小行 40 厘米，窄行种植 2 行玉米，生育期内在宽行距内深松追肥，收获后留高茬，就地覆盖还田，宽窄行可交替循环，以利于保护性耕作。

（3）播种量　播种量可根据以下公式计算：播种量＝（计划亩株数×1.2×千粒重）/（发芽率×出苗率）。一般机械播种 3.0～3.5 千克/亩，人工播种 2.5～3.0 千克/亩。

**4. 田间管理**

（1）苗期管理

① 化学除草。将氰草津、莠去津类胶悬剂和乙草胺乳油（或异丙甲草胺）混合，兑水后于玉米播种后出苗前在土壤较湿润时进行土壤喷雾。施药要均匀，做到不重喷、不漏喷。

② 间苗、定苗。幼苗 3 叶期间苗、5 叶期定苗，尽量选择健壮、均匀一致的植株。

③ 中耕。及时中耕。

④ 蹲苗。苗期蹲苗可促进根系下扎、茎基部粗壮，有利于抗旱、防倒、壮苗。

（2）穗期管理　大喇叭口期前后（7 月 15 日左右），结合中耕除草开沟追肥，可追施 20％～25％的氮肥、50％的五氧化二磷。结合追肥浇灌攻穗水，干旱地区则为雨养灌溉。

（3）花粒期管理　开花前 7 天左右，开沟追施氮肥总量的 50％～60％，并浇灌浆水。灌浆后期如脱肥，可用 1％尿素溶液＋0.2％磷酸二氢钾进行叶面喷施。

**5. 病虫害综合防治**

（1）病害防治　防治锈病可用 25％三唑酮可湿性粉剂 800～1 000 倍液进行喷雾防治，间隔 7 天后进行第 2 次喷雾。

大斑病、小斑病。发病初期，用 50％多菌灵可湿性粉剂 500 倍液，或 50％肿・锌・福美双可湿性粉剂 800 倍液，或 70％甲基硫菌灵可湿性粉剂 800 倍液等药剂进行喷雾防治，间隔 7 天后进行第 2 次喷雾。

（2）虫害防治

① 地老虎。播种时随种每亩施 1.5％辛硫磷颗粒 0.8～1.0 千克；出苗后于早晨人工捕捉幼虫，或用 40％辛硫磷乳油 200 倍液和炒熟豆饼拌成毒饵，每亩 5 千克撒施于植株一侧；成虫盛发期可采用高压汞灯进行诱杀。

② 玉米螟。以物理防治和生物防治为主，以化学防治为辅。在玉米螟成虫盛发期采用高压汞灯诱杀，在玉米产区村阔地，每

225 亩玉米田设置一盏高压汞灯，每天 20：00 至翌日 4：00 开灯捕杀；玉米螟化蛹率达 20％时释放赤眼蜂进行防治，一般每亩释放 2 万～3 万头，5～7 天后进行第 2 次放蜂；小喇叭口期，用 1.5％辛硫磷颗粒拌沙 50 倍，混匀后撒入心叶。

③ 黏虫。每株平均有 1 头黏虫时，可用 2.5％氯氟氰菊酯乳油（功夫）按每亩 20 毫升兑水 30 升进行喷雾防治，或用 50％敌敌畏乳油 1 000 倍液进行喷雾防治，将黏虫消灭在 3 龄前。

④ 红蜘蛛。用 1.8％阿维菌素乳油 4 000 倍液进行喷雾防治。

**6. 适时收获**

玉米成熟的标志为籽粒乳线基本消失、黑胚层出现。果穗收获后要及时晾晒、脱粒。

**（十三）北京市春玉米亩产 800 千克高产创建技术规范**

**1. 品种选择**

根据北京市生态条件，选用高产、抗旱、适应性强的耐密型优良玉米品种，如郑单 958、农大 108、京单 28、中单 28、富友 9 号等。

**2. 播前准备**

（1）整地 北京市已全面普及春玉米保护性耕作技术，对于地表平整、秸秆量适中地块，可选用玉米免耕播种机直接进行错茬播种。而对于地表不平、秸秆较多或杂草较多的地块，应进行浅松、弹齿耙耙地或必要时选用旋耕机浅旋，不仅可改善地表状况，还可提高地温较低地块的地温，有利于播种和出苗。

（2）肥料准备 有机肥可选用腐熟农家肥或精制有机肥，每亩约 3 000 千克。重施基肥，一般每亩需纯氮 6～8 千克、五氧化二磷 6～8 千克、氧化钾 8～10 千克。低肥力地块则应适当增加施肥量。氮肥若为长效氮肥，则可将全生育期的氮肥一次性基施；若用速效氮肥则 40％以上基施，也可用玉米专用复合肥每亩 15 千克作基肥。

（3）精选种子及种子处理 选择籽粒饱满、大小均匀一致的种子。种子纯度≥98％、净度≥98％、发芽率≥90％、含水率≤

13％。为防治病虫害，播前用高效、低毒药剂拌种或包衣剂处理种子，或者直接选购包衣种子。

**3. 精细播种**

（1）播种时期　根据小气候和土壤条件，土层深厚、蓄纳降水较多的地块可在4月充分利用土壤返浆水进行抢墒播种，争取一次拿全苗。土壤已严重缺墒而不适宜播种时，则要等雨播种，即等下透雨后再及时抢种。山区春玉米应在5～10厘米地温稳定达到10℃以上、土壤水分达到14％左右时尽早进行抢墒播种；若土壤墒情较低则要等雨播种。等雨播种的土壤墒情与降水量指标：土壤含水量约11％时，降水量要达到7毫米以上；土壤含水量为9％时，降水量要达14毫米以上。冷凉山区春玉米适宜播期为4月下旬至5月上旬，平原区为5月中下旬。

（2）播种方式　采用等行距（60厘米）或宽窄行（宽行距80厘米与窄行距40厘米交替）机械精量或半精量播种。播种要做到播深一致、下种均匀。抢墒播种应深耕浅覆土，将种子点在湿土上，播后镇压，确保种子与湿土接触。若采用免耕播种机，则开沟、施肥、播种、覆土及镇压一次完成。可将全部磷肥、钾肥和少量氮化肥作基肥，施肥深度以8～10厘米为宜。

（3）播种量　播种量应根据留苗密度、种子发芽率和田间出苗率计算，一般为2.5～3.0千克/亩。

**4. 田间管理**

（1）苗期管理

① 间苗、定苗。幼苗3叶期间苗、5叶期定苗。定苗时要去除弱苗、病苗、虫苗，留壮苗、匀苗、齐苗。缺苗时可在同行或相邻行就近留双株，若缺苗太多则应及早补苗。一般高肥力地块的留苗密度应略高于中低肥力地块，紧凑耐密型品种的适宜密度为4 500～5 500株/亩。

② 化学除草。化学除草是保护性耕作技术的关键技术之一。播种后，应及时喷施化学除草剂。可选用38％莠去津悬浮剂每亩150～200毫升或50％乙草胺乳油100～150毫升，兑水40升于播

后苗前进行土壤封闭；茎叶处理则可每亩用 4％烟嘧磺隆悬浮剂（玉农乐）70～100 毫升或 4％烟嘧磺隆悬浮剂 50～70 毫升加 38％莠去津悬浮剂 100 毫升，兑水 30～40 升进行茎叶喷施。

③ 防治虫害。注意防治地老虎和金针虫等地下害虫，如可用 80％敌敌畏乳油 25～50 毫升，兑水 40 升进行防治。

（2）穗期管理

① 中耕培土。对于黏土地、多湿地、风大雨多的年份及地区，封垄前应进行中耕培土，以促进植株生根发育、防止倒伏、利于排灌，并能掩埋杂草。

② 追施穗肥。大喇叭口期—开花期是玉米一生中最重要的施肥时期，在前期基肥及磷肥、钾肥供应充足的基础上，穗肥以氮肥为主，每亩可追施 20～30 千克尿素，避免地表撒施。

③ 中耕除草。结合追肥进行中耕除草蓄墒。

④ 防治玉米螟。大喇叭口期要及时防治玉米螟，可用苏云金杆菌乳剂（200～300 倍液）灌心，每株 2 毫升；也可在成虫产卵始盛期释放赤眼蜂，每亩设 5～10 个点，放蜂 1.5 万～3.0 万头。

（3）花粒期管理

① 去雄。为减少植株养分消耗、增加粒重，可在雄穗刚抽出尚未开花散粉时，隔行去雄或隔株去雄。注意去雄株数不超过田间总株数的一半，地边、地头不要去雄，以利于边际玉米授粉。授粉结束后，可将其余雄穗全部拔除。

② 人工辅助授粉。盛花期于晴天 9：00—11：00 进行人工辅助授粉，盛花末期对授粉不好的雌穗逐一进行人工授粉，以提高小花受精率，增加粒数。

**5. 适时收获**

提倡完熟期收获。果穗苞叶干枯而松散、籽粒乳线消失、基部变硬，达到完熟期标准时进行收获。果穗收获后，将秸秆作为覆盖物留在田间，具有蓄水保墒作用。覆盖形式包括整秆覆盖（立秆或倒秆铺放于行间）和粉碎覆盖（即利用秸秆粉碎机将秸秆粉碎后均匀覆盖于地表）。

## （十四）河北省春玉米亩产 800 千克高产创建技术规范

### 1. 品种选择

根据当地生态条件，因地制宜地选用产量潜力大、增产潜力大的中晚熟玉米品种，特别是紧凑耐密型品种，如郑单 958、农大 108、农大 364、沈玉 17、东单 60 等。

### 2. 播前准备

（1）选地及整地　选择土层深厚、土壤肥沃且具有良好通透性和保水保肥性能、能够保证灌溉条件的地块。土壤 pH 为 6.5～7.0，土壤有机质含量 1％以上，速效氮 60 毫克/千克以上，有效磷 15 毫克/千克以上，速效钾 80 毫克/千克以上。

一般在深秋季节进行深翻和耙糖，并去净根茬。冬前未进行深翻整地的要在翌年进行早春耕，耕翻深度一般掌握在 25 厘米左右。春季播种前可浅耕糖平，做到土壤平整、细碎，上虚下实，无大的土块。有条件的地方可采用带状交替深松的耕作方式，采用地膜覆盖种植的地块在播种前起垄做床。

（2）肥料准备及施肥　根据目标产量和土壤肥力确定施肥量。河北省春玉米实现亩产 800 千克的产量目标每亩需吸收纯氮 20 千克、五氧化二磷 8 千克、氧化钾 20 千克。高产春玉米施肥可分基肥、穗肥和花粒肥。冬前或早春深翻前，每亩可施有机肥（优质农家肥）3 000～4 000 千克、碳酸氢铵 35～40 千克或尿素 13～15 千克、硫酸钾 16～18 千克作为基肥。有条件的每亩可增施硫酸锌 1.0～1.5 千克、硫酸锰 1.0～1.5 千克。施用基肥时，有机肥及氮肥、磷肥、钾肥、微肥等一定要铺撒均匀，以保证耕翻后肥料与土壤充分混合。

（3）精选种子及种子处理　所选种子应达到纯度≥97％、发芽率≥85％、净度≥99％、含水率≤13％。种子要经过精选，去掉破碎、发霉变质籽粒和秕粒，留下整齐均匀的饱满籽粒。

播种前，将种子摊开在干燥向阳处，晒种 2～3 天。种子应统一进行包衣处理。要根据当地主要病虫害防治对象来选择高效、低毒、环保的种衣剂剂型。春玉米种植区应重点防治丝黑穗病、粗缩病和金针虫、地老虎等苗期地下害虫。丝黑穗病发病较重地区可采用含有三唑醇、戊唑醇类药剂的种衣剂进行包衣防治。在粗缩病发病较重的地区，可用吡虫啉进行拌种。

**3. 精细播种**

（1）播种时期　河北省春播玉米应在5～10厘米地温稳定在10～12℃时开始播种，以4月下旬至5月上旬为宜。春玉米区播种时间不宜过早，播种过早的地块土壤温度低且不稳定，种子萌发到出苗时间偏长，受病虫害危害的概率加大。采用地膜覆盖栽培的地区，可比常年露地正常播期提前7～10天进行播种。

（2）播种方式　采用机械播种，有条件的地方可推广精量点播。播种时要做到"深浅一致、覆土一致、镇压一致、行距一致"，播种机作业速度要严格控制在4千米/时内，防止漏播或重播。示范区可采用50～60厘米等行距或大小行种植（大行70～80厘米，小行30～40厘米）。播种时一定要保证有较好的土壤墒情，如果土壤墒情较差应提前浇好底墒水，或在播种的同时进行人工补墒，以保证种子正常萌发和出苗。

（3）合理密植　亩产800千克春玉米的种植密度一般要比普通生产条件的种植密度提高15%左右，或每亩增加800株左右。适宜种植密度范围可根据所选用品种的株型特征等具体情况确定。一般紧凑耐密型品种的适宜种植密度为4 500～4 800株/亩，应保证每亩收获穗数4 300～4 500穗。为保证留苗密度和出苗整齐度，一般播种量应控制在2～3千克/亩。

**4. 田间管理**

（1）苗期管理

① 化学除草。玉米播后苗前，在土壤墒情适宜的情况下，可用40%乙阿合剂或48%玉草灵（主要成分：淫羊藿提取物）、50%乙草胺等除草剂，兑水后进行封闭除草。在没有条件进行封闭除草的地块，可在玉米出苗后用48%玉草灵或4%烟嘧磺隆等除草剂兑水后进行苗后除草。喷施除草剂时要做到不重喷、不漏喷，注意用药安全，避免对玉米幼苗造成伤害。

②间苗、定苗。玉米出苗后根据"早间苗、适当晚定苗"的原则进行间苗和定苗，即在3叶期间苗，5～6片可见叶（4～5片展开叶）时再定苗。定苗时要去除弱苗、病苗、虫苗，留壮苗、匀苗、齐苗。缺苗时可在同行或相邻行就近留双株，若缺苗太多则应及早补苗。

③防治病虫害。重点防治丝黑穗病、粗缩病以及蛴螬、地老虎、金针虫等病虫害。防治丝黑穗病最有效的措施是用含有三唑醇、戊唑醇类药剂的种衣剂进行种子包衣。玉米粗缩病应重点对病毒传播昆虫灰飞虱进行防治，可在苗期用吡虫啉等农药进行喷雾。蛴螬、地老虎、金针虫等地下害虫可用2.5%溴氰菊酯乳油2 000倍液或50%辛硫磷乳油1 000倍液喷洒地面进行防治，也可用毒饵诱杀方法进行防治。

（2）穗期管理

①中耕培土。拔节后进行中耕培土，可促进气生根发育、防止倒伏、利于排灌、掩埋杂草。培土应在封垄前进行，培土高度一般为7～8厘米。

②防治玉米螟。大喇叭口期，可用1%辛硫磷或3%广灭丹等颗粒型触杀剂进行灌心防治，一般每亩用药1～2千克。有条件的地方可释放赤眼蜂进行生物防治。

③追施穗肥。大喇叭口期，每亩追施尿素20～25千克，在距植株10～15厘米处开沟深施。

（3）花粒期管理

①补施花粒肥。抽雄期—吐丝期，每亩追施10千克尿素，在距植株10～15厘米处开沟深施。

②遇旱浇水。抽雄期—吐丝期，若发生干旱应注意浇好开花水，以防止干旱造成的籽粒败育和果穗秃尖。

**5. 适时收获**

根据籽粒灌浆进程及籽粒乳线情况，尽量晚收，以保证籽粒充分灌浆和成熟，提高千粒重、增加产量。

## 二、黄淮海夏玉米区玉米高产创建技术规范

### （一）河北省夏玉米亩产 750 千克高产创建技术规范

**1. 品种选择**

根据当地生态条件，因地制宜地选用产量潜力大、增产潜力大的中熟玉米品种，特别是紧凑耐密型品种，如浚单 20、郑单 958、先玉 335、丰玉 4 号等。

**2. 播前准备**

（1）选地 选择土层深厚、地势平坦、保水保肥、排灌条件较好的中上等肥力地块。土壤 pH 为 6.5～7.0，有机质含量 1% 以上，碱解氮 70 毫克/千克以上，五氧化二磷 25 毫克/千克以上，氧化钾 120 毫克/千克以上。

（2）小麦秸秆处理 前茬小麦残留的秸秆和麦茬对夏玉米的播种和出苗会造成一定影响，因此在播种夏玉米前需要对小麦秸秆和麦茬进行处理。收获小麦时，应尽可能选用带有秸秆粉碎和切抛装置的小麦收割机，小麦秸秆的粉碎长度不要超过 10 厘米，粉碎后的小麦秸秆要抛撒均匀，不要成垄或成堆摆放，小麦留茬高度不应超过 20 厘米。对于小麦秸秆成垄或成堆摆放的地块，可将小麦秸秆人工挑开、撒匀，或清理出地块。有条件的地区可在播种前用灭茬机械先进行灭茬，然后再播种。

（3）肥料准备 可根据目标产量和土壤肥力确定施肥量。亩产 750 千克夏玉米每亩约吸收纯氮 20 千克、五氧化二磷 7.5 千克、氧化钾 18 千克。免耕播种夏玉米在播种前没有机会施用基肥，一般采取施用种肥、穗肥和花粒肥相结合的施肥策略。

（4）精选种子及种子处理 所选品种的种子应纯度≥97%、发芽率≥85%、净度≥99%、含水率≤13%。种子要经过精选，去掉破碎、发霉变质籽粒和秕粒，留下整齐均匀的饱满籽粒。

种子应统一进行包衣处理。根据当地主要病虫害防治对象，选择高效、低毒、环保的种衣剂剂型，夏玉米种植区要特别注意防治玉米粗缩病、苗枯病以及蓟马、金针虫、蛴螬等苗期虫害。播前将

种子摊开在干燥向阳处，晒种 2～3 天。

**3. 精细播种**

（1）播种时期　河北省夏播区热量资源紧张，夏玉米生育期受到一定限制。因此，抢时早播对于实现夏玉米高产具有重要意义。收获前茬小麦后，要及时抢播夏玉米，一般应在 6 月 15—18 日完成播种。

（2）播种方式　采用免耕播种机播种，有条件的地方可用单粒点播机播种。播种时要做到"深浅一致、行距一致、覆土一致、镇压一致"，播种机作业速度要严格控制在 4 千米/时内，防止漏播或重播。可采用等行距（60 厘米）或大小行（大行 80 厘米，小行 40 厘米）形式播种。夏玉米免耕播种机一般都带有施肥装置，可在播种的同时施用种肥。种肥以三元复合肥为主，三元复合肥施用量一般应控制在 15～20 千克/亩。施种肥时，一定要与种子分开，以免引起烧苗。为提早播种，可采取先播种、后浇"蒙头水"的灌溉方式，以保证种子正常萌发和出苗。

（3）合理密植　亩产 750 千克夏玉米的种植密度一般要比普通生产条件的种植密度提高 15%～20%。适宜种植密度范围可根据所选用品种的株型特征等具体情况确定。一般紧凑耐密型品种的适宜种植密度为 4 800～5 000 株/亩，保证每亩收获穗数 4 500～4 800 穗。播种量可根据品种千粒重和留苗密度来确定。为保证留苗密度和出苗整齐度，一般播种量应控制在 2～3 千克/亩。

**4. 田间管理**

（1）苗期管理

① 化学除草。玉米播后苗前，在土壤墒情适宜的情况下，可用 40% 乙阿合剂或 48% 丁·莠合剂、50% 乙草胺等除草剂，兑水后进行封闭除草。为提高小麦秸秆覆盖田除草剂的封闭除草效果，可适当加大兑水量。对于没有条件进行封闭除草的地块，可在玉米出苗后用 48% 玉草灵或 4% 玉农乐（烟嘧磺隆）等除草剂兑水后进行苗后除草。喷施除草剂时，要做到不重喷、不漏喷，进行苗后除草时要注意用药安全，避免对玉米幼苗造成伤害。

② 间苗、定苗。玉米出苗后要根据"早间苗、适当晚定苗"的原则进行间苗和定苗，即在 3 叶期进行间苗，5～6 片可见叶（4～5 片展开叶）时再定苗。定苗时要去除弱苗、病苗、虫苗，留壮苗、匀苗、齐苗。缺苗时可在同行或相邻行就近留双株，若缺苗太多则应及早补苗。

③ 防治病虫害。重点防治褐斑病及黏虫、蓟马、棉铃虫等。褐斑病多在拔节期发生，一般于幼苗 4～5 叶期用 25％的三唑酮可湿性粉剂 1 500 倍液，或 50％多菌灵 500～800 倍液进行叶面喷雾，即可有效防治褐斑病。防治黏虫可用灭幼脲乳油等进行喷雾，防治蓟马可用 10％吡虫啉喷雾防治。

（2）穗期管理

① 中耕培土。拔节后进行中耕培土，可促进气生根发育、防止倒伏、利于排灌、掩埋杂草。培土应在封垄前进行，培土高度一般为 7～8 厘米。

② 防治玉米螟。大喇叭口期，可用 1％辛硫磷或 3％广灭丹等颗粒型触杀剂进行灌心防治，一般每亩用药 1～2 千克。有条件的地方可释放赤眼蜂进行生物防治。

③ 追施穗肥。大喇叭口期（全株 11～12 片展开叶），每亩追施尿素 25～30 千克，在距植株 10～15 厘米处开沟深施。

（3）花粒期管理

① 补施花粒肥。抽雄期—吐丝期，每亩追施尿素 10 千克左右，在距植株 10～15 厘米处开沟深施。

② 防治蚜虫。当蚜虫的虫口密度达到防治标准时，可用 50％抗蚜威可湿性粉剂 3 000～5 000 倍液进行防治。

**5. 适时收获**

河北省夏玉米籽粒灌浆时间短，且收获偏早，千粒重偏低。根据籽粒灌浆进程及籽粒乳线情况，在条件允许的情况下尽量晚收，以保证籽粒的充分灌浆和成熟，增加千粒重、提高籽粒产量。一般应在 10 月 1—5 日收获，保证籽粒灌浆期在 50 天左右。

## （二）河南省夏玉米亩产 800 千克高产创建技术规范

### 1. 品种选择

选用紧凑型、抗逆性强、适应性广的优质高产玉米新品种，如郑单 958、浚单 20、登海 602 和金裕 986 等。

### 2. 播前准备

（1）选地及整地　所选高产创建示范区应达到一定生产规模，具有较好的工作基础和技术力量并具有示范作用，基层政府重视程度和农民参与热情均较高。示范区应为自然条件良好的玉米优势种植区域，所选地块应地块平整、土层深厚、土壤肥沃、土壤通透性好、土壤有机质及速效养分含量较高、土壤物理性状好、地力中上、灌排条件良好。在常年条件下具有较高产量水平，综合利用各项栽培技术措施可达到亩产 800 千克的产量水平。

一般在小麦播种前进行翻耕，建议 2～3 年深耕（松）1 次，深耕应达到 30 厘米以上。小麦收获后，免耕贴茬播种夏玉米。

（2）肥料准备及施肥　在秸秆还田的前提下，主要施用氮肥（尿素），并配合施用磷钾肥（磷酸二铵或过磷酸钙、硫酸钾）和优质农家肥。根据产量确定施肥量，一般高产田按每生产 100 千克籽粒需施用纯氮 3 千克、五氧化二磷 1 千克、氧化钾 2 千克计算。在肥料运筹上，轻施苗肥、重施大喇叭口肥、补追花粒肥，足量分次追施。产量目标为亩产 800 千克的地块，每亩需施纯氮 23～25 千克、五氧化二磷 8～9 千克、氧化钾 12～14 千克（折合尿素 50～55 千克、标准过磷酸钙 55～65 千克、硫酸钾 25～29 千克）。根据地力水平，高肥地取低限，中肥地取高限。另外，每亩需增施优质农家肥 1 000 千克左右。肥料分种肥、苗肥、穗肥和花粒肥。

（3）精选种子及种子处理　所选种子应纯度≥97％、发芽率≥85％、净度≥99％、含水率≤13％。

若购买的是未经包衣处理的种子，播前选择晴天摊开晾晒，并注意翻动、晒种均匀，以提高种子出苗率。包衣种子则不用晒种。

种衣剂包衣处理可用高效低毒的玉米种衣剂（如 5.4％吡·戊玉米种衣剂），以控制苗期灰飞虱、蚜虫、粗缩病、丝黑穗病和纹枯病等；或用辛硫磷等药剂拌种，以防治地老虎、金针虫、蝼蛄和蛴螬等地下害虫。

**3. 精细播种**

（1）播种时期　夏玉米适宜播期一般为 6 月 5—10 日，即推荐在小麦收获后及时播种。若采用麦垄套种，则应在麦收前 3～4 天套种玉米，以收麦时不出苗为宜。

（2）播种方式　麦垄套种，采用人工点播或半机械化手推套种机播种；麦收后抢茬直播，采用等行或宽窄行机械播种，播种要深浅一致。播后及时浇好"蒙头水"，确保墒情充足。种肥可于播种时随种子施用或播后苗前结合浇"蒙头水"顺行撒施氮肥总量的 10%，以促进壮苗早发。

（3）播种量　一般为 2～3 千克/亩，可根据品种特性和播种方式酌情增减。

**4. 田间管理**

（1）苗期管理

① 间苗、定苗。幼苗 3 叶期间苗，5 叶期定苗。间苗时，去弱苗和过大苗，留壮苗和匀苗；去病残苗，留健苗。定苗时可多留计划株数的 5% 左右，用于之后田间管理中拔除病株、弱株后补充。紧凑中穗型品种适宜留苗密度为 5 000～5 500 株/亩，紧凑大穗型品种留苗密度为 4 500～5 000 株/亩。

② 防除杂草。播种后，墒情好时每亩直接喷施 40% 乙阿合剂 200～250 毫升，或每亩用 33% 二甲戊灵（施田补）乳油 100 毫升＋72% 异丙甲草胺乳油 75 毫升，兑水 50 升进行封闭式喷雾。墒情差时，可于玉米幼苗 3～5 叶期、杂草 2～5 叶期，每亩用 4% 烟嘧磺隆悬浮剂 100 毫升，兑水 50 升进行封闭式喷雾，也可在玉米 7～8 叶期使用灭生性除草剂定向喷雾或结合中耕进行人工除草。

③ 防治害虫。播种后出苗前，防治杂草的同时每亩可混合喷施辛硫磷乳油 7 克，杀死还田小麦秸秆上残留的棉铃虫、黏虫和蓟马等害虫；7 天后，每亩再喷施 2.5% 高效氯氟氰菊酯乳油 100 毫

升＋1.5％甲氨基阿维菌素苯甲酸盐乳油 20 毫升，防治苗期黏虫和棉铃虫等害虫；定苗后，每亩喷施 2.5％高效氯氟氰菊酯 50 毫升＋1.5％甲氨基阿维菌素苯甲酸盐乳油 20 毫升＋5％氯虫苯甲酰胺乳油 20 毫升兑水 30 千克喷雾，预防田间害虫。注意用药顺序（菊酯类杀虫剂不能与除草剂混用，应先喷施除草剂，间隔 7 天后再喷施菊酯类杀虫剂），以提高药效。

④ 施肥。5 叶期或拔节期，将氮肥总量的 20％与全部的磷肥、钾肥、锌肥和有机肥沿幼苗一侧开沟均匀条施（深度为 15～20 厘米），以促根壮苗。

（2）穗期管理

① 追肥。大喇叭口期（叶龄指数 55％～60％，第 11～12 片叶展开），追施总氮量的 50％，条施或穴施，以促穗大粒多。

② 防治玉米螟。小喇叭口期（第 8～9 叶展开），每亩用 1.5％辛硫磷颗粒剂 0.25 千克，掺细沙 7.5 千克，混匀后撒入心叶，每株 1.5～2.0 克，或每亩撒施杀螟丹颗粒剂 0.5 千克，也可在玉米螟成虫盛发期用黑光灯进行诱杀。

（3）花粒期管理

① 防治病害。可采用不同抗病基因型品种间作或混作的种植方式，防治和降低病害发生率。后期易发生锈病、小斑病等病害。

② 补施粒肥。籽粒灌浆初期，追施总氮量的 20％，结合浇水撒施或条施，以提高后期叶片光合能力，延长叶片功能期，增加粒重。

**5. 适时收获**

于成熟期，即籽粒乳线消失、基部黑色层出现时收获。收获后要及时晾晒，以降低籽粒含水率（14％以下）。

**6. 其他注意事项**

① 秸秆还田。玉米收获后，严禁焚烧秸秆，及时进行秸秆还田，以培肥地力。

② 水分管理。夏玉米各生育阶段要保证水分供应。除苗期外，各生育阶段土壤含水量降到田间持水量的 60％以下时均应及时浇

水，注意满足玉米在拔节期、抽雄期和灌浆期对水分的需求。

③ 灾害应变措施。涝灾：玉米生长前期若遇涝灾要及时排水，淹水时间不应超过 0.5 天。生长后期对渍涝的敏感性降低，淹水时间不得超过 1 天。雹灾：苗期遭遇雹灾应加强肥水管理，可于根部或根外追施速效氮肥，以促使其快速恢复，降低产量损失。若拔节后遭遇严重雹灾，应及时组织科技人员进行田间诊断，视灾害程度酌情采取相应措施。风灾：小喇叭口期之前若遭遇大风而出现倒伏，可不采取措施，基本不影响产量。小喇叭口期后若遭遇大风而出现倒伏，应及时将植株扶正，并浅培土，以促进根系下扎，增强其抗倒伏能力，降低产量损失。

### （三）山东省夏玉米亩产 800 千克高产创建技术规范

**1. 品种选择**

选用中晚熟高产耐密紧凑型玉米品种，要求花后群体光合高值持续期长、抗逆性强、活棵成熟、生育期 100～105 天、有效积温 1 200～1 500 ℃，如郑单 958、浚单 20、鲁单 981、金海 601 和登海系列品种等。

**2. 播前准备**

（1）选地　选择土壤肥沃、通透性好、有机质含量 1％以上、速效氮 80 毫克/千克以上、有效磷 20 毫克/千克以上、速效钾 100 毫克/千克以上、水源充足、灌排条件好的地块。

（2）肥料准备　在前茬冬小麦施足有机肥（每亩 2 000 千克以上）的前提下，夏玉米以施用化肥为主。化肥用量可根据具体产量目标确定，玉米高产田每生产 100 千克籽粒一般需施用纯氮 3 千克、五氧化二磷 1 千克、氧化钾 2 千克。另外，注意平衡氮、硫、磷营养，采用配方施肥技术。

（3）精选种子及种子处理　播前精选种子，所选种子应纯度≥97％、净度≥99％、发芽率≥85％、含水率≤13％。对种子进行种衣剂包衣或药剂拌种，禁止使用含有克百威（呋喃丹）和甲拌磷（3911）等杀虫剂的种衣剂，应选择高效低毒的玉米种衣剂。可用 5.4％吡·戊玉米种衣剂进行包衣，以控制苗期灰飞虱、蚜虫、粗缩病、丝黑穗病和纹枯病等；或采用戊唑醇、福美双和三唑酮等药剂进行拌种，以减少玉米丝黑穗病的发生；或用辛硫磷等药剂进行拌种，以防治地老虎、金针虫、蝼蛄和蛴螬等地下害虫。

**3. 精细播种**

（1）播种时期　改 5 月中下旬麦田套种玉米为 6 月 5—15 日麦收后夏直播，保证播种质量。干旱时浇底墒水或"蒙头水"。

（2）播种方式　麦收后可及时耕整、灭茬，足墒机械播种；或者采用免耕播种机播种；或者抢茬夏直播，留茬高度不超过 40 厘米。采用等行距或大小行播种，等行距一般为 50～65 厘米；大小行时，大行距 80～90 厘米，小行距 30～40 厘米。播深 3～5 厘米。

（3）播种量　播种量可按以下公式计算：播种量＝（计划亩株数×1.2×千粒重）/（发芽率×出苗率）。一般每亩 2～3 千克，应根据品种特性酌情增减。

**4. 田间管理**

（1）苗期管理

① 除草。播种后，墒情好时每亩可直接喷施 40％乙阿合剂 200～250 毫升，或 33％二甲戊灵（施田补）乳油 100 毫升加 72％异丙甲草胺乳油 75 毫升兑水 50 升进行封闭式喷雾。墒情差时，可于玉米幼苗 3～5 叶期、杂草 2～5 叶期每亩喷施 4％烟嘧磺隆悬浮剂 100 毫升兑水 50 升进行喷雾，也可在玉米 7～8 叶期使用灭生性除草剂兑水 50 升进行定向喷雾。也可结合中耕进行除草。

② 及时间苗、定苗。一般 3 叶期间苗，5 叶期定苗。紧凑中穗型品种每亩留苗 5 000～6 000 株，紧凑大穗型品种每亩留苗 4 000～5 000 株。

③ 追施苗肥。拔节期，将氮肥总量的 30％和全部的磷肥、钾肥、硫肥、锌肥沿幼苗一侧开沟深施（15～20 厘米），以促根壮苗。也可选用含硫玉米缓控施专用肥，苗期一次性施入。

（2）穗期管理

① 去分蘖，拔除小弱株。对肥水条件充足、易出现分蘖的品种，应及时将分蘖除去，以利于主茎生长。小喇叭口期及时拔除小

弱株，提高群体整齐度，保证植株健壮，改善群体通风透光条件。

② 水肥供应。大喇叭口期（叶龄指数 55%～60%，第 11～12 片叶展开），追施总氮量的 50%以促穗大粒多，注意深施，结合追肥及时中耕。每亩灌水 30 米$^3$。

③ 化学调控。拔节期—小喇叭口期，对植株长势过旺的地块合理喷施安全高效的植物生长调节剂（如多效唑等），以防倒伏。高产攻关田不进行化学调控。

④ 病虫害防治。小喇叭口期（第 9～10 片叶展开），可用 1.5%辛硫磷颗粒剂和细沙按 0.25∶1.25 的比例混匀后撒入心叶，每株 1.5～2.0 克。锈病和大小斑病可于发病初期用 25%三唑酮可湿性粉剂 800～1 000 倍液或 50%多菌灵可湿性粉剂 500 倍液或 70%甲基硫菌灵可湿性粉剂 800 倍液进行喷雾防治，7 天后进行第 2 次喷药。

（3）花粒期管理

① 补施花粒肥。籽粒灌浆期，追施总氮量的 20%，以提高叶片光合能力、增加粒重。

② 灌水。为保证充足的水分供应，开花期、灌浆期每亩分别灌水 30 米$^3$。

③ 去雄和辅助授粉。雄穗抽出而未开花散粉时，隔行或隔株去除雄穗，但地头、地边 4 米内不宜去雄。盛花期进行人工辅助授粉。

**5. 适时收获**

改变过去"苞叶变黄、籽粒变硬即可收获"为"苞叶干枯、黑层出现、籽粒乳线消失即籽粒生理成熟时收获"，一般 10 月 1—5 日收获。同时在 10 月 10 日播种小麦，不影响小麦正常播种，小麦玉米两熟全年丰收。

**（四）北京市夏玉米亩产 600 千克高产创建技术规范**

**1. 品种选择**

北京市夏玉米种植是在前茬小麦收获后进行播种，热力资源紧张。为获得较高夏玉米籽粒产量并保证籽粒品质，应选用高产、耐密、多抗的中早熟（生育期 95 天左右）玉米品种，如京单 28、纪元 1 号、京玉 11、宽城 1 号等。若种植生育期偏长的品种则应适当抢早播种，否则将导致籽粒不能完全成熟、容重低、商品品质差等。

**2. 播前准备**

（1）肥料准备　准备适量的磷酸二铵和钾肥，播种时基施。

（2）精选种子及种子处理　种子要经过精选，清除破碎、发霉变质的籽粒和秕粒。所选种子应籽粒饱满、大小均匀，质量应达到国家种子质量二级标准以上（种子纯度≥97％、发芽率≥85％、净度≥99％、含水率≤13％）。

播前晒种 1～2 天，确保种子发芽率在 95％以上。为防治病虫害，建议直接选购包衣种子，也可在播前采用高效、低毒药剂拌种或用包衣剂处理种子，种衣剂尽可能选用兼具抗旱效果的产品。

**3. 精细播种**

（1）播种时期　夏玉米种植区热量资源紧张，收获前茬小麦后要抢时播种夏玉米，适宜播种期一般在 6 月 18—23 日。

（2）播种方式　免耕或贴茬直播。足墒机播，即麦收时小麦秸秆直接粉碎还田，小麦秸秆粉碎长度不宜超过 10 厘米，粉碎效果差的地块须进行 2 次粉碎。播前要将小麦秸秆铺散均匀，不成堆、不成垄，以免影响播种质量。应将磷肥、钾肥全部作种肥施用。

（3）播种量　根据品种特性、土壤肥力、种植密度和种子大小等确定适宜播种量。一般每亩 2.5～3.0 千克。

**4. 田间管理**

（1）苗期管理

① 浇"蒙头水"。目前，京郊玉米基本为雨养种植，一般正常年份玉米全生育期内均不必浇水。但在偏旱年份和不宜进行雨养种植的夏玉米区，则要先播种、后喷灌"蒙头水"，以保证底墒充足和一次播种拿全苗。

② 间苗、定苗。3 叶期间苗，5 叶期定苗。为提高群体整齐

度，定苗时要去弱苗、病苗、虫苗，留壮苗、匀苗、齐苗。缺苗时可在同行或相邻行就近留双株，缺苗太多时则应及早补苗。根据品种特性和土壤肥力水平合理增加留苗密度，一般高肥力地块的留苗密度应略高于中低肥力地块，选用京单 28、京玉 11、郑单 958 等高产耐密型品种，留苗密度以每亩 4 000～4 500 株为宜。

③ 化学除草。化学除草是保护性耕作技术的关键技术之一。播种后，应及时喷施化学除草剂。可选用 38％莠去津悬浮剂每亩 150～200 毫升或 50％乙草胺乳油 100～150 毫升，兑水 40 升于播后苗前进行土壤封闭；茎叶处理则可每亩用 4％玉农乐悬浮剂 70～100 毫升或 4％玉农乐悬浮剂 50～70 毫升加 38％莠去津悬浮剂 100 毫升，兑水 30～40 升进行茎叶喷施。

④ 防治黏虫。第 2 代黏虫是夏玉米苗期的主要害虫之一，在免耕覆盖夏玉米播后苗前，应结合玉米化学除草加入杀黏虫药剂喷药防治。夏玉米出苗后，每百株玉米黏虫幼虫 5 头以上时，须立即进行两次防治，要求防治不过夜。

（2）穗期管理

① 中耕培土。对于黏土地、多湿地、风大雨多的年份及地区，封垄前应进行中耕培土，以促进植株生根发育，防止倒伏，利于排灌，并能掩埋杂草。

② 追施穗肥。大喇叭口期至开花期是玉米一生需肥最多的时期，在前期基肥及磷肥、钾肥充足的情况下，穗肥以氮肥为主，每亩深施 25～30 千克尿素，避免地表撒施。

③ 防治玉米螟。大喇叭口期要及时防治玉米螟，可用苏云金杆菌乳剂（200～300 倍液）灌心，每株 2 毫升；也可在成虫产卵始盛期释放赤眼蜂，每亩设 5～10 个点，放蜂 1.5 万～3.0 万头。

（3）花粒期管理

① 去雄。为减少植株养分消耗和增加光照，可在雄穗刚抽出尚未开花散粉时，隔行去雄或隔株去雄。注意去雄株数不超过田间总株数的一半，地边、地头不要去雄，以利于边际玉米授粉，授粉

结束后可将其余雄穗全部拔除。

②人工辅助授粉。盛花期于晴天 9：00—11：00 进行人工辅助授粉，盛花末期对授粉不好的雌穗逐一人工授粉，以提高小花受精率，增加粒数。

**5. 适时收获**

根据籽粒灌浆进程及籽粒乳线情况，在不严重影响下茬小麦播种的情况下尽量晚收，以保证籽粒充分灌浆和成熟，增加籽粒产量、提高品质。一般于 9 月底至 10 月初收获，保证籽粒灌浆期在50 天以上。

### （五）山西省夏玉米亩产 800 千克高产创建技术规范

**1. 品种选择**

所选品种的生育期要与当地麦收后下茬小麦播种之间的空余时间一致，此外应选择紧凑型品种，如郑单 958、农大 108、先玉335、晋单 38、晋单 42、晋单 56、晋单 63、华科 1 号等。

**2. 播前准备**

（1）选地及整地　主要为忻定盆地、运城盆地、临汾盆地等山西中南部地区，麦收后积温达 2 700 ℃以上，土质为石灰性褐土、褐土性土、褐土和脱潮土等，土壤 pH 6.5～7.0，有机质含量1.4%以上，碱解氮 75 毫克/千克以上，五氧化二磷 15 毫克/千克以上，氧化钾 140 毫克/千克以上，耕层深度 20 厘米以上，保水保肥，排水条件较好的中上等肥力地块。

前茬小麦播种前精细整地，深松，深度为 30～40 厘米。麦收前浇麦黄水，提高小麦产量的同时还可为玉米夏播提供较好底墒。小麦收获后及时灭茬、秸秆还田、翻耕，耕深 15～20 厘米。

（2）肥料准备及施肥　按土壤测试结果进行配方施肥，或根据当地土壤肥力，计算农家肥的基本养分量、肥料当季利用率等。实现亩产 800 千克的目标产量，每亩需施用纯氮 16～24 千克（折合尿素 32～50 千克）、五氧化二磷 12～15 千克（折合标准过磷酸钙80～100 千克）、氧化钾 10～15 千克（折合氯化钾 35～50 千克），并施用适量的微量元素肥料。基肥一般结合整地施用，每亩施腐熟农家肥 1.5～2.0 米$^3$、25％的氮肥、50％的五氧化二磷、全部氧化钾、1 千克硫酸锌，混匀后全耕层施入，深度为 20～30 厘米。注意种、肥隔开，以防烧种烧苗。

（3）灭鼠　鼠害较重（密度 5％以上）的地方，可用 0.015％～0.020％氯鼠酮钠毒饵等杀鼠剂。灭鼠最佳时期为小麦灌浆期，选晴好天气 15：00—16：00 投药。在事先查好并标记的鼠洞口约 10 厘米的上风头踩出一脚平地投放毒饵，每洞投入 5～10 克。投药后 3 天左右查找鼠尸并集中深埋，将毒饵踢入鼠洞埋掉。

（4）精选种子及种子处理　所选种子应纯度≥97％、发芽率≥85％、净度≥99％、含水量≤13％。选择饱满均匀一致的种子，或者选用包衣精加工的良种，以提高出苗率和群体整齐度。

精选种子后，于播前 15 天进行发芽率检验。播前 3～5 天，选无风晴天，将种子摊开在干燥向阳处晒 2～3 天，在水泥地面晾晒时种子厚度不得低于 3 厘米。根据山西省各地病虫害发生情况，针对不同防治对象选用通过国家审定登记并符合环保标准的种衣剂进行种子包衣，防治地下害虫及各种病害。

**3. 精细播种**

（1）播种时期及方式　麦收后抢茬直播、育苗移栽或套作，机械或人工播种。机械播种一般播深 5～7 厘米，要做到深浅一致、覆土均匀。采取深开沟、浅覆土、重镇压的措施，并保证将种子播在湿土上。人工播种则指开沟、覆土、镇压等作业由人工完成。采用等行距或宽窄行种植，等行距一般为 55～65 厘米，宽窄行一般为大行 80 厘米、小行 40 厘米。

（2）播种量　播种量可根据以下公式计算：播种量＝（计划亩株数×1.2×千粒重）/（发芽率×出苗率×1 000×1 000）。一般机械播种每亩 3.0～3.5 千克，人工播种每亩 2.5～3.0 千克。

**4. 田间管理**

（1）苗期管理

① 化学除草。莠去津类胶悬剂与乙草胺乳油（或异丙甲草胺）混合，兑水后在玉米播种后、出苗前、土壤较湿润时进行地面喷

雾。施药要均匀，做到不重喷、不漏喷。

②间苗、定苗。幼苗 3 叶期间苗，5 叶期定苗，尽量选择健壮、均匀一致的植株。

③中耕。及时中耕。

④蹲苗。苗期蹲苗可促进根系下扎、茎基部粗壮，有利于抗旱、防倒伏、壮苗。

（2）穗期管理　大喇叭口期前后（7 月 15 日左右），结合中耕除草开沟追肥，可追施 20%～25% 的氮肥、50% 的磷肥。结合追肥浇灌攻穗水，干旱地区则为雨养灌溉。

（3）花粒期管理　开花前 7 天左右，开沟追施氮肥总量的50%～60%，并浇灌浆水。灌浆后期如脱肥，可用 1% 尿素溶液＋0.2% 的磷酸二氢钾进行叶面喷施。

**5. 病虫害防治**

（1）地老虎　播种时随种每亩施 1.5% 辛硫磷颗粒 0.8～1.0千克；出苗后于早晨人工捕捉幼虫，或用 40% 辛硫磷乳油 200 倍液和炒熟豆饼每亩 5 千克拌成毒饵，撒施于植株一侧；成虫盛发期可采用高压汞灯进行诱杀。

（2）锈病　25% 三唑酮可湿性粉剂 800～1 000 倍液，间隔 7天，连喷 2 次。

（3）玉米螟　以物理防治和生物防治为主，以化学防治为辅。在玉米螟成虫盛发期采用高压汞灯诱杀，在玉米产区村阔地，每225 亩玉米田设置一盏高压汞灯，每天 20：00 至翌日 4：00 开灯捕杀；玉米螟化蛹率达 20% 时释放赤眼蜂进行防治，一般每亩释放2 万～3 万头，5～7 天后进行第 2 次放蜂；小喇叭口期，用 1.5%辛硫磷颗粒拌 50 倍沙，混匀后撒入心叶。

（4）大斑病、小斑病　发病初期，用 50% 多菌灵可湿性粉剂500 倍液或 50% 胂·锌·福美双可湿性粉剂 800 倍液或 70% 甲基硫菌灵可湿性粉剂 800 倍液等药剂，间隔 7 天，连喷 2 次。

（5）黏虫　每株平均有 1 头黏虫时，可用 2.5% 氯氟氰菊酯乳油（功夫）乳油按每亩 20 毫升兑水 30 升进行喷雾防治，或用

50％敌敌畏乳油 1 000 倍液进行喷雾防治，将黏虫消灭在 3 龄前。

（6）红蜘蛛 用 1.8％阿维菌素乳油 4 000 倍液进行喷雾防治。

**6. 适时收获**

成熟期收获。玉米成熟的标志为籽粒乳线基本消失、黑层出现。果穗收获后要及时晾晒、脱粒。

### （六）陕西省夏玉米亩产 800 千克高产创建技术规范

**1. 品种选择**

选用中早熟（夏播 95～105 天）、高产（产量潜力亩产 600 千克以上）、抗病（抗大小斑病、丝黑穗病、矮花叶病、粗缩病等主要病害）、耐旱、抗倒伏的玉米杂交种，如郑单 958、新户单 4 号、浚单 20、秦龙 11 和陕单 8806 等。

**2. 播前准备**

（1）选地 选择关中夏玉米区保水保肥、排水条件较好的中上等肥力地块。

（2）精选种子及种子处理 种子色泽光亮，具有本品种固有颜色，籽粒饱满，大小一致，无虫损，无破坏，符合《粮食作物种子第 1 部分：禾谷类》（GB 4404.1—2008）二级良种以上要求（纯度≥97％，净度≥99％，发芽率≥85％，水分≤13％）。

选择高效低毒无公害的玉米种衣剂，禁止使用含有克百威（呋喃丹）、甲拌磷（3911）等杀虫剂的种衣剂。可用 5.4％吡·戊玉米种衣剂包衣，控制苗期灰飞虱、蚜虫、粗缩病、黑粉病和纹枯病等。或采用药剂拌种，如用戊唑酮、福美双、三唑酮等药剂拌种可以减少玉米丝黑穗病的发生；用辛硫磷等药剂拌种，防治地老虎、金针虫、蝼蛄、蛴螬等地下害虫。

**3. 精细播种**

（1）播种时期 争取早播，高产田播种期在 6 月 5—10 日，最迟不能晚于 6 月 20 日。

（2）播种方式 推广硬茬直播、免耕直播技术。

① 硬茬直播。麦收后，立即用播种机或畜力开沟切茬点播，或人工免耕挖窝点播。可选用硬茬播种机，施肥、播种或起垄作业

一次完成。

② 免耕直播。若收割小麦时没有使用带秸秆切碎和抛撒装置的联合收割机，则可选用带灭茬功能的玉米免耕播种机，一次性完成小麦秸秆粉碎、灭茬及玉米播种、化肥深施等作业。

（3）种植方式　一般采用等行距种植，行距 60～70 厘米，株距 18～20 厘米。为改善田间通风和透光情况，可实行宽窄行种植，宽行 80～90 厘米，窄行 40～50 厘米。

大穗型玉米品种双株栽培技术：为弥补大穗型品种结实性差、植株高大易倒伏的缺陷，可推广大穗型玉米品种双株栽培技术，即每穴留大小一致的双苗，实行 2 000（穴/亩）×2（株/穴）的方式种植。

（4）施肥

① 秸秆还田，培肥地力。玉米籽粒收获后，可用秸秆还田机或将玉米秆切碎翻入土壤。

② 施肥量。每亩施纯氮 8～12 千克、五氧化二磷 3～4 千克、氧化钾 4～5 千克，并根据目标产量进行适当调整。

③ 合理安排施肥比例。硬茬直播田磷肥和钾肥结合播种（用硬茬播种机）一次施入。氮肥高产田攻秆肥（苗期）40％～50％、攻穗肥（大喇叭口期）50％～60％，中产田种肥 10％、攻秆肥 50％、攻穗肥 40％。

④ 推广玉米专用长效缓释肥。可在播种时或苗期一次施入全生育期所需肥料，缓慢释放作物所需要的养分，具有节本增效的作用。

⑤ 微肥。有条件的地方，可每亩增施硫酸锌 2 千克，没有施用过磷酸钙而用磷酸二铵的地块可增施硫黄 2 千克。硫酸锌和硫黄均作为基肥施用。

**4. 田间管理**

（1）苗期管理

① 及时间苗、定苗。3 叶期将丛苗疏开，5 叶期按株距定苗，若遇缺株，两侧可留双苗。若选用郑单 958 等小穗型品种，中肥力

地块每亩留苗可达 4 000 株，高肥力地块可达 4 500 株，高产田 5 000 株；若选用浚单 20 等中大穗型品种，则中肥力地每亩留苗可达 3 600～3 800 株，高肥力地块可达 4 000～4 500 株。留苗密度要根据品种特性、地力水平和当地生产条件确定。

② 中耕、培土、除草。拔节期，结合施肥在行间用犁开沟、培土，以利于沟灌和防止倒伏。开沟培土时严防压苗伤苗，若有板结现象，还应在封行前进行中耕、培土。可选用喷施选择性玉米除草剂消灭杂草，防止荒苗。防治玉米病虫害要坚持"预防为主，综合防治"和安全、有效、经济的原则。不能施用国家禁用的农药，严格按照农药使用说明科学用药。

③ 防治虫害。防治黏虫，必须在搞好麦田黏虫防治的基础上加强苗期黏虫防治。小麦收获前每平方米有低龄幼虫 0.5 头时，即用 90%敌百虫晶体 100 克溶于水喷洒在 5 千克切碎的青草或等量油渣上，制成毒饵，于傍晚撒入玉米行间，可兼治地老虎；也可用 90%敌百虫晶体 2 000～2 500 倍液或甲萘威 600～800 倍液喷雾治虫。玉米螟的防治可在心叶末期被害株率超过 5%时，每亩用生物农药苏云金杆菌乳剂 200～300 毫升加水稀释灌心叶。

④ 施肥。拔节前（5～8 叶期），施入全部钾肥（氯化钾 7～9 千克）、磷肥（过磷酸钙 25～30 千克）和总施氮量的 40%～50%（碳酸氢铵 19～30 千克或尿素 7～11 千克）。

⑤ 灌水。要求保证出苗水，巧灌拔节水。出苗水：播种时耕层土壤相对含水量应不低于 80%。可在麦收前浇灌麦黄水，或在播后浇灌压茬水。拔节水：拔节期（7 片叶展开）要求土壤相对含水量不低于 70%。

⑥ 灌溉方式。推广节水灌溉技术，建议改大畦为小畦，改长畦为短畦，改大水漫灌为小畦匀灌，改全田灌溉为隔沟分根交替灌溉等。

（2）穗期管理

① 施肥。10～11 叶期追施穗肥，施氮肥量占总施氮量的 50%～60%（每亩穴施尿素 11～17 千克）。大喇叭口后期，结合玉

米螟防治，每亩用 0.2～0.3 千克磷酸二氢钾兑水 40 升进行叶面喷施，可提高籽粒千粒重。

②灌水。要求灌好抽雄水。抽雄开花期要求土壤相对含水量不低于 80％，否则应及时灌水。

③防治玉米螟。露雄期，用 90％敌百虫晶体 800～1 000 倍液灌心叶，每千克药液可灌 60～100 株。

（3）花粒期管理

①去雄。玉米雄花未抽出时，隔行去雄。

②辅助授粉。花期遇到高温和干旱，花粉量不足或雌雄花期不协调时，可进行人工辅助授粉。

③灌水。要求饱灌升浆水。升浆成熟期要求土壤相对含水量不低于 75％。

**5. 适时收获**

当果穗苞叶变黄，籽粒变硬，乳线消失至 2/3 处时可适时收获。

**（七）新疆维吾尔自治区复播玉米亩产 700 千克高产创建技术规范**

**1. 品种选择**

选用高产、优质、早熟的玉米杂交种，如新玉 9 号、新玉 10 号、新玉 13、新玉 29、新玉 35、承单 19 等。

**2. 播前准备**

（1）选地及整地　选择地势平坦、土层深厚、肥力中等以上、土壤含盐量低、排灌条件良好的壤土或沙壤土地块。

播前进行造墒、整地、施基肥。于前茬小麦收获前 7 天左右浇足麦黄水，做到一水两用；或待小麦收获后及时浇底墒水，以保证地块底墒充足。前茬小麦收获后及早灭茬整地，并结合翻耕施基肥。每亩施农家肥 2 000 千克、尿素 10～15 千克、磷酸二铵 15～20 千克、硫酸钾 8～10 千克，混匀后深翻入土壤。翻后耙碎地块，做到墒足、地平、疏松、无残茬。

（2）选种子及种子处理　播前精选种子，种子质量应达国家种子分级标准的二级以上，即纯度≥97％、净度≥99％、发芽率≥85％、含水率≤13％。种子色泽光亮，籽粒饱满，大小均匀一致，具有本品种固有特征，无虫蛀，无破损。

播前选择晴天晒种 2～3 天，以提高种子活力。直接选购包衣种子，以防治地下害虫、玉米丝黑穗病和瘤黑粉病等。而对未包衣种子则应进行包衣处理，如可用 40％卫福 200FF 按种子量的 0.3％～0.5％进行拌种，可有效防治玉米丝黑穗病和瘤黑粉病。

**3. 精细播种**

（1）播种时期　根据前茬作物收获时间确定，一般以 7 月 5 日前完成播种为宜。

（2）播种方式　采用大小行（大行 60 厘米、小行 40 厘米）或等行距（60 厘米）种植，机械精量播种，要求下籽均匀、播深一致。随播种施入种肥，每亩施磷酸二铵 5 千克，种肥深施（以 8～10 厘米为宜）并与种子隔离。播后及时覆土镇压，注意覆土均匀。

（3）播种量　播种量因播种精度、种子发芽率及保苗密度的不同而不同，一般机械精量播种用种量为每亩 3 千克左右。

**4. 田间管理**

（1）化学除草　玉米播种后或播种前，每亩用 42％甲·乙·莠 150 毫升兑水 50 升，均匀喷洒于土壤表面，除草效果可达 90％以上。

（2）及时查苗、补苗　玉米出苗后，及时查苗、补苗，以保证全苗。

（3）间苗、定苗　幼苗 3 叶期间苗，4～5 叶期定苗，每穴留 1 株，缺苗处旁边留双株。去弱苗留壮苗，去病苗留健苗，以确保苗全、苗齐、苗匀、苗壮。

（4）中耕　出苗后，及时进行中耕 1～2 次，中耕深度 10～15 厘米。尤其是对于硬茬播种地块，中耕可清除田间根茬、杂草，并能破除土壤板结。

（5）及时灌水　幼苗 6～7 叶期及时灌头水。缺墒地块定苗后应立即灌水，之后每隔 15～20 天灌水 1 次，共灌水 4～5 次，每次每亩 80 米³ 左右。

（6）追肥　大喇叭口期结合中耕一次性追施，以氮肥（尿素）为主，每亩施尿素 20 千克，追肥深度 8～10 厘米，以提高肥料利用率。植株生长后期，为防止植株早衰，延长绿叶功能期，若穗肥不足，植株发生脱肥现象，可补施粒肥，每亩施尿素 10 千克左右，且宜早不宜迟。

（7）人工去雄　雄穗抽出而未散粉时进行人工隔行或隔株去雄，但地头、地边植株不宜去雄，以免影响正常授粉。

**5. 防治虫害**

（1）地老虎　地老虎是复播玉米苗期的主要害虫。

① 毒饵诱杀。每亩可用 90％敌百虫晶体 100～150 克，溶于水中，喷洒于 75 千克切碎的青草或 4～5 千克炒香的棉籽饼或菜籽饼上，拌成毒饵，于傍晚撒在玉米行中诱杀。

② 化学防治。用 50％氯吡硫磷乳油或 2.5％氯氟氰菊酯乳油 2 500 倍液（加氯吡硫磷乳油 20 毫升或氯氟氰菊酯乳油 15 毫升），宜在太阳落山时进行药剂喷雾防治。

（2）玉米螟　第 1 代玉米螟产卵初期，即 6 月上中旬，可用 36％达福 2 000 倍液或 20％康福多 5 000 倍液进行喷雾防治，喷药 2 次，间隔 7～10 天。也可用 90％敌百虫晶体 0.5 千克，于 500 千克水中溶解后进行喷雾或灌心。

8 月初，即第 2 代玉米螟产卵初期，可在田间人工释放赤眼蜂以有效防控第 2 代玉米螟。根据玉米螟的具体发生情况，每亩放蜂 4 万～6 万头，连续放蜂 3～4 次，每次间隔 3～5 天。

（3）叶螨

① 人工防治。结合除草追肥等，摘取玉米基部 1～3 片有螨（卵）叶片并带到田外深埋或喷药，可有效降低玉米田叶螨的基数。

② 化学防治。7 月下旬至 8 月上中旬，叶螨未达高峰前，可用持效期长的专用杀螨剂，如 73％炔螨特乳油 1 000～1 500 倍液，

或 25％四螨嗪 2 000 倍液，或 5％噻螨酮可湿性粉剂或乳油 1 500 倍液，或 50％四螨嗪悬浮液 4 000 倍液或 15％哒螨灵 2 000 倍液进行喷雾，既对天敌相对安全，又可有效控制叶螨的危害。

**6. 适时收获**

玉米籽粒乳线消失、种胚背面基部出现黑层时及时收获。果穗收获后及时晾晒、脱粒，待籽粒含水量达 14％以下时即可安全贮藏。

## （八）安徽省夏玉米亩产 800 千克高产创建技术规范

**1. 品种选择**

根据当地自然生态条件和生产水平，选用高产、优质、抗逆性强的优良玉米品种，如郑单 958、中科 11 和蠡玉 16 等。

**2. 播前准备**

（1）选地及整地　选择的高产创建示范区应达到一定生产规模，具有较好的工作基础和技术力量，并具有示范作用，基层政府重视，农民参与热情较高。示范区应为自然条件良好的玉米优势种植区域。所选地块应地块平整、土层深厚、土壤肥沃、通透性好，土壤有机质及速效养分含量较高，土壤物理性状好，地力中上，灌排条件良好。示范区应常年具有较高产量水平，综合利用各项栽培技术措施可达到亩产 800 千克的产量水平。

一般在玉米收获后小麦播种前进行翻耕，建议 2～3 年深耕（松）1 次，深耕应达到 30 厘米以上。小麦收获后，免耕贴茬播种玉米。

（2）肥料准备　施肥总量按每生产 100 千克籽粒需纯氮 3 千克、五氧化二磷 1.5 千克、氧化钾 3 千克计算。要实现玉米亩产 800 千克的产量目标则每亩需施纯氮 24 千克、五氧化二磷 12 千克、氧化钾 24 千克。折合每亩施尿素 52.2 千克、磷肥 100 千克、硫酸钾 48 千克。如施用复合肥和专用肥，可按以上数量和比例进行折算。另外，每亩再增施 1 千克硫酸锌。

（3）精选种子及种子处理　最好选用包衣种子。若选用不包衣种子，首先要精选种子，挑除破碎、发霉变质籽粒和秕粒，选用大小一致的籽粒。种子质量应达到纯度≥96％、净度≥99％、发芽率≥95％、含水率≤13％。

对于未包衣种子，应在播种前用40％辛硫磷和2％戊唑醇，按种子量的0.2％进行拌种，可防治粗缩病、苗枯病、丝黑穗病和地下害虫。

**3. 精细播种**

（1）播种时期　小麦收获后及时播种，一般以6月5—15日为宜。

（2）播种方式　主要有两种：一种是麦收后先用圆盘耙浅耕灭茬然后播种，一种是麦收后不灭茬直接播种，待出苗后再于行间中耕灭茬。直播要注意保证墒情好、深浅一致、覆土严密。采用等行距或大小行播种。等行距一般为50～65厘米；大小行时，大行距80～90厘米、小行距40～50厘米。播深5厘米左右。为确保苗齐、苗全，播后应根据土壤墒情酌情浇"蒙头水"，确保一次播种保全苗。对于土壤不施基肥而麦茬地免耕贴茬直播的地块，施种肥效果较好，但要注意种、肥分开，防止烧种（可选用玉米专用直播机完成）。

**4. 田间管理**

（1）苗期管理

① 化学除草。严格选择除草剂种类，准确控制用量。播种后出苗前施用的除草剂：15％硝黄草酮SP（SC）、乙草胺、异丙甲草胺、丁草胺、乙莠水（乙草胺和莠去津的混配剂）等。生产实践证明，每亩用50％乙草胺乳油100～120毫升兑水30～50升，均匀喷洒于地面，除草效果可达98％以上。土壤墒情好时，药效更明显。

② 及时间苗、定苗。一般3片可见叶时间苗，5片可见叶时定苗。定苗时要多留计划株数的5％左右，以备其后田间管理中拔除病弱株后使用。一般紧凑中穗型品种每亩留苗5 000株左右，紧凑大穗型品种每亩留苗4 000～4 500株。

③ 及时追肥。一般在定苗后至拔节期进行。除使用速效氮肥、

磷肥、钾肥外，也可追施腐熟农家肥。苗期追肥原则上磷肥、钾肥全部施入，氮肥一般为总追氮量的 20%～30%，沟施或穴施。化肥施用深度应大于 5 厘米，有机肥施用深度为 10 厘米左右。可在距玉米植株 15～20 厘米处开沟，将有机肥、化肥等一次施入，覆土盖严，提高肥效。

④ 防治病虫害。苗期害虫主要有地老虎、蚜虫和蓟马等，可进行种衣剂拌种或播种时使用毒土进行防治。出苗后，可用 2.5% 的溴氰菊酯 800～1 000 倍液，于傍晚喷洒于苗行地面，或配成 0.05% 的毒沙撒于苗行两侧防治地老虎。用 50% 辛硫磷 1 500～2 000 倍液防治黏虫。玉米苗期还易遭受病毒侵染，是粗缩病易发期，及时消灭田间和四周的灰飞虱，可减少病害发生。

（2）穗期管理

① 拔除弱株。及早拔除弱小植株，以提高群体质量。

② 培土。多雨年份，地下水位高的涝洼地，培土增产效果明显。干旱年份不宜培土，以免增加土壤水分蒸发、加重旱情。

③ 水肥管理。高产田穗肥占氮肥总追施量的 50%～60%。氮肥作追肥应深施盖严，以减少养分损失、提高利用率。氮肥以深施 10 厘米左右为最佳。穗期追肥一般距玉米行 15～20 厘米，条施或穴施。当 0～40 厘米土层土壤含水量低于土壤田间持水量的 70% 时，应及时灌溉。

穗期阶段要灌好两次水：第 1 次在大喇叭口前后，为追攻穗肥适期，应结合追肥进行，以利于发挥肥效，促进气生根生长；第 2 次在抽雄前后，一般灌水量要大，但也要看天看地，掌握适度。地面灌水通常采用沟灌或隔沟灌溉，既不影响土壤结构，又节约用水。穗期虽需水量较大，但土壤水分过多也会影响根系活力，从而导致大幅度减产。因此，多雨年份，积水地块，特别是低洼地，遇涝应及时排除。

④ 病虫害防治。穗期主要病虫害有大斑病、小斑病、叶锈病及玉米螟等。拔节期及抽雄前后各喷药 1 次，防治效果可达 80% 以上。玉米螟一般在小喇叭口期和大喇叭口期发生，可在 9～11 片

展开叶期间，将 2.5％辛硫磷颗粒剂撒于心叶丛中防治，每株 1～2 克。

（3）花粒期管理

① 补施粒肥。一般在雌穗吐丝前后追施，以速效氮肥为主，追肥量占总追肥量的 10％～20％，并注意肥水结合。

② 及时浇水与排涝。花粒期应灌好两次关键水：第 1 次为开花到籽粒形成期，是促粒数的关键水；第 2 次为乳熟期，是增加粒重的关键水。花粒期灌水要做到因墒而异，灵活运用。沙壤土、轻壤土应增加灌水次数；黏土、壤土可适时适量灌水；群体大的应增加灌水次数及灌水量。籽粒灌浆过程中，如果田间积水，应及时排涝，以防涝害导致减产。

③ 人工去雄。雄穗刚抽出而尚未开花散粉时，可拔除全田雄穗的 1/2（隔行或隔株）。地边、地头植株不要去雄，以利于边际玉米雌穗授粉。授粉结束后，再将余下的雄穗全部拔除。

④ 拔除空株。为减少空株对光、水、肥等资源的竞争和消耗，授粉 10 天后逐一检查全田植株，发现空株后将其拔除，以提高群体产量。

**5. 适时收获**

收获过早会导致生育期不足而减产。适期收获，即在玉米籽粒达到生理成熟时收获。籽粒生理成熟的主要标志有两个：一个是籽粒基部黑色层形成，一个是籽粒乳线消失。

## 三、西南玉米区玉米高产创建技术规范

### （一）四川省玉米亩产 700 千克高产创建技术规范

**1. 品种选择**

选择苗期耐低温、穗期耐高温、抗丝黑穗病和穗粒腐病、抗倒伏的高产品种，如成单 30、川单 418、正红 311、东单 60、隆单 8 号、正红 6 号、先玉 508 等。

**2. 播前准备**

（1）选地及整地　选择全年日照时长 1 200 小时以上、玉米关

键生长期昼夜温差 7 ℃以上、生育期内降水量 600 毫米以上的地块。

播栽前，对窄行进行深松，在窄行间挖一条深 20 厘米、宽 10 厘米的"肥水沟"。先将化肥均匀撒于沟下层，上面再撒农家肥。一般每亩施尿素 15～20 千克、过磷酸钙 30 千克、硫酸锌 1 千克、氯化钾 15 千克、硫酸镁 4 千克、腐熟干粪 1 000 千克，每亩浇底水 3 000 千克。

（2）精选种子及种子处理　所选种子应纯度≥98％、发芽率≥90％、净度≥98％、含水率≤13％，并按照规定进行种子包衣。

**3. 精细播种**

春播时间一般为 3 月 20 日至 4 月 20 日。根据所在区域的自然灾害特点（避开倒春寒和高温伏旱）和耕作制度可适当提早或推迟。根据当地最佳播种期，采用宽窄行直播。播种量一般为 1.5～2.5 千克/亩，可根据品种千粒重酌情增减。

亩产 700 千克的玉米高产田最好采用育苗移栽方式，具体技术规范如下：

（1）选用背风向阳的肥沃菜园地，先深挖整平，做成 1.3～1.7 米宽的苗床，以便于盖膜、管理和起苗。

（2）营养土配制以 30％～40％的腐熟有机渣料和 60％～70％的肥沃细土为基质，每 100 千克料土加入 1 千克过磷酸钙和 0.1 千克尿素，混匀后加清粪水至"手捏成团，触地即散"为宜。

（3）将营养土装至营养杯或软盘容量的 80％后，压实在苗床中。育苗数量要比计划苗数高 10％以上。

（4）每杯或每孔播种 1～2 粒，撒细土盖种厚度不少于 1 厘米。用已备好的 2 米长的竹片在苗床上搭上拱，再盖上 2 米宽的农膜，四周用土压严实。出苗后，及时浇水和揭膜炼苗以防烧苗。

（5）当苗床玉米幼苗达到 1 叶 1 心时，提前使用定距移栽打孔器进行定距打孔，再分级、定向、错窝、单株双行移栽。移栽苗数比目标苗数多 5％，幼苗 5～6 片可见叶时进行间苗和定苗。

（6）栽后管理时，必须以促根、壮苗为中心，紧促紧管。要勤查苗、早追肥、早治虫，并结合中耕松土促其快返苗、早发苗，力争在穗分化之前尽快形成较大的营养体，为高产奠定基础。

另外，在高海拔和干旱地区，可推广地膜覆盖栽培。

### 4. 田间管理

（1）化学除草　将莠去津类胶悬剂和乙草胺乳油（或异丙甲草胺）混合，兑水后在播后苗前土壤较湿润时进行土壤喷雾。干旱年份或干旱地区，土壤处理效果差，可用莠去津类乳油兑水在杂草2～4叶期进行茎叶喷雾。土壤有机质含量高的地块在较干旱时使用高剂量，反之使用低剂量，苗带施药按施药面积酌情减量。施药要均匀，做到不重喷、不漏喷，不能使用低容量喷雾器及弥雾机施药。

（2）间苗、定苗　幼苗3叶期间苗，4～5叶期定苗。留大苗、壮苗、齐苗，不苛求等距，但要按单位面积的保苗密度留足苗。一般每亩4 000株以上。

（3）追肥

① 穗肥。大喇叭口期，或见展叶差4.5～5.0叶，或叶龄指数50％～60％时猛施穗肥，以农家水粪兑匀速效氮肥，肥水齐上，促进穗分化。穗肥占总施氮量的50％，即每亩施尿素20～25千克兑匀农家粪水3 000千克。

② 花粒肥。玉米生长后期若脱肥，用1％尿素溶液＋0.2％磷酸二氢钾进行叶面喷施。时间最好为9:00前或17:00后。

（4）病虫害防治

① 大斑病。可用50％多菌灵可湿性粉剂500倍液，或50％胂·锌·福美双可湿性粉剂800倍液等药剂，于玉米雄花期喷1～2次，每隔10～15天喷1次。

② 小斑病。发病初期，用50％多菌灵可湿性粉剂500倍液，或65％代森锰锌可湿性粉剂500倍液等药剂，于心叶末期至抽雄期每7天喷1次，连喷2～3次。

③ 黏虫。6月中旬至7月上旬，每株平均有1头黏虫时，每亩用2.5％氯氟氰菊酯（功夫）乳油20毫升兑水30升进行喷雾，或

用50％敌敌畏乳油1 000倍液进行喷雾防治，将黏虫消灭在3龄前。

④ 玉米螟。白僵菌防治：春季玉米螟化蛹前，对玉米和高粱秸秆、茬垛将白僵菌75～100克/米³与10倍的细土（或滑石粉）拌匀，喷粉封垛；6月末，可在植株心叶间投撒白僵菌防治1、2龄玉米螟幼虫；或在玉米放螟羽化盛期用50％敌敌畏乳油浸泡的高粱秆2～3根/米³熏杀羽化成虫。

赤眼蜂防治：一般在6月初至7月10日剖秆调查。玉米螟化蛹率达20％时，后推11天第1次放蜂（每亩0.7万头），5～7天后第2次放蜂（每亩0.8万头）。每亩1～2个点，将蜂卡固定在植株中部叶片背面，将螟虫消灭在孵化前。

**5. 适时收获**

玉米籽粒成熟后及时收获，收获后及时晾晒脱粒。

## （二）重庆市玉米亩产800千克高产创建技术规范

**1. 品种选择**

选用高产、优质、抗逆性强的优良玉米品种，如渝单30、临奥1号、东单80、潞玉13、渝单19、川单30、鄂玉16、郑单22等。

**2. 播前准备**

（1）选地及整地　选择海拔500～1 300米的地区，土壤类型为紫色土，土壤pH 6.5～7.0，四周无荫蔽，向阳，地势平坦，土层深厚，土质较好，地力均匀，保水保肥，排灌方便，土壤有机质含量高，中等以上肥力地块。

整地包括净作和间套作。

① 净作。在冬季进行深翻整地，前茬作物收获后及时灭茬冬翻，做到根茬翻埋良好，耕深25～35厘米；播前整地主要是将土打细，达到待播状态，并注意保墒。等行距种植，行宽1米。

② 间套作。播前一个月进行整地，耕翻25～35厘米。播前打细，使土壤达到待播状态，并注意保墒。间套作物以马铃薯、小麦、蔬菜为主，玉米预留行宽为60～80厘米，间套作物幅宽40～

60 厘米。

（2）灭鼠　鼠害较重的地方（密度 5％以上），可用 0.005％溴敌隆毒饵或 0.015％～0.020％敌鼠毒饵等杀鼠剂。灭鼠最佳时期为春播前，选晴好天气 15：00—16：00 投药。在事先查好并标记的鼠洞口约 10 厘米的上风头踩出一脚平地投放毒饵，每洞投入 5～10 克。投药后 3 天左右查找鼠尸并集中深埋，将毒饵踢入鼠洞埋掉。

（3）精选种子及种子处理　播种前进行种子精选，去除秕粒、小粒、不合格粒等。精选种子后，于播前 15 天进行发芽率检验。播前 3～5 天，选无风晴天，将种子摊开在干燥向阳处晒 2～3 天。根据各地病虫害发生情况，针对不同防治对象选用通过国家审定登记并符合环保标准的种衣剂进行种子包衣来防治地下害虫及各种病害。

**3. 精细播种**

（1）播种时期　春季气温稳定达到 12 ℃以上时即可播种。重庆市平坝、浅丘地区一般 3 月中上旬播种，深丘、中低山区以 3 月下旬、4 月上旬播种育苗为宜，以利于缩短小麦玉米共生期、培育壮苗。

（2）育苗　采用肥球育苗或玉米专用育苗盘育苗，要求营养土中配合一定比例经过充分腐熟的有机肥和少量过磷酸钙，切忌添加尿素或碳酸氢铵，以防烂种；保持营养土结构疏松，为幼苗生长提供必要的养分和水分。每个肥球或方格放 1 粒种子，育苗数量应按照需要再增加 20％，以备查漏补缺。播后盖上细土 1～2 厘米，用清水喷湿盖膜保温。

（3）移栽　移栽前应抓住晴好天气，将地膜亮脚通气炼苗 1～2 天后，逐步揭膜炼苗 1～2 天。待幼苗 2 叶 1 心时开始移栽，严禁栽老苗、大苗。移栽时，按密度要求单株定向移栽或双株错窝定向移栽，实现窝大底平。要求选用苗龄、苗势一致的健壮苗。起苗时尽量不伤根，以便幼苗快速返青。深栽苗，苗低于土表 5 厘米，壅土后不按实，栽后用农家粪水一瓢两窝定根。适宜密度为 3 500～

4 000 株/亩。

### 4. 科学施肥

结合测土配方施肥，采用一底三追施肥方法，要求"施足基肥、适施苗肥、巧施拔节肥、重施攻苞肥"。

（1）基肥　要窝窝重施，并做到种、肥隔开以防烧种烧苗。一般每亩施农家肥 2 500 千克、生物有机复合肥 60 千克或三元复合肥（N∶P∶K 为 15∶15∶15）30 千克、过磷酸钙 30 千克、锌硼肥 2～3 千克；或每亩施硫酸锌 50 克、硼酸 30 克，兑农家粪水 750 千克穴施，然后覆浅土。

（2）苗肥　幼苗 5～6 片可见叶时（栽苗后 12～15 天），每亩用尿素 5～10 千克兑农家粪水 750 千克淋窝，施肥后中耕覆土。如移栽后连晴气温较高，应及时穴施农家粪水保苗。9～10 片可见叶时追施拔节肥，每亩用尿素 10～15 千克、复合肥 15 千克，兑农家粪水 750 千克淋窝。

（3）拔节肥　9～10 片可见叶时，每亩用尿素 10～15 千克、复合肥 15 千克，兑农家粪水 750 千克淋窝。

（4）攻穗肥　大喇叭口期，结合中耕培土进行施肥。在 2 株间打深穴（深 6～10 厘米，直径 3～4 厘米），将肥料施入穴内，然后大培土。

（5）巧施粒肥　依植株长势而定，穗肥充足、植株长势好、叶色浓绿、无早衰褪色现象的田块，可不施粒肥，以免延长生育期。若穗肥不足，植株发生脱肥现象，则应补施粒肥。粒肥的施用宜早勿迟。一般每亩施尿素 5 千克或碳酸氢铵 10～15 千克，打穴深施。也可用 1%～2% 尿素与 0.2% 的磷酸二氢钾混合液进行叶面喷施，亩用溶液 70～100 千克。

### 5. 病虫害防治

（1）大斑病　可用 50% 多菌灵可湿性粉剂 500 倍液，或 50% 胂·锌·福美双可湿性粉剂 800 倍液等药剂，于雄花期喷 1～2 次，每隔 10～15 天喷 1 次。

（2）小斑病　发病初期，用 50% 多菌灵可湿性粉剂 500 倍液，或 65％代森锰锌可湿性粉剂 500 倍液等药剂，从心叶末期至抽雄期每隔 7 天喷 1 次，连喷 2～3 次。

（3）纹枯病 拔节期和小喇叭口期，每亩用井冈霉素 1 500 克拌过筛无菌细土 150 千克，点入喇叭口，或喷施纹枯净（苯醚丙环唑）。若发现纹枯病病株，应及时剥除茎基部老残叶。

（4）小地老虎 苗期，用 50％杀螟丹可湿性粉剂拌炒香的米糠或麦麸（1：50）撒于玉米地中诱杀幼虫。

（5）黏虫 每亩用 2.5％氯氟氰菊酯（功夫）乳油 20 毫升兑水 30 升，或用 50％敌敌畏乳油 1 000 倍液进行喷雾防治，将黏虫消灭在 3 龄前。

（6）玉米螟

① 白僵菌防治。春季玉米螟化蛹前，对玉米和高粱秸秆、茬垛将白僵菌 75～100 克/米$^3$ 与 10 倍的细土或滑石粉拌匀，喷粉封垛。6 月末，可在植株心叶间投撒白僵菌防治 1、2 龄玉米螟幼虫。或在玉米放螟羽化盛期用 50％敌敌畏乳油浸泡的高粱秆 2～3 根/米$^3$ 熏杀羽化成虫。

② 高压汞灯捕杀。在玉米产区村屯的开阔地（距房屋 15 米以上），每 240 亩玉米田设置 1 盏高压汞灯。一般在 6 月中下旬至 7 月末，每天 20：00 至翌日 4：00 开灯捕杀。

③ 赤眼蜂防治。6 月初至 7 月 10 日剖秆调查。玉米螟化蛹率达 20％时后推 11 天进行第 1 次放蜂（每亩 0.7 万头），隔 5～7 天第 2 次放蜂（每亩 0.8 万头）。每亩 1～2 个点，将蜂卡固定在植株中部叶片背面，将螟虫消灭在孵化前。

**6. 适时收获**

籽粒出现黑层、玉米成熟后 7～10 天为最佳收获期。此时应及时收获，并在通风向阳处晾晒。

**（三）贵州省玉米亩产 800 千克高产创建技术规范**

**1. 品种选择**

根据当地生态条件及生产水平，选用高产、优质、多抗的优良玉米杂交种，如黔兴 201、贵单 8 号、顺单 6 号、兴海 201 等。

**2. 播前准备**

（1）选地及整地　选择光照条件好，土地平整，前茬作物为冬闲、绿肥或油菜，肥力中上等、保水保肥的地块。

冬闲地在春节前进行深翻晒土，入春后再进行犁耙，做到土块细碎、地面平整。绿肥和油菜地播种前及时深翻，精细整地。

（2）施肥　播种前施足基肥，每亩施农家肥 1 500～2 000 千克、过磷酸钙 25～50 千克、氧化钾 10～15 千克、硫酸钾（锌）约 1 千克，或每亩施玉米专用复合肥 50 千克。一般于播前 10 天开沟施肥并覆土。

（3）精选种子及种子处理　采用上年冬季于海南繁殖生产的种子，精选种子，确保种子饱满、均匀一致。

根据山地玉米丝黑穗病发生严重等情况，针对不同防治对象选用通过国家审定登记并符合绿色环保标准的种衣剂进行种子包衣，以防治地下害虫及各种病害。

**3. 精细播种**

（1）播种时期　一般于清明前后，土壤温度稳定在 10～12 ℃时进行播种。

（2）播种方式　直播或育苗移栽。直播时要做到深浅一致、覆土一致，育苗移栽要求幼苗的苗龄、苗势一致。

（3）合理密植　根据品种特性和各地光照条件等确定适宜种植密度，一般为 4 000～4 700 株/亩。

**4. 田间管理**

（1）育苗移栽　育苗移栽地块，可在幼苗 2 叶 1 心至 3 叶时进行移栽。移栽深度以齐茎上绿白分界处为佳，栽后随即浇施定根粪水，使根土自然紧密，然后覆盖一层干土，以减少蒸发。

（2）间苗、定苗　直播地块，玉米出苗后要早间苗、适当晚定苗，即在 3 叶期间苗、5～6 片可见叶时定苗。定苗时要除去弱苗、病苗、虫苗，留壮苗、匀苗、齐苗。缺苗时可在同行或相邻行就近留双株，缺苗太多时则应及早补苗。

（3）追肥

① 苗肥。每亩追施尿素 15 千克。

② 穗肥。大喇叭口期，结合中耕培土进行追肥，每亩追施尿素 25 千克。先追肥后培土，培土高度为 20 厘米左右。

③ 花粒肥。每亩追施尿素 10 千克。

（4）**防治病虫害**

① 地老虎。移栽和定苗后，注意防治地老虎。

② 玉米螟。大喇叭口期，可用杀虫双等的颗粒剂进行防治。

③ 大斑病、小斑病。抽雄前发病初期，清除植株下部病叶，用 50％多菌灵可湿性粉剂 500 倍液或 75％百菌清可湿性粉剂 500～800 倍液等进行喷施。

④ 纹枯病。发病初期，于茎基部喷施 5％的井冈霉素或 40％的菌核净 1 000～1 500 倍液。

**5. 适时收获**

待果穗苞叶变枯松散、籽粒变硬、乳线消失并出现光泽时，及时收获。

**（四）广西壮族自治区玉米亩产 500 千克高产创建技术规范**

**1. 品种选择**

选用耐旱耐瘠、高产、优质、适宜密植的优良玉米品种，如正大 619、迪卡 007、玉美头 168、迪卡 008、瑞恒 269 等。

**2. 播前准备**

（1）**选地** 必须选择光照较充足、有灌溉保证或者降水较充沛的地区，年日照时长不少于 1 800 小时、玉米关键生长季昼夜温差 5 ℃以上、生育期内降水量 600 毫米以上或水源充足区域。选择土壤肥沃、有机质含量比较丰富、肥效比较高的地块。

（2）**整地及施肥** 若前茬作物是水稻或为水田，一般应在前茬作物收获后犁翻土地，晒田一个冬季，开春后重新犁耙，土壤细碎后起垄播种。若为旱坡地，则应视土壤疏松度决定是否犁耙，如果硬实，应进行犁耙整地，如果疏松则可直接免耕开穴播种。

必须按照土壤测试结果进行配方施肥，或根据当地土壤肥力情况施足基肥。一般每亩施腐熟农家肥 1 000～1 500 千克，加复合肥20 千克作为基肥。如果没有农家肥，则每亩施复合肥 40 千克作为基肥。施基肥时，先按穴淋水肥垫底，将复合肥施于穴与穴之间，将种子播于水肥干后的穴中，然后用腐熟的农家肥覆盖种子，最后覆土盖种盖肥。

（3）精选种子及种子处理　种子质量必须符合国家标准，即种子纯度≥98％、发芽率≥90％、净度≥98％、含水量≤13％。按照规定对种子进行包衣处理。

**3. 精细播种**

（1）播种时期　5～10 厘米地温稳定在 10～12 ℃时进行播种。桂南平坡地和河谷地带春玉米适播期为 1 月底至 2 月中旬，桂中、桂北地区春玉米适播期为 2 月底至 3 月中旬，桂西山坡地及高寒地带春玉米适播期为 3 月中旬至 4 月上旬，秋季播种为 7 月中下旬至8 月初。根据所在区域自然灾害特点（避开倒春寒、春旱和秋旱）和耕作制度可提早或推迟。

（2）播种方式

① 直播。根据当地最佳播种期，采用双行单株或单行单株直播。最好于土壤处于最佳含水量时播种，以确保播种质量。若遇天气干旱，则应先灌水后播种。

② 地膜覆盖直播。可比常年春季露地玉米的正常播期提前 7～10 天。当 5～10 厘米地温稳定达到 10 ℃以上、土壤水分适宜时即可播种和盖膜。采用双行单株种植，做畦，畦面宽 80～90 厘米，沟宽 30～40 厘米，深 10～15 厘米，种沟深 5 厘米，两沟间距 40厘米，株距 20～30 厘米；每亩一次性施入优质农家肥 1 500～2 000 千克、钙镁磷肥 75～100 千克、钾肥 5～6 千克、复合肥15 千克作基肥。播种后每亩用莠去津或丁草胺 150 克兑水 60 升均匀喷洒于畦面、畦沟，取 1.0～1.2 米宽、0.005 毫米厚的地膜，在畦沟一头挖 10～15 厘米的沟将地膜一端埋入，然后沿畦面铺平拉紧，膜边用泥土压实封紧，膜面隔段用土块镇压防风。播种时用营养杯育苗或直接在地头加播总播种量的 10％，以备补苗用。地

膜覆盖直播的苗期管理主要是保证全苗、促根壮苗。穗期管理主要是促根壮秆，促进果穗发育。花粒期管理主要是防止早衰，促进籽粒灌浆。

③育苗移栽。选择背风向阳的肥沃菜园地或玉米种植地块的旁边，先深挖整平，做成 1.3～1.7 米宽的苗床，以便于盖膜、管理和起苗；营养土配制以 30％～40％的腐熟有机渣料、60％～70％的肥沃细土为基质，每 100 千克料土加入过磷酸钙 1 千克、尿素 0.1 千克，混合均匀后，加农家粪水至"手捏成团，触地即散"为宜；将营养土装至营养杯或软盘的 80％后，压实在苗床中。育苗数量要比计划苗数多 10％以上；每杯或每孔播 1 粒种子，撒细土盖种，厚度不少于 1 厘米，用已准备好的 2 米长的竹片在苗床上搭拱，再盖上 2 米宽的农膜，四周用土压严实。出苗后，及时浇水和揭膜炼苗，防止烧苗；当苗床玉米苗长至 2 叶 1 心时就可以移栽了。建议使用定距移栽打孔器在准备好的种植地块上进行定距打孔，再分级、定向、错窝进行移栽。移栽苗数比目标苗数多 5％，在 5～6 片可见叶时间苗、定苗；栽后管理必须以促根、壮苗为中心，紧促紧管。要勤查苗，早追肥，早治虫，并结合中耕松土促其快返苗、早发苗，力争使其在穗分化之前尽快形成较大的营养体，为高产奠定基础。

（3）合理密植　春玉米一般品种和平展型品种（如正大 619 等）3 500～3 800 株/亩，半紧凑型品种（如迪卡 007 和桂单 22 等）3 800～4 000 株/亩，紧凑型品种 4 000～4 200 株/亩。此外，秋玉米要适当加大种植密度。

**4. 田间管理**

（1）及时补苗、间苗和定苗　3 叶前，查苗、补苗和间苗，间苗时每穴留 2 株，补苗移栽要选傍晚或阴天，带土移栽补苗，栽后要浇足定根水。4～5 叶时定苗，每穴留 1 株，去除弱苗，保留匀壮苗，缺苗的穴四周可适当留双苗。

（2）追肥

①幼苗 4～6 叶期。结合中耕除草早追攻苗肥，每亩施尿素

5～6 千克、氯化钾 5 千克，兑农家粪水 500 千克，均匀淋施于植株之间或旁边，以促进幼苗生长。

② 幼苗 8～9 叶期。及时追施攻秆肥，每亩施复合肥 10 千克、氯化钾 5 千克，或每亩施农家粪水 500～1 000 千克，然后进行除草松土和小培土。

③ 大喇叭口期或抽穗前。结合施攻苞肥进行中耕除草和大培土。

④ 孕穗期或抽穗前。重施攻苞肥，每亩施尿素 20 千克、复合肥 20 千克，施于玉米植株间，然后进行大培土。

（3）水分管理 以抗旱和排涝为主。玉米整个生长期内均要求保持土壤湿润，遇旱时则要及时灌水抗旱，无灌溉条件的可淋施农家粪水抗旱。遇涝时要及时排除田间积水。

（4）去雄和人工辅助授粉 当雄穗从顶叶抽出 1/3～1/2 时，隔行或隔株（全田的 1/3 或 1/2）及时将雄穗拔除。散粉吐丝期，选择晴天上午露水干后人工辅助授粉 2～3 次，每次间隔 2～3 天。

**5. 病虫害防治**

（1）大斑病、小斑病 发病初期，每亩可用 43％戊唑醇乳剂 15 毫升兑水 50 升，或 25％丙环唑乳剂 12 毫升兑水 50 升，或 50％多菌灵粉剂 100 克兑水 50 升，或 50％异菌脲乳剂 30 毫升兑水 50 升进行喷雾防治。

（2）纹枯病 发病初期，及时剥去感病叶鞘和病叶，阻止危害蔓延。同时，每亩使用 20％井冈霉素可湿性粉剂 50 克，兑水 50 升进行喷雾防治。

（3）茎腐病 每亩可用 50％多菌灵粉剂 100 克，兑水 50 升进行喷雾防治。

（4）南方锈病 发病初期，可用 25％三唑酮可湿性粉剂 800 倍液或 50％吡唑灵可湿性粉剂 1 500 倍液进行喷雾，隔 7～10 天喷 1 次，连喷 2～3 次。

（5）玉米螟 每亩可用 1％甲氨基阿维菌素 12 毫升拌细沙 2 千克，或每亩用白僵菌粉剂 20 克拌细沙 2 千克，进行点心防治。

（6）蚜虫　每亩可用 70％吡虫啉水分散颗粒剂 1.4～1.9 克，兑水 50 升进行喷雾防治。

（7）玉米铁甲虫　可选用溴氰菊酯、氰氯菊酯等，稀释 1 500 倍左右，每亩喷药液 50～60 千克喷杀成虫。铁甲虫产卵盛期及幼虫孵化初期，每亩喷洒 90％敌百虫晶体 800 倍液或 50％杀螟松乳油 1 000 倍液进行防治。

（8）地老虎　苗期，用 50％辛硫磷乳油兑水 1 000 倍，或 25％的溴氰菊酯 2 000 倍液进行喷雾防治。

**6. 适时收获**

玉米成熟期即籽粒乳线基本消失、基部黑色层出现时收获，收获后及时晾晒。春季玉米应在 6 月上中旬收获，秋季玉米应在 11 月上旬左右适时收获。

### （五）云南省玉米亩产 800 千克高产创建技术规范

**1. 品种选择**

因地制宜，选用熟期适宜、高产、优质、抗病性强、适于密植的优良玉米品种，如路单 8 号、宣黄单 4 号、云瑞 8 号、云瑞 6 号、云瑞 47、云瑞 88、云瑞 21、云德 3 号等。

**2. 播前准备**

（1）选地　选择 4—10 月降水量和积温均能达到玉米生长要求、土层深厚、土质为红壤、保水保肥、肥力均匀的中上等肥力地块。

（2）整地及施肥　机械翻耕土壤，有条件的地区进行土壤深松，要求土壤细碎疏松，无大土块架空，地面平整。秋收后就地腐熟还田。翌年宽、窄行互换。

按土壤检测结果进行配方施肥，或根据当地土壤肥力参考以下标准进行施肥：基肥一般每亩施优质农家肥 1 000～1 500 千克，农家肥（根茬、秸秆粉碎直接还田或腐熟还田）结合翻地或整地一次施入。条施 45％的玉米专用肥 50 千克。

（3）灭鼠　春播前或幼苗移栽后，摆放杀鼠醚等高效杀鼠剂，做好春季鼠害防治工作。做好标记和警示，以防误食。收集鼠尸集中深埋。

（4）精选种子及种子处理　严格精选种子，保证种子发芽率在98％以上。种子全部实行种衣剂包衣，并分级播种。播前晒种2～3天，并检测发芽率。根据各地病虫害发生情况，针对不同防治对象选用通过国家审定登记并符合绿色环保标准的种衣剂进行种子包衣来防治地下害虫及各种病害。

**3. 精细播种**

（1）播种时期　结合自然条件和耕作水平，适时播种，确保播种质量。一般于4月下旬至5月上旬播种。

（2）播种方式　包括机械播种和人工播种器播种。宽窄行种植或等行距种植，平均行距60～90厘米。下粒均匀，每穴播种3～4粒，深浅一致，播深7～10厘米。地边适当播种营养袋苗，以备补苗之用。育苗移栽地块，实行拉绳定距开行规范条栽，以提高大田整齐度，保障有效果穗数。

（3）合理密植　春玉米一般品种和平展型品种（如正大619等）3 500～3 800株/亩，半紧凑型品种（如迪卡007和桂单22等）3 800～4 000株/亩，紧凑型品种4 000～4 200株/亩。此外，秋玉米要适当加大种植密度。

**4. 田间管理**

（1）苗期管理

① 化学除草。播后苗前，每亩可用40％莠去津或42％甲·乙·莠或异丙草莠等200毫升＋50％乙草胺200～250毫升，兑水45升，均匀喷雾。苗后，可在杂草3叶以下时（杂草越小，效果越好），每亩用80％玉农乐（烟嘧磺隆）可湿性粉剂4～6克兑水后进行叶面处理；7叶以上时（拔节后株高60厘米以上），可用30％苯唑草酮进行行间定向喷雾。施药要均匀，做到不重喷、不漏喷。

② 间苗、定苗。幼苗3叶期间苗，4～5叶期定苗。留大苗、壮苗、齐苗，不苛求等距，但要按单位面积的保苗株数留足苗（每亩5 000株左右）。

③ 病虫害防治。播种或移栽前，可在土壤中撒施药剂，以防

治地老虎、黏虫、蓟马、粗缩病等。

（2）穗期管理

① 追肥。幼苗 7～8 叶 1 心时进行第 1 次追肥，每亩施尿素 10 千克、普通过磷酸钙 15 千克。大喇叭口期进行第 2 次追施，每亩施尿素和普通过磷酸钙各 15 千克。追肥部位应在距植株根 10～15 厘米处，追肥深度为 12～15 厘米。为促进玉米抗病增产，拔节期喷施 0.2%～0.3% 的磷酸二氢钾 2～3 次，喷施 0.1%～0.3% 的硫酸锌水溶液 1 次。

② 防治病虫害。大喇叭口期，可用辛硫磷颗粒剂或玉米螟专用颗粒剂灌心，或用敌杀死乳油进行喷雾防治。6 月中旬至 7 月上旬，当平均每株有 1 头黏虫时，每亩可用 2.5% 氯氟氰菊酯（功夫）乳油 20 毫升兑水 30 升进行喷雾防治，或用 50% 敌敌畏乳油 1 000 倍液喷雾防治，将黏虫消灭在 3 龄前。

（3）花粒期管理　注意防治病虫害。灰斑病要统防统治，发病初期可摘除带病底叶，选用 70% 甲基硫菌灵等农药进行喷雾防治。大斑病、小斑病发病初期，可用 70% 甲基硫菌灵或多菌灵 500 倍液进行防治。防治锈病可于发病初期用 5% 三唑酮 500 倍液或 40% 福星（氟硅唑）乳油 8 000 倍液，连喷 2 次，间隔 10～15 天。

**5. 适时收获**

玉米成熟期正值山区多雨季节，因此应于晴天及时抢收。果穗收获后不宜长时间堆放，应及时剥皮晾晒，以防霉变，确保丰产丰收。

### （六）广东省甜玉米高产创建技术规范

广东省春、秋种甜玉米鲜穗亩产 1 000 千克，冬种甜玉米鲜穗亩产 800 千克。

**1. 品种选择**

选用品质优、产量高、抗性好、适应性广的广东省农业主导品种，如新美夏珍、粤甜 10 号、金凤 5 号等。

**2. 播前准备**

（1）选地　所选地块应与其他基因类型或不同粒色玉米品种有

200 米以上空间隔离；时间隔离应错开花期 15 天以上（视播种季节及各品种熟期而定）以防止串粉变质，确保甜玉米各品种固有特性；必须无工业三废及农业、城镇生活、医疗废弃物等污染。选择集中连片、光温条件良好、灌排方便、土壤质地疏松肥沃的沙壤土或壤土，土壤 pH 6～7。

（2）鼠害防治　春耕前统一防鼠，一般可选择有老鼠活动的路径投毒饵诱杀。每亩可用 0.75% 杀鼠醚水剂 500 克兑 40 ℃热水 20 升拌稻谷 100 千克，放入薄膜袋内混匀密闭 24 小时，并注意翻动 3～4 次。投放时每小堆投放 20 克毒饵，15 天后再投饵 1 次。

（3）整地及施肥　整地 2 犁 2 耙，结合全层施入有机肥。做畦包沟 1.3～1.4 米，沟宽 30～40 厘米，畦宽 1.0～1.1 米，行距 50 厘米，株距 25～30 厘米。同时，根据地块地貌开好十字沟、环田沟和田外排水沟，以方便排灌。在第 1 趟犁耙平后，全层施入有机肥，每亩施腐熟有机肥 800～1 200 千克，同时每亩混沤 12% 过磷酸钙 50 千克，连作地需加施硫酸锌 0.50～0.75 千克。第 2 次犁耙后做畦，也可在做畦时沟施基肥。

（4）精选种子及种子处理　甜玉米种子顶土力弱，播前应精选种子以提高田间成苗率，要求种子纯度≥97%、净度≥99%、含水量≤13%、发芽率≥85%。

播前 3～5 天，选择晴天晾晒种子 2～3 次，以提高发芽势促齐苗，注意不要暴晒。每千克种子用 2.5% 的咯菌腈悬浮种衣剂 1～2 毫升兑水 10～20 毫升进行手工拌种，即拌即播种，也可晾晒干后装袋备用。

**3. 精细播种**

（1）播种时期　广东省地域广，南北气候差异大，播种期除依照品种说明外，还应参考当地甜玉米的常年播种习惯。要适当早播，以尽早抢占市场，提高效益。

春播：日平均气温稳定在 12 ℃时即可直播。若为保护地育苗移栽，则可提早 5～7 天播种。广东省大部分地区甜玉米的适宜播期为 2 月中旬至 3 月下旬。

秋播：适宜播期为 8 月上旬至 9 月上旬，要求抽穗授粉至灌浆期气温稳定在 18 ℃以上。

冬种：适宜播期为 10 月中旬至 11 月中旬，要求抽穗授粉至灌浆期气温稳定在 18 ℃以上。

（2）播种方式

① 直播。每畦开 2 条种肥沟，沟深 5～6 厘米、沟宽 10～15 厘米、沟距 40 厘米。在沟内每亩施复合肥 15 千克（复合肥含纯氮、五氧化二磷、氧化钾各 15％，下同），在距种肥沟 5 厘米处各开一条深 3 厘米的播种沟，每穴点播 2 粒种子。播种深度为春季 2 厘米，秋季 3 厘米，冬季 3 厘米；盖种用的泥块直径不宜超过 0.6 厘米。直播田块播种后 1～2 天每亩可用 50％乙草胺乳油或 72％异丙甲草胺乳油 100 克兑水 50 升进行喷雾，以防除杂草。播后出苗前，应保持土壤田间持水量的 70％～80％。播后若土壤干燥，可沟灌 1 次 1/3 沟深的水层，自然浸润畦面后及时排干渍水，以确保种子发芽所需的水分，同时避免积水烂种烂根。

② 育苗移栽。

A. 配置营养土。选择壤质肥沃的菜园土或田泥 70％、腐熟农家肥和草木灰土 30％，每立方米营养土加入复合肥 0.25 千克、硫酸锌 50 克，搅拌均匀。

B. 选育苗器皿。蜂窝式纸筒规格：长 80 厘米、宽 40 厘米、300 孔（孔径 3.8 厘米）、高 5 厘米。

育苗塑料软盘规格：长 66 厘米、宽 33 厘米、100 穴。

营养泥团：可将营养土加水调至干湿适中、捏成鸭蛋大小或切成 4 厘米×4 厘米的豆腐方格状泥团。

C. 苗床准备。选择阳光充足、排灌方便的田块做畦，畦高 20～25 厘米，畦宽可按育苗盘长度或纸筒宽度的 2 倍再加 20 厘米畦边，畦长一般 6～7 米。营养泥团的苗床畦宽 1.4 米、畦长根据需要确定。苗床畦面要求整平夯实。将育苗器皿双行平铺于苗床上，装入 4 厘米厚的营养土，淋透水落干备用。育苗用的营养泥团同样摆放在苗床上备用，也可利用苗床畦面表土 5 厘米配制营养土，刮平、淋透水落干后切成 4 厘米×4 厘米的小方格进行方格育苗。

D. 播种。每穴（筒、团）播 1 粒种子，播后覆盖营养土，春播盖 1.5～2.0 厘米，秋播盖 2.0～2.3 厘米，冬播盖 2.0～2.3 厘米。

E. 苗床保护。春播后，用小拱棚塑料薄膜覆盖，棚拱高 50 厘米左右，以防寒。秋播后，可用遮阳网平棚略西斜加盖稀疏稻草（遮光率 20％～30％）遮光防晒，棚高 80～90 厘米，使其四面通风。同时，在苗床畦面周围培土 6～7 厘米，以保护苗床，避免雨水冲刷翻盘翻筒。

F. 苗床管理。

a. 淋水。播后淋透水 1 次，出苗前土壤含水量应保持在土壤田间持水量的 70％，出苗后应保持在 60％～65％。一般于播后苗前，晴天早、晚各淋水 1 次；出苗后每天淋水 1 次，若遇旱，则早、晚各淋水 1 次。

b. 通风炼苗，防晒防雨。春播出苗后如遇晴暖天，可揭开畦面两端薄膜，以通风炼苗；移植前 2～3 天全揭膜炼苗。秋播播种后，应注意遮阳防晒和防暴雨冲刷。

c. 病虫鼠害防治。苗床期病害主要有种子霉烂、苗枯病、根腐病等，主要害虫有小地老虎、斜纹夜蛾、甜菜夜蛾、蝼蛄、蟋蟀、蛴螬等，主要害鼠有黄毛鼠、褐家鼠及板齿鼠等，要及时防治病虫害（详见病虫鼠害防治部分）。

d. 施好送嫁肥水和送嫁药剂。移栽前 2～3 天，可喷洒 1 次全营养型叶面肥，100 克肥兑水 50 升；同时喷施苏云金杆菌乳剂。送嫁水在移栽前 6～7 小时的晴天进行喷淋，以保持根系的泥块不至松脱。

e. 移栽。一般春播在幼苗 3 叶 1 心时进行移栽，秋播在幼苗 3 片叶时进行移栽。要求带泥带种子移栽，移栽后淋定根水 1～2 次。

f. 防除杂草。每亩可用 50％都阿合剂 200 毫升或 38％莠去津胶悬剂 150 克兑水 50 升，在移栽后畦面、畦边进行喷施，以防除杂草。

### 4. 田间管理

（1）苗期管理

① 及时查苗、补苗、定苗。直播田一般在出苗期进行适时查苗。补苗一般选择在 17:00 后或阴天进行移密补疏，补苗要求带泥带种子移苗，同时要求淋定根水，晴天翌日应再淋水 1 次。有条件的地区最好预留 3%～5% 的种子用营养土育苗，以备补苗用。定苗一般在 4 叶期施苗肥前进行，每穴定苗 1 株，要求去弱苗、小苗、病苗和杂苗。一般品种种植密度 3 000～3 500 株/亩，矮秆紧凑型品种种植密度 3 500～4 500 株/亩。

② 肥水管理。直播田幼苗 4 片叶时、育苗移栽田在返苗后淋1 次苗期水肥，每亩 50 千克水加 5 千克腐熟农家肥或 50 克复合肥，再加 100 克尿素、100 克氯化钾淋施。4～5 天后，淋第 2 次，浓度一般要增加 1/2。第 2 次淋水肥后，对生长偏弱的小苗可偏施 1～2 次水肥，以促进植株生长均匀平衡。春季雨水多，秋季有时遇暴雨，应注意及时疏沟排渍水。

③ 中耕除草。暴雨转晴后，应及时浅松土、小培土。培土时，要覆盖裸露在地面的根系。

（2）穗期管理

① 去除分蘖。及时去除分蘖，保持田间通风透光，确保营养集中供应主茎。

② 及时追肥。拔节肥可于幼苗叶龄指数为 35% 时施用，如总叶片数 18 片的中熟品种在 6～8 片展开叶时进行。每亩追施尿素10～13 千克、复合肥 15 千克、钾肥 10～15 千克。在两株中间穴施，并结合追肥进行培土。攻苞肥一般在叶龄指数为 60%（即大喇叭口期）时追施。每亩追施尿素 15～18 千克、氯化钾 8～10 千克。先将肥料撒施于畦面，再大培土至畦高 26.5～30.0 厘米。若无雨水，土壤湿度小时，可沟灌 1/4～1/3 沟深的跑马水自然浸润畦面。

③ 水分管理。拔节—抽雄前，以干湿交替为原则，当土壤含水量在田间持水量的 65% 以下时，可沟灌 1/5～1/4 沟深的跑马

水。抽穗前后 10 天为水分敏感期，土壤含水量以田间持水量的 70%～80%为好，注意防旱、防涝渍。

④ 防倒伏。深培土促根系发达，提高抗倒伏能力。大风大雨天气植株倒伏时，应及时扶起，并培土固定或用支架绑扶。

（3）花粒期管理

① 人工辅助授粉。如遇连续阴雨或干旱天气，要抢时人工辅助授粉 1～2 次，以提高结实率。

② 剥除小果穗。晴天应将主穗以下的小穗及时剥除，以便集中营养供应主穗。对茎秆健壮、双穗率高的品种，也可适当选留同时吐丝的双果穗。

③ 摘除雄穗。授粉完成后，可将雄穗连同顶部 1～2 片叶一起摘除，有利于通风、透光、抗倒伏。

④ 肥水供应。授粉后，视苗情每亩可撒施尿素 3～5 千克作为壮粒肥。也可喷施叶面肥 1 次，将 1 000 倍全营养型叶面肥或 500 倍磷酸二氢钾溶液喷洒在叶面和叶背面，以湿润为限。保持土壤含水量在田间持水量的 70%～80%，注意不可过早断水或遇涝渍害，以免植株早衰。

**5. 病虫害防治**

（1）玉米螟　苗期到大喇叭口期前，可用 1.8%阿维菌素 1 000 倍液、10%溴虫腈乳油 1 000 倍液或虫瘟 1 号（斜纹夜蛾核型的角体病毒）之玉米螟专用杀虫粉 800 倍液进行喷雾防治，或每亩用虫瘟 1 号之玉米螟专用杀虫粉 500 克拌细沙 5～7 千克混匀后撒入心叶。大喇叭口期每亩可用含 100 亿个以上孢子的苏云金杆菌粉 200 克或 98%杀螟丹原粉 50 克或用虫瘟 1 号之玉米螟专用杀虫粉 500 克与 5～7 千克干细土拌均匀，撒入喇叭口（每株 2 克），每隔 7～10 天撒施 1 次，连续撒 2 次，直至抽雄期。授粉结束后，可在雌穗花丝上投放同样剂量的虫瘟 1 号之玉米螟专用杀虫粉，以防治危害果穗的玉米螟。

（2）斜纹夜蛾、甜菜夜蛾、梨剑纹夜蛾　糖、醋、敌百虫、水按 6∶3∶1∶10 的比例配制饵液诱杀成虫，或用黑光灯、频振式杀虫灯诱杀成虫。幼虫低龄期，在傍晚前后喷施苏云金杆菌乳剂 1 000 倍液进行防治。

（3）蚜虫、蓟马、灰飞虱、小绿叶蝉　可用 10％吡虫啉 1 500 倍液，隔 10～15 天喷雾 1 次。

（4）小地老虎、蟋蟀、蛴螬、蝼蛄等地下害虫　可用 90％敌百虫晶体 30 倍液 0.15 千克拌入炒香的饵料（花生麸、玉糠或玉米碎粒）2.5 千克，加 1 千克切碎的苦荬菜叶，在傍晚撒施于玉米苗基部附近，可诱杀小地老虎幼虫、蟋蟀、蝼蛄的成虫和若虫。也可每亩用 5％辛硫磷微粒剂 0.75 千克拌潮湿细沙土 20 千克，于播前撒入播种沟。出苗后，可用 90％敌百虫晶体兑成 1 500 倍液淋于根际或 400 倍液拌沙、细土撒施于根际。

### 6. 适时收获

从雌穗吐丝开始，≥10 ℃有效积温达到 280～330 ℃，果穗苞叶青绿，包裹较紧，花丝枯萎转深褐色，籽粒体积膨胀至最大值，色泽鲜艳，压挤时呈乳浆，籽粒含水量为 70％～75％时即可收获。

春播甜玉米适宜采收期较短，一般在吐丝授粉后 20～22 天，宜选择晴天 9:00 前或 16:00 后进行采收。秋播甜玉米适宜采收期略长，一般在吐丝授粉后 22～25 天，采收时间宜选择晴天 10:00 前或 15:00 后。冬种甜玉米的采收期略推迟一些。

# 第九章　特用玉米栽培技术

特用玉米具有较高的经济价值、营养价值或加工利用价值，由于其用途与加工要求不同，因此在栽培过程中须注意根据不同种类玉米的用途制定相应的栽培技术。

## 一、甜玉米栽培技术

甜玉米是甜质型玉米的简称，是由普通型玉米发生基因突变经长期分离选育而成的一个玉米亚种（类型）。根据控制基因的不同，可将甜玉米分为三种类型：普通甜玉米、超甜玉米、加强甜玉米。

**1. 选择品种**

超甜玉米品种宜用作水果、蔬菜玉米上市，普通甜玉米品种宜用于制作罐头。

**2. 严格隔离**

甜玉米容易产生花粉直感现象，因此，要与其他玉米严格隔离种植，必须利用空间或障碍物进行隔离，隔离距离大于 300 米。也可错期播种，一般春播要间隔 30 天以上、夏播间隔 20 天以上。

**3. 适时播种**

甜玉米发芽需要的适宜温度为 32～36 ℃，在春季温度低时，发芽所需天数增加。地温为 13 ℃时，需 18～20 天发芽，地温为 15～18 ℃时，需 8～10 天发芽，地温为 20 ℃时只需 5～6 天发芽。一般当气温稳定通过 13 ℃、5 厘米地温达到 11 ℃以上时即可播种。

**4. 科学用肥**

每亩施用有机肥 1 000～1 500 千克、尿素 15～18 千克、磷酸二铵 30～40 千克、氯化钾 15～18 千克作基肥，分别在拔节前有 7～8 片可见叶时与抽雄前 10 天左右追施氮肥 7.5～10.0 千克。

### 5. 适时间苗、定苗

4～5 片叶时间苗，6～7 片叶时定苗，适宜密度为 4 000～5 000株/亩。

### 6. 中耕除草

中耕除草具有提高地温、保蓄土壤水分和改善营养状况的作用，第一次在 4～5 片叶时进行浅中耕，一般为 3 厘米，7～8 片叶时深中耕 10 厘米左右，拔节以后浅中耕 3 厘米。一般从拔节到抽雄前，结合中耕除草轻培土 2～3 次，以增强抗倒伏能力。

### 7. 清除分蘖

苗期玉米开始分蘖时及时掰除，尽量不伤及主茎。

### 8. 病虫防治

（1）选择抗病品种

（2）害虫防治　苗期的地下害虫主要是地老虎和蝼蛄。防治地老虎和蝼蛄，可把麦麸等饵料炒香，每亩用饵料 4～5 千克，加入 90% 敌百虫晶体的 30 倍液 150 毫升，拌匀成毒饵，傍晚撒施，进行诱杀。或在幼虫 2 龄盛期，用 80% 敌敌畏 1 500 倍液沿玉米行喷施。

心叶期和穗期的主要害虫是玉米螟，幼虫蛀入茎秆危害，造成茎秆或雄穗折断，钻入果穗危害籽粒，会大大降低玉米商品性，尽量用赤眼蜂或白僵菌进行生物防治，绝不能用残留期长的剧毒农药。

### 9. 适时收获

除了制种留作种子用的甜玉米要到籽粒完熟期收获外，做罐头、速冻和鲜果穗上市的甜玉米，都应在最适食味期（乳熟前期）采收。

不同品种、不同地点的甜玉米采收时间不同，在上海，普通甜玉米籽粒在授粉 23 天后采收，在江苏淮阴等地，在授粉 17～21 天后采收。在河南郑州等地，超甜玉米在授粉 20～25 天后采收。

**10. 判断甜玉米适期采收的方法**

（1）含水率法　因为含水率与甜玉米的食味有着密切的关系。由于甜玉米利用类型不同，对采收期籽粒中含水率的要求也不同、用作整粒罐头、整粒冷冻、粉末的要求含水率为 73％～76％；用作奶油型罐头的要求含水率为 68％～73％；带芯冷冻、青穗上市的要求含水率为 68％～72％。

（2）果皮强度法　用穿孔法测定果皮强度，以确定适宜采收期。果皮强度在授粉后不断增加，最佳果皮强度，整粒冷冻的为 240～280 克，制作奶油型罐头的为 280～290 克。

（3）有效积温法　普通甜玉米与超甜玉米的适宜采收期分别为吐丝后有效积温达 270 ℃/天与 290～350 ℃/天。

# 二、糯玉米栽培技术

糯玉米籽粒中含 70％～75％的淀粉、10％以上的蛋白质、4％～5％的脂肪、2％的多种维生素，籽粒中蛋白质、维生素 A、维生素 $B_1$、维生素 $B_2$ 含量均高于稻米。

**1. 选用良种**

选用适合当地自然和栽培条件的杂交种。根据市场要求搭配早、中、晚熟品种。

**2. 隔离种植**

参考甜玉米隔离技术。

**3. 合理安排播期**

根据市场与消费者需求，合理安排春播、夏播和秋播时间。

糯玉米播种的初始时间为气温稳定通过 12 ℃时，采用苗床棚架薄膜营养钵育苗，可以使播种期比露地提前 10～15 天。

首期薄膜育苗移栽到大田后再覆膜促进壮苗早发。覆盖时间在移栽前 3～5 天，以充分利用光能，增加移栽时地温，缩短缓苗期。首期播种以后，按照市场的需求，每隔 7～10 天再播种一批，最迟播期只要能保证采收期气温在 18 ℃以上即可。一般江浙沪地区最后一批播期可在 7 月底至 8 月上旬。

#### 4. 合理密植

糯玉米合理的种植密度与品种、肥水和气候有关。高秆、晚熟品种，每亩种植 3 000～3 500 株。矮秆、中早熟品种，每亩种植 4 000～4 500 株。肥力较高适当密植，肥力较差适当稀植。在低纬度和高海拔地区适当密植。

#### 5. 科学施肥

糯玉米应增施有机肥，均衡施用氮肥、磷肥、钾肥。每亩施用充分腐熟的优质农家肥 2 500～3 000 千克与复合肥 30～40 千克作基肥。2～3 片全展叶时施尿素 15 千克、氯化钾 20 千克，在离苗 6～10 厘米处开沟条施、施后覆土。8～9 片全展叶时轻追氮肥（尿素 10～15 千克），10～11 片全展叶时重施攻穗肥（尿素 40～50 千克），并在追肥后及时浇水。

#### 6. 去除分蘖，加强人工辅助授粉

在拔节后期应及时摘除无效分蘖，减少水分和营养消耗，促进茎秆粗壮，防止倒伏，增加产量。遇到高温、刮风、下雨等不利气候条件，可视情况进行人工辅助授粉。

#### 7. 适期采收

根据用途不同适期采收。收获籽粒的，待籽粒完全成熟后收获；利用鲜果穗的，要在乳熟末期或蜡熟初期采收。

不同的品种最适采收期有差别，主要由食味决定，一般春播灌浆期气温在 30 ℃左右，以授粉 25～28 天后采收为宜，秋播灌浆期气温 20 ℃左右，以授粉 35 天后采收为宜。

### 三、爆裂玉米栽培技术

爆裂玉米是玉米种中的一个亚种，是专门用来制作爆米花的玉米，其爆裂能力受角质胚乳的相对比例控制。

#### 1. 选择适宜品种

选择千粒重在 130 克左右、膨爆率不低于 95％、膨爆倍数不低于 25 倍、抗逆性好、产量高的品种。

**2. 严格隔离**

空间隔离参照甜玉米栽培技术。春播要求错期 40 天以上，夏播要求错期 30 天以上。

**3. 精细整地**

爆裂玉米籽粒较小，出苗较弱，对播种质量要求较高，且生育期较长，对养分需求量高。要重视基肥的施用，以有机肥为主，配合磷肥、钾肥和少部分速效氮肥，每亩施有机肥 1 500～2 000 千克、尿素 10～15 千克、磷酸二铵 30～45 千克、氯化钾 15～20 千克。土地耕翻后要精细整地，耙平耙匀。

**4. 分期播种**

爆裂玉米因遗传因素及不良环境条件的影响，易产生雌雄花脱节现象，雌穗遇不良的自然条件，吐丝时间要比雄穗抽雄晚 20 天左右，为保证爆裂玉米的正常授粉结实、提高籽粒产量，种植过程中可采用分期播种的方式，即在同一地块先播下 80% 的种子，其余 20% 可等 15 天左右再播一次，以此协调花期。适宜种植密度为 3 800～4 000 株/亩。

**5. 科学追肥**

在 3 叶期定苗后，每亩追肥量：拔节前追施尿素 8～10 千克，大喇叭口期追施尿素 15～18 千克、磷肥 10～12 千克、钾肥 5～6 千克。

**6. 杂草防治**

玉米出苗前，使用乙阿合剂 300～400 克，兑水 30～40 千克喷洒于地表，进行化学除草。玉米苗 3～4 叶期，结合施苗肥进行浅中耕。7～8 叶期结合追施穗肥深中耕除草。

**7. 害虫防治**

爆裂玉米主要害虫有玉米螟、大螟、蚜虫、地老虎等。及早采用低毒高效农药进行化学防治，或利用天敌害虫进行生物防治。

**8. 适时采收**

爆裂玉米最佳采收期比普通玉米略迟。苞叶干枯松散、籽粒变硬发亮时即完熟期，可进行收获。摘回果穗后，晾晒至籽粒含水量在 14%～18%时脱粒。

## 四、笋玉米栽培技术

笋玉米是指以采摘刚抽花丝而未受精的幼嫩果穗为目的的一类玉米。笋玉米包括专用型笋玉米、粮笋兼用型笋玉米、甜笋兼用型笋玉米。

### 1. 选用良种、分期播种

选用多穗、早熟、耐密植、笋形细长、产量高、品质好的品种。采用地膜覆盖、育苗移栽、品种搭配等手段分期播种，延长采收期。

### 2. 精细整地、合理密植

笋玉米发芽能力弱，对整地质量要求较高，要求土壤足墒、深耕、细耙，南方最好做畦种植，土壤干湿适宜，播种深度在 5 厘米左右。春播可覆膜种植，夏播越早越好。每亩适宜种植 4 000～5 000 株。

### 3. 肥水管理

每亩施用有机肥 2 500～3 000 千克和磷酸二铵 40～50 千克作基肥、尿素 6～10 千克作种肥，拔节期追施尿素 20～30 千克，遇到干旱要及时灌水。

### 4. 及时去雄

笋玉米的采收一般是雌穗抽丝前后几天，不需要授粉受精，应及时去雄，去雄在雄穗刚刚露出时进行。

### 5. 及时采收

玉米笋品种在花柱伸出 1～3 厘米时即可采收，每隔 1～2 天采一次笋，7～10 天内可把笋全部采完。采笋时应特别注意不撕坏叶片或伤及茎秆，对收获的笋及时进行加工处理。

## 五、青贮玉米栽培技术

青贮玉米是指专门用于饲养家畜的玉米品种，按植株类型分为分枝多穗型和单秆大穗型，按用途分为青贮专用型和粮饲兼用型。

**1. 选地与整地**

选择土层深厚、养分充足、疏松通气、保肥保水性能良好的壤土或沙质壤土。深翻 27～30 厘米，耕翻与施基肥同时进行，基肥每亩施用量为有机肥 3 000～5 000 千克。在一些土壤水肥条件较好、土质较为松软的田地上，前茬收获后，将地面的残茬处理完后，可进行免耕播种。

**2. 品种选用**

由于栽培目的不同，青贮专用型玉米应选择生长旺盛、分蘖力强、株高、叶大、叶多、果穗既大又多、粗纤维含量较低、生育期在 100 天左右的品种。

**3. 种子处理**

选择成熟度好、粒大饱满、发芽率高、生命力强的种子，为了防治地下害虫、确保全苗壮苗，播前对种子进行浸种催芽或药剂拌种。

**4. 种植密度**

各地区应根据当地的地力、气候、品种等情况具体确定种植密度。早熟平展型矮秆杂交种适宜密度为每亩 4 000～4 500 株；中早熟紧凑型杂交种适宜密度为每亩 5 000～6 000 株；中晚熟平展型中秆杂交种适宜密度为每亩 3 500～4 000 株；中晚熟紧凑型杂交种适宜密度为每亩 4 000～5 000 株。

**5. 精细播种**

地温稳定在 8～10 ℃后可以播种，播种深度以 5～6 厘米为宜。通常行距为 60～70 厘米，用青贮收割机收割的地块，行距应与收割机的收割宽幅配套，可穴播，也可条播。每亩种肥施用量为尿素 7.5～10.0 千克、磷酸二铵 8～10 千克、氯化钾 7.5～10.0 千克，条施或穴施。

**6. 苗期管理**

玉米叶片达到 2～3 片真叶时及时间苗，选留大小一致、叶片肥厚、茎秆扁而矮壮的苗，拔除病苗、弱苗和杂苗。在长出 5 片真叶时定苗，留苗密度视地力、品种特性等而定。

**7. 中耕除草**

在 6～7 片叶时结合追肥中耕除草和培土。一般定苗后进行 2～3 次中耕除杂草。中耕一般控制在 3.0～4.5 厘米，避免伤根压苗。此时如发现仍有地下害虫，可用毒饵防除。

**8. 追肥**

分别在拔节与抽穗前进行追肥，每次每亩追施尿素 5～10 千克。

**9. 灌溉**

有条件的地区视墒情适时灌溉，每次追肥后应立即浇一次水，干旱时浇水，保持土壤含水量在土壤田间持水量的 70% 左右。

**10. 培土**

玉米经过数次中耕除草、追肥、灌水后有部分根裸露于地面且在生长发育期间长出气生根时，应进行培土，保证玉米从土壤中吸收足够的养分，并防止倒伏。

**11. 收获**

一般在蜡熟期或乳熟期收获，收获后及时切碎青贮。

# 六、优质蛋白玉米栽培技术

优质蛋白玉米又称高赖氨酸玉米或高营养玉米，是指蛋白质组分中富含赖氨酸的特殊类型。

**1. 种子处理**

选择颗粒饱满、发芽率 90% 以上的健康种子，选择适宜的包衣剂拌种。

**2. 隔离种植**

主要采取空间隔离与障碍物隔离的方式，一般隔离不少于 200 米。

**3. 一播全苗**

精细整地，做到耕层土壤疏松、上虚下实。在当地日平均气温稳定在 12 ℃以上时直播。在春季干旱地区，必须灌好底水、施足基肥。播种不宜过深，以 3～5 厘米为宜。

**4. 合理密植**

种植密度要根据土质、肥水条件、品种特性及田间管理水平来确定。土质肥水条件较差的地块应适当稀植；土质肥水条件较好的地块和育苗移植地块可适当密植，一般每亩种植 3 000～4 000 株。

**5. 科学施肥**

每亩施用 3 000～4 000 千克有机肥、40～50 千克玉米专用复合肥作基肥，拔节期每亩追施尿素 10～12 千克、硫酸钾 8～10 千克，大喇叭口期每亩追施尿素 20～25 千克。

**6. 中耕培土**

苗期应进行浅中耕，拔节时应结合追肥进行深中耕，并浅培土，一般耕深 6～8 厘米。大喇叭口期追肥后浅中耕。

**7. 防治病虫**

苗期主要害虫为地老虎、蛴螬，成株期主要是玉米螟。应及早采用低毒高效农药进行化学防治，或利用天敌害虫进行生物防治。

**8. 收获与贮藏**

当果穗苞叶变黄、籽粒变硬、乳线消失至 2/3 处时可适时收获。收获后晾晒至籽粒含水量在 18％以下时脱粒，脱粒后再晾晒到水分降至 14％，入仓贮藏。

# 七、高油玉米栽培技术

高油玉米是一种籽粒含油量比普通玉米高 50％以上的玉米类型。普通玉米的含油量一般为 4％～5％，而高油玉米含油量高达 7％～10％，有的可达 20％左右。

**1. 选用适宜的品种**

根据不同生态区的特点选择适宜的品种。

**2. 适期早播**

高油玉米生育期较长，籽粒灌浆较慢，应适期早播。一般在麦收前 7～10 天进行麦田套作或麦收后贴茬直播，也可采用育苗移栽的方法种植。

**3. 合理密植**

高油玉米每亩适宜种植 4 000～4 500 株。

**4. 科学施肥**

每亩施有机肥 1 000～2 000 千克、磷酸二铵 15～18 千克、尿素 15～20 千克、硫酸钾 12～16 千克、硫酸锌 1～2 千克，苗期追施尿素 4～5 千克，小喇叭口期追施尿素 18～25 千克。

**5. 化学调控**

高油玉米植株偏高，容易倒伏，需适当采取化学调控措施，根据化学调控剂种类，选择适宜的生长发育时期喷施。

**6. 其他管理**

其他管理同普通玉米。

# 第十章 玉米品种介绍

## 第一节 普通玉米品种简介

依据我国玉米种植区划和各种植区域的气候类型、生态条件、耕作制度、品种特性及生产实际等因素，将我国玉米生产区划分为11个类型区，各类型区有其适宜的普通玉米品种。

### 一、北方极早熟春玉米类型区

该玉米类型区≥10 ℃年活动积温为 1 900～2 100 ℃，主要包括：①黑龙江省北部及东南部山区第四积温带；②内蒙古自治区呼伦贝尔市部分地区、兴安盟部分地区、锡林郭勒盟部分地区、乌兰察布市部分地区、通辽市部分地区、赤峰市部分地区、包头市北部、呼和浩特市北部；③吉林省延边朝鲜族自治州、白山市的部分山区；④河北省北部坝上及接坝的张家口市和承德市的部分地区；⑤山西省北部大同市、朔州市、忻州市、吕梁市海拔 1 200 米以上地区；⑥宁夏回族自治区南部山区海拔 2 000 米以上地区；⑦甘肃省兰州市、定西市、临夏回族自治州和张掖市海拔 2 000 米以上地区。

代表品种：德美亚 1 号、益农玉 14、利合 228。

#### （一）德美亚 1 号

推荐理由：此品种为 2023 年农业农村部推荐的主导玉米品种，同时被列入《国家农作物优良品种推广目录》，2022 年在我国的推广面积为 107 万亩。

审定编号：黑审玉 2004014。

品种名称：德美亚 1 号。

品种来源：2000 年以自选系 KWS10×KWS73 为母本、以 KWS49 为父本杂交选育而成。原代号 KX7349。

选育单位：德国 KWS 种子股份有限公司。

特征特性：幼苗出苗快，茎秆紫色，活秆成熟，株型半收敛。花药黄色，花丝淡绿色。成株高 240 厘米，穗位高 80 厘米。果穗锥形，穗长 18～20 厘米，穗行数 14 行，百粒重 30 克。籽粒为硬粒型，容重 780 克/升。粗蛋白含量为 9.06％～9.11％、粗脂肪含量为 4.17％～5.17％、淀粉含量为 72.28％～74.12％、赖氨酸含量为 0.24％～0.29％。接种鉴定，大斑病 3 级，丝黑穗发病率 18.3％～22.7％。在适宜种植区生育期 110 天左右，从出苗到成熟需≥10 ℃年活动积温 2 100 ℃左右。

产量表现：2002—2003 年黑龙江省区域试验平均亩产 570.1 千克，较对照品种卡皮托尔增产 17.4％；2003 年黑龙江省生产试验平均亩产 475.3 千克，较对照品种卡皮托尔增产 16.8％。

栽培要点：5 月 1—5 月 10 日播种，6～7 叶期一次定苗，每亩保苗 4 500 株。选中等以上肥力地块，每亩施种肥磷酸二铵 15～20 千克，每亩追施尿素 20～25 千克。

适宜区域：黑龙江省第四积温带上限地区。

该品种还通过了吉林省（吉审玉 2012048）、内蒙古自治区（蒙认玉 2012013 号）、河北省（冀审玉 2014034 号）和四川省（川审玉 20223001）的审定，可在相关区域推广种植。

## （二）益农玉 14

推荐理由：此品种在该区推广面积较大，2022 年在我国的推广面积为 145 万亩。

审定编号：黑审玉 2017041。

品种名称：益农玉 14。

品种来源：以 R0102 为母本、以 R11012 为父本杂交选育而成。原代号益农 1309。

选育单位：法国 RAGTSEMENCES。

特征特性：普通玉米品种。在适宜区出苗至成熟天数为 111 天左右，需≥10 ℃年活动积温 2 150 ℃左右。该品种幼苗期第一叶鞘紫色，叶片绿色，茎绿色。株高 275 厘米，穗位高 85 厘米，成株可见 14 片叶。果穗圆筒形，穗轴粉色，穗长 19.8 厘米，穗粗 4.4厘米，穗行数 12～14 行，籽粒硬粒型、黄色，百粒重 31.2 克。两年品质分析结果：容重 746～763 克/升，粗淀粉 72.83％～75.42％，粗蛋白 8.12％～9.34％，粗脂肪 4.59％～4.75％。三年抗病接种鉴定结果：中感至感大斑病，丝黑穗病发病率 10.4％～15.9％。

产量表现：2014—2015 年区域试验平均每公顷产量 11 170.6 千克，较对照品种德美亚 1 号平均增产 10.7％；2016 年生产试验平均每公顷产量 8 843.0 千克，较对照品种德美亚 1 号平均增产 9.5％。

栽培要点：在适宜区 5 月上旬至中旬播种，选择中等以上肥力地块，采用清种栽培方式，亩保苗 6 000 株左右。每公顷施有机肥10 吨左右、磷酸二铵 225～300 千克、硫酸钾或氯化钾 75～100 千克作基肥；拔节期追施尿素 200～300 千克/公顷。幼苗生长快，及时铲蹚管理，注意防虫，及时收获。肥水条件差的地块，种植密度不宜过大。

适宜区域：黑龙江省第四积温带上限地区。

### （三）利合 228

推荐理由：此品种在北方极早熟春玉米类型区推广面积较大，2022 年在我国的推广面积为 127 万亩。

审定编号：国审玉 20190020。

品种名称：利合 228。

品种来源：NP01153×NP01154。

选育单位：山西利马格兰特种谷物研发有限公司。

特征特性：北方极早熟春玉米组出苗至成熟 119.5 天，与对照德美亚 1 号熟期相同。叶片绿色，叶缘绿色，花药浅紫色，颖壳绿色。株型半紧凑，株高 276 厘米，穗位高 98 厘米，成株叶片数17～18 片。果穗锥至筒形，穗长 19.4 厘米，穗行数 14～18 行，穗轴粉红，籽粒黄色、偏硬粒型，百粒重 31.3 克。接种鉴定，感大斑病、灰斑病，高感丝黑穗病，抗茎腐病，中抗穗腐病，籽粒容重 747 克/升，粗蛋白含量 11.56%，粗脂肪含量 5.62%，粗淀粉含量 71.17%，赖氨酸含量 0.30%。

产量表现：2016—2017 年参加北方极早熟春玉米组区域试验，两年平均亩产 719.4 千克，比对照德美亚 1 号增产 9.8%。2017 年生产试验，平均亩产 681.0 千克，比对照德美亚 1 号增产 9.7%。

栽培要点：①该品种的适宜播期在地温稳定在 10 ℃左右、4 月底至 5 月上旬左右；②选择中等以上肥力地块，基施复合肥或硝酸磷肥 40 千克，每亩追施尿素 20 千克；③每亩保苗 5 000～6 300 株；④注意对种子使用含有戊唑醇、烯唑醇等成分的种衣剂进行包衣处理。

适宜区域：北方极早熟春玉米区包括黑龙江省北部及东南部山区第四积温带，内蒙古呼伦贝尔市部分地区、兴安盟部分地区、锡林郭勒盟部分地区、乌兰察布市部分地区、通辽市部分地区、赤峰市部分地区、包头市北部、呼和浩特市北部，吉林省延边朝鲜族自治州、白山市的部分山区，河北省北部坝上及接坝的张家口市和承德市的部分地区，山西省北部大同市、朔州市、忻州市、吕梁市海拔 1 200 米以上地区，宁夏南部山区海拔 2 000 米以上地区，甘肃省兰州市、定西市、临夏州和张掖市海拔 2 000 米以上地区。

该品种还通过了山西省（晋审玉 20170002）和新疆维吾尔自治区（新审玉 2018 年 29 号）的审定，可在相关区域推广种植。

## 二、北方早熟春玉米类型区

该玉米类型区≥10 ℃年活动积温为 2 100～2 300 ℃，主要包括：①黑龙江省中北部及东南部山区第三积温带；②内蒙古呼伦贝尔市部分地区、兴安盟部分地区、乌兰察布市部分地区、赤峰市部分地区、通辽市部分地区、包头市部分地区、呼和浩特市部分地区；③吉林省延边朝鲜族自治州、白山市、通化市的部分山区；④河北省北部接坝地区；⑤宁夏南部山区海拔 1 800～2 000 米地区；⑥山西省北部大同、朔州市、忻州市、吕梁市、太原市、阳泉市海拔 1 000～1 200 米丘陵山区；⑦甘肃省定西市、临夏州、酒泉市海拔

1 800～2 000 米地区。

代表品种：德美亚 3 号、利合 328、富尔 116 等。

## （一）德美亚 3 号

推荐理由：此品种为 2023 年农业农村部推荐的主导玉米品种，同时被列入《国家农作物优良品种推广目录》，2022 年在我国的推广面积为 118 万亩。

审定编号：黑审玉 2013022。

品种名称：德美亚 3 号。

品种来源：2005 年以外引系 9F592 为母本、以 6F576 为父本杂交选育而成。

选育单位：德国 KWS 种子股份有限公司。

特征特性：出苗至成熟 118.0 天左右，需≥10 ℃年活动积温 2 320 ℃左右，属普通玉米品种。幼苗绿色，第一叶鞘紫色，茎绿色。株高 297.0 厘米，穗位高 87.0 厘米，成株可见叶片数 14 片。果穗圆柱形，穗长 19.0 厘米，穗粗 4.6 厘米，穗行数 12～14 行，穗轴白色。籽粒黄色、马齿型，百粒重 34.2 克。两年品质分析结果为容重 733～767 克/升、粗淀粉 72.37%～73.19%、粗蛋白 11.07%～11.16%、粗脂肪 3.05%～3.13%。三年抗病接种鉴定结果为大斑病 3 级，丝黑穗病发病率 13.5%～15.8%。

产量表现：2011—2012 年黑龙江省生产试验，平均公顷产量 8 996.8 千克，比对照绥玉 7 号增产 17.7%。

栽培要点：选中等以上肥力地块种植，5 月上旬播种，采用垄作机播栽培方式，公顷保苗 5.25 万株左右。公顷施基肥磷酸二铵 300 千克、钾肥 112.5 千克，拔节期追施尿素 225 千克。及时铲蹚管理，做好化学除草，适时收获。注意及时防治丝黑穗病。

适宜区域：黑龙江省第二积温带下限地区和第三积温带上限地区。

该品种还通过了吉林省的审定（吉审玉 2013001），可在相关区域推广种植。

## （二）利合 328

推荐理由：此品种在北方早熟春玉米类型区推广面积较大，

2022 年在我国的推广面积为 116 万亩。

审定编号：蒙审玉 2018006 号。

品种名称：利合 328。

品种来源：以 NP01185 为母本、以 NP01154 为父本杂交选育而成。母本引自利马格兰欧洲育种站，该系利用自育自交系 IVT44N 和 IVX77 杂交后，经连续自交 8 代选育而成；父本引自利马格兰欧洲育种站，该系是利用 IFW91×QR15 为基础材料经连续自交 8 代选育而成。

选育单位：山西利马格兰特种谷物研发有限公司。

特征特性：出苗至成熟 122 天，比对照丰垦 008 晚 1 天。幼苗叶鞘浅紫色，叶片绿色。颖壳绿色，雄穗一级分枝 6～13 个，花药黄色，花丝浅紫色，茎浅紫色。株型半紧凑，株高 272 厘米，穗位高 92 厘米，成株叶片数 20 片。果穗锥形，穗轴红色，穗长 19.1 厘米，穗粗 4.5 厘米，秃尖 0.6 厘米，穗行数 14～16 行，行粒数 37.0 粒，出籽率 85.5%。籽粒橙黄色、偏硬粒型，百粒重 32.3 克。接种鉴定，抗大斑病（3R），感弯孢叶斑病（7S）；中抗丝黑穗病（7.7%MR）、玉米螟（5.7MR），抗茎腐病（7.5%R）。籽粒含粗蛋白 8.35%、粗脂肪 4.23%、粗淀粉 76.18%、赖氨酸 0.25%。该品种为高淀粉玉米品种。

产量表现：2015 年参加早熟组预备试验，平均亩产 822.9 千克，比对照增产 18.7%；2016 年参加早熟组区域试验，平均亩产 734.5 千克，比组均值高 6.71%；2017 年参加早熟组生产试验，平均亩产 632.0 千克，比对照增产 1.08%。

栽培要点：5 月上中旬播种；每亩种植 5 000～6 000 株，肥水条件好的地块可适当密植；每亩基肥施入 30 千克复合肥，喇叭口期追施尿素 15 千克。

适宜区域：内蒙古自治区≥10 ℃年活动积温 2 200 ℃以上地区。

该品种还通过了新疆维吾尔自治区（新审玉 2017 年 24 号）、青海省（青审玉 2017002）、山西省（晋审玉 20180003）和甘肃省

（甘审玉 20190029）的审定，同时被黑龙江省［（黑）引玉〔2018〕第 131 号］和吉林省［（吉）引种〔2019〕第 1 号］引种，可在相关区域推广种植。

### （三）富尔 116

推荐理由：此品种在北方早熟春玉米类型区推广面积较大，2022 年在我国的推广面积为 111 万亩。

审定编号：国审玉 2015604。

品种名称：富尔 116。

品种来源：TH45R×TH21A。

选育单位：齐齐哈尔市富尔农艺有限公司。

特征特性：东华北中早熟春玉米区出苗至成熟 115 天，与对照品种吉单 27 相近，需≥10 ℃年活动积温 2 450 ℃左右。幼苗叶鞘紫色，叶片绿色，叶缘绿色，花药浅紫色，颖壳浅紫色。株型半紧凑，株高 261 厘米，穗位高 86 厘米，成株叶片数 19 片。花丝绿色，果穗筒形，穗长 19.9 厘米，穗行数 15.7 行，穗轴红色，籽粒橘黄色、半马齿型，百粒重 42 克。接种鉴定，高抗茎腐病，中抗大斑病和灰斑病，感丝黑穗病。籽粒容重 720 克/升，粗蛋白含量 9.24%，粗脂肪含量 4.08%，粗淀粉含量 72.90%。

产量表现：2012—2013 年参加中玉科企东华北中早熟春玉米组品种区域试验，两年平均亩产 776.3 千克，比对照吉单 519 增产 5.49%；2013—2014 年生产试验，平均亩产 740.8 千克，2013 年比对照吉单 519 增产 6.82%，2014 年比对照吉单 27 增产 4.47%。

栽培要点：在中等以上肥力地块种植，每亩种植 4 500 株。

适宜区域：河北省北部，山西省北部，内蒙古自治区中早熟区，黑龙江省第二积温带下限、第三积温带上限且与吉单 27 熟期相同的春玉米区。注意防治丝黑穗病。

## 三、东华北中早熟春玉米类型区

该区≥10 ℃年活动积温为 2 300～2 500 ℃，主要包括：①黑龙江省第二积温带；②吉林省延边朝鲜族自治州、白山市的部分地区和通化市、吉林市的东部；③内蒙古自治区中东部的呼伦贝尔市扎兰屯市南部、兴安盟中北部、通辽市扎鲁特旗中部、赤峰市中北部、乌兰察布市前山、呼和浩特市北部、包头市北部早熟区；④河北省张家口市坝下丘陵及河川中早熟区和承德市中南部中早熟区；⑤山西省中北部大同市、朔州市、忻州市、吕梁市、太原市、阳泉市海拔 900～1 100 米的丘陵地区；⑥宁夏回族自治区南部山区海拔1 800 米以下地区。

代表品种：和育 187、翔玉 878、合玉 29、东农 264 等。

### （一）和育 187

推荐理由：此品种为 2023 年农业农村部推荐的主导玉米品种，同时被列入《国家农作物优良品种推广目录》，2022 年在我国的推广面积为 260 万亩。

审定编号：国审玉 20170014。

品种名称：和育 187。

品种来源：V76 - 1×WC009。

选育单位：北京大德长丰农业生物技术有限公司。

特征特性：东北早熟春玉米区出苗至成熟 126 天，与对照品种吉单 27 相同。幼苗叶鞘紫色，叶片绿色，叶缘紫色，花药浅紫色，颖壳绿色。株型半紧凑，株高 282 厘米，穗位高 102.9 厘米，成株叶片数 18 片。花丝绿色，果穗筒形，穗长 20.9 厘米，穗行数 14～16 行，穗轴红色，籽粒黄色、马齿型，百粒重 40.6 克。接种鉴定，中抗茎腐病，感大斑病、丝黑穗病、穗腐病、灰斑病。籽粒容重 759 克/升，粗蛋白含量 8.16%，粗脂肪含量 4.43%，粗淀粉含量 74.66%，赖氨酸含量 0.26%。

产量表现：2014—2015 年参加东北早熟春玉米品种区域试验，两年平均亩产 908.7 千克，比对照增产 10.8%；2016 年生产试验，平均亩产 857.0 千克，比对照增产 11.7%。

栽培要点：中等肥力以上地块栽培，4 月下旬至 5 月上旬播种，亩种植 4 000～4 500 株。

适宜区域：黑龙江省第二积温带，吉林省延边朝鲜族自治州、白山市的部分地区及通化市、吉林市的东部，内蒙古自治区呼伦贝尔市扎兰屯市南部、兴安盟中北部、通辽市扎鲁特旗中部、赤峰市中北部、乌兰察布市前山、呼和浩特市北部、包头市北部早熟区等东北早熟春玉米区。注意防治大斑病、丝黑穗病、穗腐病和灰斑病。

该品种还通过了吉林省（吉审玉 2012011）和新疆维吾尔自治区（新审玉 2017 年 32 号）的审定，可在相关区域推广种植。

### （二）翔玉 878

**推荐理由：** 此品种在 2023 年被列入《国家农作物优良品种推广目录》的苗头型品种，2022 年在我国的推广面积为 11 万亩。

**审定编号：** 国审玉 20216042。

**品种名称：** 翔玉 878。

**品种来源：** XYH92×XYH81。

**选育单位：** 吉林省鸿翔农业集团鸿翔种业有限公司。

**特征特性：** 东华北中早熟春玉米组出苗至成熟 125.1 天，比对照吉单 27 早熟 1.2 天。幼苗叶鞘紫色，叶片绿色，叶缘紫色，花药浅黄色，颖壳绿色。株型半紧凑，株高 278 厘米，穗位高 111 厘米，成株叶片数 19 片。果穗长筒形，穗长 20.3 厘米，穗行数 14～18 行，穗粗 5.1 厘米，穗轴红色，籽粒黄色、半马齿型，百粒重 37.6 克。接种鉴定，感大斑病、丝黑穗病、灰斑病、茎腐病、穗腐病，籽粒容重 774 克/升，粗蛋白含量 9.94%，粗脂肪含量 3.71%，粗淀粉含量 74.81%，赖氨酸含量 0.28%。

**产量表现：** 2019—2020 年参加东华北中早熟春玉米组绿色通道区域试验，两年平均亩产 807.3 千克，比对照鑫鑫 1 号增产 6.5%。2020 年生产试验，平均亩产 826.1 千克，比对照鑫鑫 1 号增产 4.9%。

**栽培要点：** 在中等肥力以上地块栽培，4 月下旬至 5 月上旬播种，每亩种植 4 000～4 500 株。注意防治大斑病、茎腐病、穗腐病、丝黑穗病和灰斑病。

**适宜区域：** 东华北中早熟春玉米类型区的黑龙江省第二积温带，吉林省延边朝鲜族自治州、白山市的部分地区和通化市、吉林市的东部，内蒙古自治区呼伦贝尔市南部、兴安盟中北部、通辽市扎鲁特旗中北部、乌兰察布市前山、赤峰市中北部、呼和浩特市北部、包头市北部等中早熟区，河北省张家口市坝下丘陵及河川、承德市中南部中早熟区，山西省大同市、朔州市、忻州市、吕梁市、太原市、阳泉市海拔 900～1 100 米的丘陵地区，宁夏南部山区海拔 1 800 米以下地区。

### （三）合玉 29

推荐理由：此品种在东华北中早熟春玉米类型区推广面积较大，2022 年在我国的推广面积为 332 万亩。

审定编号：黑审玉 2017014。

品种名称：合玉 29。

品种来源：以合选 08 为母本、以合选 07 为父本杂交选育而成。

选育单位：黑龙江省农业科学院佳木斯分院。

特征特性：普通玉米品种。在适宜区出苗至成熟生育天数为 125 天左右，需≥10 ℃年活动积温 2 500 ℃左右。幼苗期第一叶鞘紫色，叶片绿色，茎绿色。株高 280 厘米，穗位高 100 厘米，成株可见 18 片叶。果穗圆筒形，穗轴红色，穗长 20.4 厘米，穗粗 5.2 厘米，穗行数 14～18 行，籽粒马齿型、黄色，百粒重 38.6 克。两年品质分析结果为容重 729～774 克/升，粗淀粉 73.18%～74.81%，粗蛋白 8.91%～10.43%，粗脂肪 3.56%～4.19%。三年抗病接种鉴定结果为中抗大斑病，丝黑穗病发病率 3%～15%。

产量表现：2014—2015 年区域试验平均公顷产量 11 662.7 千克，较对照品种鑫鑫 1 号平均增产 8.8%；2016 年生产试验平均公顷产量 11 029.8 千克，较对照品种鑫鑫 1 号平均增产 6.1%。

栽培要点：在适宜区 5 月上旬播种，选择中等肥力地块，采用垄作直播栽培方式，亩保苗 4 500 株左右。每公顷施有机肥 10 吨左右、硫酸钾 105 千克和磷酸二铵 225 千克左右作基肥，拔节期每公顷追施尿素 300 千克左右。幼苗生长快，及时铲蹚管理，注意防虫，及时收获。

适宜区域：黑龙江省第二积温带上限地区。

此品种还通过了黑龙江省机收籽粒玉米品种的审定（黑审玉20230051），可在相关区域推广应用。

### （四）东农264

推荐理由：此品种在东华北中早熟春玉米类型区推广面积较大，2022年在我国的推广面积为145万亩。

审定编号：国审玉20180019。

品种名称：东农264。

品种来源：DN2710×东301。

选育单位：东北农业大学。

特征特性：东华北中早熟春玉米区出苗至成熟126.5天，比对照吉单27晚熟0.3天。幼苗叶鞘紫色，叶片绿色，叶缘白色，花药绿色，颖壳绿色。株型紧凑，株高303.0厘米，穗位高107.5厘米，成株叶片数19片。果穗筒形，穗长21厘米，穗行数16～18行，穗粗5.0厘米，穗轴粉色，籽粒黄色、马齿型，百粒重38.5克。接种鉴定，感大斑病、丝黑穗病、灰斑病，中抗茎腐病、穗腐病。品质分析，籽粒容重771克/升，粗蛋白含量10.67%，粗脂肪含量4.01%，粗淀粉含量76.26%，赖氨酸含量0.29%。

产量表现：2016—2017年参加东华北中早熟春玉米组区域试验，两年平均亩产831.8千克，比对照吉单27增产5.5%。2017年生产试验，平均亩产785.0千克，比对照吉单27增产10.7%。

栽培要点：在中等肥力以上地块栽培，4月下旬至5月上旬播种，亩种植4500～5000株。

适宜区域：东华北中早熟春玉米区的黑龙江省第二积温带，吉林省延边朝鲜族自治州、白山市的部分地区和通化市、吉林市的东部，内蒙古中东部的呼伦贝尔市扎兰屯市南部、兴安盟中北部、通辽市扎鲁特旗中部、赤峰市中北部、乌兰察布市前山、呼和浩特市北部、包头市北部早熟区。

该品种还通过了黑龙江省的审定（黑审玉2018049），可在相关区域推广种植。

## 四、东华北中熟春玉米类型区

该玉米类型区≥10 ℃年活动积温为 2 500～2 700 ℃，主要包括：①辽宁省东部山区和辽北部分地区，吉林省吉林市、白城市、通化市大部分地区和辽源市、长春市、松原市部分地区；②黑龙江省第一积温带，内蒙古乌兰浩特市、赤峰市、通辽市、呼和浩特市、包头市、巴彦淖尔市、鄂尔多斯市等部分地区；③河北省张家口市坝下丘陵及河川中熟区和承德市中南部中熟区；④山西省北部大同市、朔州市盆地和中部及东南部丘陵区。

代表品种：泽玉 8911、优迪 919、天育 108、天农九、富民 985、C1563 等。

### （一）泽玉 8911

**推荐理由：**此品种为 2023 年农业农村部推荐的主导玉米品种，2022 年在我国的推广面积为 96 万亩。

**审定编号：**国审玉 20170001。

**品种名称：**泽玉 8911。

**品种来源：**H0908×Z1182。

**选育单位：**吉林省宏泽现代农业有限公司。

**特征特性：**东北中熟春玉米区出苗至成熟 133 天左右，比对照品种先玉 335 早熟。幼苗叶鞘紫色，叶片绿色，花丝紫色，花药紫色。株型紧凑，成株叶片数 20 片左右，株高 299 厘米，穗位高 124 厘米，雄穗分支 5～7 个。果穗筒形，穗长 16.9 厘米，穗行数 16～18 行，穗粗 5.2 厘米，穗轴红色，籽粒黄色、马齿型，百粒重 34.2 克。抗倒性（倒伏率、倒折率之和≤5.0%）达标点比例平均达 97%。籽粒平均破损率为 4.7%。经抗病接种鉴定，感大斑病和丝黑穗病，高抗镰孢茎腐病，抗禾谷镰孢穗腐病，中抗灰斑病。容重 793 克/升，粗蛋白含量 9.53%，粗脂肪含量 4.15%，粗淀粉含量 76.26%，赖氨酸含量 0.33%。

**产量表现：**在 2015—2016 年东北中熟春玉米机收组区域试验中，平均亩产 766.0 千克，比对照先玉 335 增产 23.8%，增产点次 90%，在 2016 年生产试验中平均亩产 772.7 千克，比对照先玉 335 增产 8.8%，增产点次 91%。

栽培要点：在中等肥力以上地块栽培，4 月下旬至 5 月上旬播种，亩种植 4 500～5 000 株。

适宜区域：辽宁省东部山区和辽北部分地区，吉林省吉林市、白城市、通化市大部分地区和辽源市、长春市、松原市部分地区，黑龙江省第一积温带，内蒙古乌兰浩特市、赤峰市、通辽市、呼和浩特市、包头市、巴彦淖尔市、鄂尔多斯市等东华北中熟春玉米区。注意防治大斑病和丝黑穗病。

该品种还通过了黄淮夏玉米机收组（国审玉 20200268）的国家审定，可在相关区域推广种植。

### （二）优迪 919

推荐理由：此品种为 2023 年农业农村部推荐的主导玉米品种，同时被列入《国家农作物优良品种推广目录》，2022 年在我国的推广面积为 190 万亩。

审定编号：国审玉 20180068。

品种名称：优迪 919。

品种来源：JL712×JL715。

选育单位：吉林省鸿翔农业集团鸿翔种业有限公司。

特征特性：东华北中熟春玉米组出苗至成熟 132 天，比对照先玉 335 早熟 1 天。幼苗叶鞘紫色，叶片绿色，叶缘紫色，花药浅紫色，颖壳绿色。株型半紧凑，株高 322 厘米，穗位高 129 厘米，成株叶片数 20 片。果穗筒形，穗长 20.0 厘米，穗行数 16～18 行，穗粗 5.3 厘米，穗轴红色，籽粒黄色、马齿型，百粒重 38.8 克。接种鉴定，中抗茎腐病、穗腐病，感大斑病、丝黑穗病、灰斑病。品质分析，籽粒容重 749 克/升、粗蛋白含量 9.16%、粗脂肪含量 3.01%、粗淀粉含量 76.89%、赖氨酸含量 0.26%。西北春玉米组出苗至成熟 131.85 天，比对照郑单 958 早熟 0.95 天。幼苗叶鞘紫色，叶片绿色，叶缘紫色，花药浅紫色，颖壳绿色。株型半紧凑，株高 297.5 厘米，穗位高 121.5 厘米，成株叶片数 19 片。果穗筒形，穗长 19.15 厘米，穗行数 16～18 行，穗粗 4.95 厘米，穗轴红色、籽粒黄色、马齿型，百粒重 34.95 克。接种鉴定，感大斑病、丝黑穗病，抗腐霉茎腐病，中抗穗腐病。品质分析，籽粒容重 760克/升、粗蛋白含量 10.91%、粗脂肪含量 3.09%、粗淀粉含量72.20%、赖氨酸含量 0.28%。

产量表现：2015—2016 年参加东华北中熟春玉米组区域试验，两年平均亩产 906.9 千克，比对照先玉 335 增产 8.1%。2017 年生产试验，平均亩产 768.0 千克，比对照先玉 335 增产 6.2%。2015—2016 年参加西北春玉米组区域试验，两年平均亩产 1 035.7千克，比对照郑单 958 增产 8.67%。2017 年生产试验，平均亩产997.8 千克，比对照先玉 335 增产 4.1%。

栽培要点：在东华北中熟春玉米区中等肥力以上地块栽培，4月下旬至 5 月上旬播种，亩种植 4 000～4 500 株。注意防治大斑病、丝黑穗病和灰斑病。西北春玉米区中等肥力以上地块栽培，4月下旬至 5 月上旬播种，亩种植 5 000～5 500 株。注意防治大斑病和丝黑穗病。

适宜区域：东华北中熟春玉米区的辽宁省东部山区和辽北部分地区，吉林省吉林市、白城市、通化市大部分地区和辽源市、长春市、松原市部分地区，黑龙江省第一积温带，内蒙古乌兰浩特市、赤峰市、通辽市、呼和浩特市、包头市、巴彦淖尔市、鄂尔多斯市等部分地区，河北省张家口市坝下丘陵、河川中熟地区和承德市中南部中熟地区，山西省北部朔州市盆地。适宜在西北春玉米区的内蒙古巴彦淖尔市大部分地区、鄂尔多斯市大部分地区，陕西省榆林地区、延安地区，宁夏引扬黄灌区，甘肃省陇南市、天水市、庆阳市、平凉市、白银市、定西市、临夏州海拔 1 800 米以下地区及武威市、张掖市、酒泉市大部分地区，新疆昌吉回族自治州阜康市以西至博乐市以东地区、北疆沿天山地区、伊犁州至西部平原地区。

该品种还通过了黄淮海夏玉米组的国家审定（国审玉20196063）和辽宁省（辽审玉〔2012〕605 号）、内蒙古自治区

（蒙认玉 2015001 号）、吉林省（吉审玉 2016039）的审定，可在相关区域推广应用。

### （三）天育 108

推荐理由：此品种在东华北中熟春玉米类型区推广面积较大，2022 年在我国的推广面积为 329 万亩。

审定编号：吉审玉 20170052。

品种名称：天育 108。

品种来源：YTH001×TCB01，原代号吉农 18。

选育单位：吉林云天化农业发展有限公司。

特征特性：天育 108 为中熟品种，出苗至成熟 126 天，比对照先玉 335 早 1 天。幼苗叶鞘紫色，叶片绿色，叶缘绿色，花药浅紫色，颖壳绿色。株型半紧凑，株高 302 厘米，穗位高 111 厘米，成株叶片数 21 片。花丝浅紫色，果穗锥形，穗长 18.5 厘米，穗行数 16～18 行，穗轴浅红色，籽粒黄色、半马齿型，百粒重 38.4 克。经过接种鉴定，天育 108 感大斑病、玉米螟，中抗弯孢菌叶斑病、灰斑病、丝黑穗病、茎腐病，抗玉米穗腐病。品质检测，天育 108 籽粒容重 777 克/升、粗蛋白含量 9.9％、粗脂肪含量 4.36％、粗淀粉含量 74.62％、赖氨酸含量 0.29％。

产量表现：2015—2016 年天育 108 参加区域试验，平均每公顷产量 13 563.4 千克，比对照先玉 335 增产 8.5％；2016 年天育 108 参加生产试验，平均每公顷产量 13 080.5 千克，比对照先玉 335 增产 7.7％。

栽培要点：在水肥充足的地块栽培，4 月下旬至 5 月上旬播种，一般每公顷保苗 6.5 万～7.0 万株。

适宜区域：吉林省玉米中熟区种植。注意防治大斑病和玉米螟。

该品种还通过了新疆（新审玉 2022 年 099 号）和甘肃（甘审玉 20230003）的审定，可在相关区域推广应用。

### （四）天农九

推荐理由：此品种在东华北中熟春玉米类型区推广面积较大，

2022年在我国的推广面积为278万亩。

审定编号：吉审玉2011012。

品种名称：天农九。

品种来源：2002年以自选系T106〔（吉853×沈137）×吉853〕为母本、以W08（辽3180，引自辽宁省农业科学院玉米研究所）为父本杂交选育而成。

选育单位：抚顺天农种业有限公司。

特征特性：①种子性状，种子黄色，偏硬粒型，百粒重38.0克；②植株性状，幼苗绿色，叶鞘紫色，叶缘紫色，株高277厘米，穗位高107厘米，株型半紧凑，叶片上冲，成株叶片21片，花药紫色，花丝红色；③果穗性状，果穗筒形，穗长19.5厘米，穗行数16～18行，穗轴红色，单穗粒重232.5克，秃尖0.3厘米；④籽粒性状，籽粒黄色、偏硬粒型，百粒重38.7克；⑤品质分析，籽粒含粗蛋白10.28%、粗脂肪4.46%、粗淀粉74.62%、赖氨酸0.25%，籽粒容重774克/升；⑥抗逆性，人工接种抗病（虫）害鉴定，中抗茎腐病，抗大斑病，感丝黑穗病、弯孢菌叶斑病，感玉米螟；⑦生育日数，中熟品种，出苗至成熟126天，熟期比对照吉单261早1天，需≥10℃年活动积温2 570℃左右。

产量表现：2009年区域试验平均公顷产量11 074.4千克，比对照品种吉单261增产15.6%，2010年区域试验平均每公顷产量10 301.8千克，比对照品种吉单261增产4.5%；两年区域试验平均每公顷产量10 688.1千克，比对照品种增产10.0%。2010年生产试验平均每公顷产量10 190.5千克，比对照品种吉单261增产12.0%。

栽培要点：一般4月下旬至5月上旬播种，亩保苗3 300株左右。施足农家肥，一般每公顷施基肥尿素300千克、硫酸钾100千克、种肥复合肥150千克，追肥尿素250千克。注意及时防治丝黑穗病和玉米螟。

适宜区域：吉林省玉米中熟区，弯孢菌叶斑病重发区慎用。

该品种还通过了辽宁省（辽审玉〔2006〕273 号）和内蒙古自治区（蒙认玉 2011021 号）的审定，可在相关区域推广应用。

### （五）富民 985

**推荐理由**：此品种在东华北中熟春玉米类型区推广面积较大，2022 年在我国的推广面积为 103 万亩。

**审定编号**：国审玉 20190111。

**品种名称**：富民 985。

**品种来源**：M801×FM1101。

**选育单位**：吉林省富民种业有限公司。

**特征特性**：东华北中熟春玉米组出苗至成熟 133 天，比对照先玉 335 早熟 1 天。幼苗叶鞘紫色，花药绿色，颖壳绿色。株型半紧凑，株高 269 厘米，穗位高 97 厘米，成株叶片数 19 片。果穗筒形，穗长 18.7 厘米，穗行数 16~18 行，穗粗 5.1 厘米，穗轴红色，籽粒黄色、半马齿型，百粒重 36.7 克。接种鉴定，高抗茎腐病，感大斑病、丝黑穗病、灰斑病、穗腐病；品质分析，籽粒容重 761 克/升、粗蛋白含量 10.10%、粗脂肪含量 4.16%、粗淀粉含量 73.31%、赖氨酸含量 0.29%。

**产量表现**：2017—2018 年参加东华北中熟春玉米组区域试验，两年平均亩产 837.3 千克，比对照先玉 335 增产 4.9%。2018 年生产试验，平均亩产 777.4 千克，比对照先玉 335 增产 8.2%。

**栽培要点**：选中等肥力以上地块种植，4 月下旬至 5 月上旬播种，每亩种植 4 500 株。注意及时防治丝黑穗病。施足农家肥，一般每亩施基肥玉米复合肥 45 千克，追肥尿素 20 千克。

**适宜区域**：东华北中熟春玉米区的辽宁省东部山区和辽北部分地区，吉林省吉林市、白城市、通化市大部分地区，吉林省辽源市、长春市、松原市部分地区，黑龙江省第一积温带，内蒙古自治区乌兰浩特市、赤峰市、通辽市、呼和浩特市、包头市等部分地区。

该品种还通过了吉林省（吉审玉 20176001）的审定，可在此区域推广应用。

### （六）C1563

推荐理由：此品种在东华北中熟春玉米类型区推广面积较大，2022 年在我国的推广面积为 98 万亩。

审定编号：蒙审玉 2016010 号。

品种名称：C1563。

品种来源：以 W6199Z 为母本、以 A4429Z 为父本杂交选育而成。母本选于 C3SUD402×HCL105 基础材料，父本选于 HCL519×HCL626 基础材料。

选育单位：中国种子集团有限公司。

特征特性：幼苗叶片绿色，叶鞘深紫色；株型半紧凑，株高272 厘米，穗位高 95 厘米，19 片叶；雄穗一级分枝 3～7 个，护颖浅绿色，花药浅紫色；雌穗花丝黄色；果穗长筒形，粉轴，穗长17.4 厘米，穗粗 5.2 厘米，秃尖 1.0 厘米，穗行数 18～20 行，行粒数 37 粒，单穗粒重 214.4 g，出籽率 87.3％；籽粒马齿型，黄色，百粒重 33.6 g；2015 年农业部谷物及制品质量监督检验测试中心（哈尔滨）测定容重 763 g/L、粗蛋白 9.14％、粗脂肪4.57％、粗淀粉 74.19％、赖氨酸 0.27％；2015 年吉林省农业科学院植物保护所人工接种、接虫抗性鉴定，抗弯孢菌叶斑病（3R）、抗茎腐病（9.3％R）、中抗大斑病（5MR）、丝黑穗病（10.0％MR）、玉米螟（5.0MR）。

产量表现：2013 年参加中早熟组预备试验，平均亩产 905.8 千克，比对照九玉 1034 增产 24.35％，平均生育期 119 天，比对照晚 2 天。2014 年参加中早熟组区域试验，平均亩产 890.0 千克，比组均值增产 7.90％，平均生育期 126 天，比对照晚 3 天。2015年参加中早熟组生产试验，平均亩产 867.0 千克，比对照九玉1034 增产 16.63％，平均生育期 127 天，比对照晚 4 天。

栽培要点：播期为 4 月下旬至 5 月 10 日；亩保苗 4 500～5 000株；施肥以氮肥为主，配施磷钾肥。追肥在拔节期和大喇叭口期两次追入，或者在小喇叭口期一次性追施。

适宜区域：内蒙古自治区≥10 ℃年活动积温 2 400 ℃以上地区。

## 五、东华北中晚熟春玉米类型区

该区主要包括：①吉林省四平市、松原市、长春市的大部分地区，辽源市、白城市、吉林市部分地区、通化市南部；②辽宁省除东部山区和大连市、东港市以外的大部分地区；③内蒙古自治区赤峰市和通辽市大部分地区；④山西省忻州市、晋中市、太原市、阳泉市、长治市、晋城市、吕梁市平川区和南部山区；⑤河北省张家口市、承德市、秦皇岛市、唐山市、廊坊市、保定市北部、沧州市北部春播区；⑥北京市春播区；⑦天津市春播区。

代表品种：京科 968、瑞普 909、良玉 99、铁 391、京科 986、东单 1331、翔玉 998、金博士 825、龙单 90、先玉 1483、丹玉 405、宏硕 899 等。

### （一）京科 968

推荐理由：此品种为 2023 年农业农村部推荐的主导玉米品种，同时被列入《国家农作物优良品种推广目录》，连续多年种植面积超过 2 000 万亩，累计超亿亩，成为我国当前春玉米种植面积最大的主导品种，2022 年在我国的推广面积为 1 242 万亩。此品种获得 2020 年国家科技进步二等奖。

审定编号：国审玉 2011007。

品种名称：京科 968。

品种来源：京 724×京 92。

选育单位：北京市农林科学院玉米研究中心。

特征特性：在东华北地区出苗至成熟 128 天，与郑单 958 相同。幼苗叶鞘淡紫色，叶片绿色，叶缘淡紫色，花药淡紫色，颖壳淡紫色。株型半紧凑，株高 296 厘米，穗位高 120 厘米，成株叶片数 19 片。花丝红色，果穗筒形，穗长 18.6 厘米，穗行数 16～18 行，穗轴白色，籽粒黄色、半马齿型，百粒重 39.5 克。经丹东农业科学院、吉林省农业科学院植物保护研究所两年接种鉴定，高抗玉米螟，中抗大斑病、灰斑病、丝黑穗病、茎腐病和弯孢菌叶斑病。经农业农村部谷物及制品质量监督检验测试中心（哈尔滨）测定，籽粒容重 767 克/升、粗蛋白含量 10.54%、粗脂肪含量 3.41%、粗淀粉含量 75.42%、赖氨酸含量 0.30%。

产量表现：该品种 2009—2010 年参加东华北春玉米品种区域试验，两年平均单产 771.1 千克/亩，比对照增产 7.1%。2010 年生产试验，平均单产 716.3 千克/亩，比对照郑单 958 增产 10.5%。在品种区域试验及生产试验中产量均位列第一，且高抗玉米螟，为 2012 年农业部推介的玉米种植主导品种。

栽培要点：①在中等以上肥力地块种植；②适宜播种期为 4 月下旬至 5 月上旬；③每亩适宜种植 4 000 株左右。

适宜区域：北京、天津、山西中晚熟区、内蒙古赤峰和通辽、辽宁中晚熟区（丹东除外）、吉林中晚熟区、陕西延安和河北承德、张家口、唐山地区。

该品种还通过了西北春玉米组（国审玉 20180314）、黄淮海夏玉米组（国审玉 20190031）、东华北中晚熟春玉米组（国审玉 20200244）的国家审定和黑龙江省青贮玉米品种的审定（黑审玉 20190038），可在相关区域推广应用。

### （二）瑞普 909

推荐理由：此品种为 2023 年农业农村部推荐的主导玉米品种，2022 年在我国的推广面积为 414 万亩。

审定编号：国审玉 20180254。

品种名称：瑞普 909。

品种来源：RP86×RP06。

选育单位：山西省农业科学院玉米研究所。

特征特性：东华北中晚熟春玉米组出苗至成熟 128 天左右，比对照郑单 958 早熟 2 天左右。幼苗叶鞘紫色，叶片绿色，叶缘紫色，花药紫色，颖壳绿色。株型紧凑，株高 276 厘米，穗位高 103 厘米，成株叶片数 20.6 片。果穗筒形，穗长 19.2 厘米，穗行数 16～18 行，穗轴红色，籽粒黄色、半马齿型，百粒重 36.4 克。接种鉴定，抗大斑病、茎腐病、穗腐病，感丝黑穗病、灰斑病。品质分析，籽粒容重 757 克/升、粗蛋白含量 8.6%、粗脂肪含量

3.8％、粗淀粉含量75.3％、赖氨酸含量0.3％。

产量表现：2016—2017年参加东华北中晚熟春玉米组区域试验，两年平均亩产833.4千克，比对照郑单958增产4.8％。2017年生产试验，平均亩产841.2千克，比对照郑单958增产7.4％。

栽培要点：在中等以上肥力地块栽培，4月下旬至5月上旬播种，亩种植4500株。注意防治丝黑穗病及灰斑病。

适宜区域：东华北中晚熟春玉米区的吉林省四平市、松原市、长春市的大部分地区，辽源市、白城市、吉林市部分地区、通化市南部；辽宁省除东部山区和大连市、东港市以外的大部分地区；内蒙古自治区赤峰市和通辽市大部分地区；山西省忻州市、晋中市、太原市、阳泉市、长治市、晋城市、吕梁市平川区和南部山区；河北省张家口市、承德市、秦皇岛市、唐山市、廊坊市、保定市北部、沧州市北部春播区；北京市春播区；天津市春播区。

该品种还通过了山西省（晋审玉20170027、晋审玉20180082）、内蒙古自治区（蒙审玉2018038号）和陕西省（陕审玉2018034号）的审定，可在相关区域推广应用。

### （三）良玉99

推荐理由：此品种为2023年农业农村部推荐的主导玉米品种，2022年在我国的推广面积为435万亩。

审定编号：国审玉2012008。

品种名称：良玉99。

品种来源：M03×M5972。

选育单位：丹东登海良玉种业有限公司。

特征特性：东华北地区出苗至成熟129天，比对照品种晚1天，需有效积温2 850℃左右。幼苗叶鞘紫色，叶片浓绿色，叶缘浅紫色，花药浅紫色，颖壳浅紫色。株型紧凑，株高273厘米，穗位高106厘米，成株叶片数19～20片。花丝粉色，果穗粗筒形，穗长17.6厘米，穗行数18行，穗轴红色，籽粒黄色、半马齿型，百粒重32.7克。接种鉴定，抗弯孢叶斑病，中抗大斑病、丝黑穗病和茎腐病，抗倒伏能力强。籽粒容重 760 克/升、粗蛋白含量 9.75%、粗脂肪含量 4.77%、粗淀粉含量 73.36%、赖氨酸含量 0.27%。

产量表现：2010—2011 年参加东华北春玉米品种区域试验，两年平均亩产 740.4 千克，比对照品种增产 3.1%。2011 年生产试验，平均亩产 722.7 千克，比对照品种增产 1.3%。

栽培要点：在中等以上肥力地块栽培，4 月下旬至 5 月上旬播种，密度为 4 500~5 000 株/亩。

适宜区域：天津市，吉林省长春市、四平市地区。

该品种还通过了辽宁省（辽审玉 2015064）、山东省（鲁审玉 20200017）和湖北省（鄂审玉 20230019）的审定，可在相关区域推广应用。

### （四）铁 391

推荐理由：此品种 2023 年被列入《国家农作物优良品种推广目录》的苗头型品种，2022 年在我国的推广面积为 87 万亩。

审定编号：国审玉 20196011。

品种名称：铁 391。

品种来源：T1004×T12067。

选育单位：四川同路农业科技有限责任公司。

特征特性：东华北中晚熟春玉米组出苗至成熟 126 天，比对照郑单 958 早熟 1 天。幼苗叶鞘浅紫色，叶片深绿色，叶缘紫色，花药紫色，颖壳紫色。株型半紧凑，株高 283.5 厘米，穗位高 112.5 厘米，成株叶片数 20 片。果穗筒形，穗长 21 厘米，穗行数 14~18 行，穗粗 5.1 厘米，穗轴红色，籽粒黄色、半马齿型，百粒重 37.7 克。接种鉴定，感大斑病，中抗丝黑穗病、灰斑病、茎腐病、穗腐病，籽粒容重 768 克/升、粗蛋白含量 8.95%、粗脂肪含量 3.95%、粗淀粉含量 73.65%、赖氨酸含量 0.25%。

产量表现：2016—2017 年参加东华北中晚熟春玉米组区域试验，两年平均亩产 786.7 千克，比对照郑单 958 增产 9.48%。2017 年生产试验，平均亩产 711.6 千克，比对照郑单 958 增产 10.1%。

栽培要点：在中等以上肥力地块栽培，东华北中晚熟春玉米区 4 月下旬至 5 月上旬播种，亩种植 3 800～4 000 株。

适宜区域：吉林省四平市、松原市、长春市大部分地区和辽源市、白城市、吉林市部分地区以及通化市南部，辽宁省除东部山区和大连市、东港市以外的大部分地区，内蒙古自治区赤峰市和通辽市大部分地区，山西省忻州市、晋中市、太原市、阳泉市、长治市、晋城市、吕梁市平川区和南部山区，河北省张家口市、承德市、秦皇岛市、唐山市、廊坊市、保定市北部、沧州市北部春播区，北京市春播区，天津市春播区。

该品种还通过了西北春玉米组的国家审定（国审玉 20216186），可在相关区域推广应用。

### （五）京科 986

推荐理由：此品种在东华北中晚熟春玉米类型区推广面积较大，2022 年在我国的推广面积为 135 万亩。

审定编号：国审玉 20190220。

品种名称：京科 986。

品种来源：京 724A×京 92。

选育单位：河南省现代种业有限公司。

特征特性：东华北中晚熟春玉米组出苗至成熟 127 天，比对照郑单 958 早熟 1 天。幼苗叶鞘浅紫色，叶片绿色，花药浅紫色，株型紧凑，株高 286 厘米，穗位高 118 厘米，果穗筒形，穗长 18.6 厘米，穗行数 16 行，穗粗 5.4 厘米，穗轴白色，籽粒黄色、马齿型，百粒重 38.25 克。接种鉴定，抗穗腐病，中抗大斑病、茎腐病，感灰斑病、丝黑穗病。品质分析，籽粒容重 750 克/升、粗蛋白含量 10.48%、粗脂肪含量 3.41%、粗淀粉含量 76.4%、赖氨酸含量 0.29%。

产量表现：2017—2018 年参加东华北中晚熟春玉米组联合体区域试验，两年平均亩产 749.1 千克，比对照郑单 958 增产 3.36%。2018 年生产试验，平均亩产 708.48 千克，比对照郑单

958 增产 1.76％。

栽培要点：4 月中旬至 5 月上旬播种，每亩适宜种植 4 000 株。注意防治灰斑病、丝黑穗病。

适宜区域：东华北中晚熟春玉米区的吉林省四平市、松原市、长春市的大部分地区，辽源市、白城市、吉林市部分地区、通化市南部，辽宁省除东部山区和大连市、东港市以外的大部分地区，内蒙古自治区赤峰市和通辽市大部分地区，山西省忻州市、晋中市、太原市、阳泉市、长治市、晋城市、吕梁市平川区和南部山区，河北省张家口市、承德市、秦皇岛市、唐山市、廊坊市、保定市北部、沧州市北部春播区，北京市春播区，天津市春播区。

该品种还通过了黄淮海夏玉米组的国家审定（国审玉20210450），可在相关区域推广应用。

### （六）东单 1331

推荐理由：此品种 2023 年被列入《国家农作物优良品种推广目录》的成长型品种，2022 年在我国的推广面积为 531 万亩。

审定编号：国审玉 2016607。

品种名称：东单 1331。

品种来源：XC2327×XB1621。

选育单位：辽宁东亚种业有限公司。

特征特性：东华北春玉米区出苗至成熟 125 天，比对照郑单958 早 1 天。幼苗叶鞘紫色，叶片绿色，花药浅紫色。株型紧凑，株高 280 厘米，穗位高 116 厘米，成株叶片数 19 片。花丝浅紫色，果穗筒形，穗长 22 厘米，穗粗 5 厘米，穗行数 14～16 行。穗轴红色，籽粒黄色、半马齿型，百粒重 38.9 克。接种鉴定，高抗茎腐病，抗大斑病，感丝黑穗病。籽粒容重 754 克/升、粗蛋白含量9.57％、粗脂肪含量 3.72％、粗淀粉含量 73.71％、赖氨酸含量 0.35％。

产量表现：2013—2014 年参加中玉科企东华北春玉米组区域试验，两年平均亩产 800.2 千克，比对照郑单 958 增产 3.6％；2015 年生产试验，平均亩产 806.6 千克，比对照郑单 958 增产 6.2%。

栽培要点：在中等肥力以上地块种植，亩种植 4 500～5 500 株。

适宜区域：黑龙江、吉林、辽宁、内蒙古、天津、河北、山西≥10℃年活动积温在 2 650℃以上，适宜种植先玉 335、郑单 958 的东华北春玉米区。注意防治丝黑穗病。

该品种还通过了西北春玉米组（国审玉 20196223）、黄淮海夏玉米组（国审玉 20196034）、东华北中晚熟青贮玉米组（国审玉 20206263）、西南春玉米（中高海拔）组（国审玉 20226102）的国家审定和四川省（川审玉 20202036）、安徽省（皖审玉 20220011）、浙江省（浙审玉 2022007）的审定，可在相关区域推广应用。

### （七）翔玉 998

推荐理由：此品种在东华北中晚熟春玉米类型区推广面积较大，2022 年在我国的推广面积为 216 万亩。

审定编号：吉审玉 2014038。

品种名称：翔玉 998。

品种来源：2008 年以自选系 Y822 为母本、以 X923-1 为父本杂交选育而成。Y822 以美国杂交种×C8605 为基础材料选育而成，X923-1 以德国杂交种×吉 853 为基础材料选育而成。

选育单位：吉林省鸿翔农业集团鸿翔种业有限公司。

特征特性：种子橙黄色，硬粒型，百粒重 30.5 克左右。植株幼苗绿色，叶鞘紫色，叶缘绿色，株高 282 厘米左右，穗位高 99 厘米左右，株型半紧凑，成株叶片 20 片，花药紫色，花丝浅粉色。果穗筒形，穗长 20.4 厘米左右，穗行数 16～18 行，穗轴红色。籽粒黄色、马齿型，百粒重 40.3 克左右。经农业农村部谷物及制品质量监督检验测试中心（哈尔滨）检测，籽粒含粗蛋白 11.19%、粗脂肪 3.72%、粗淀粉 70.16%、赖氨酸 0.35%，籽粒容重 726 克/升。人工接种抗病（虫）害鉴定，中抗丝黑穗病、弯孢菌叶斑病，高抗茎腐病，感大斑病、玉米螟。中晚熟品种。出苗至成熟 127 天，比对照品种郑单 958 早 2 天，需≥10℃年活动积温 2 700℃

左右。

产量表现：2011 年区域试验平均每公顷产量 12 400.2 千克，比对照品种郑单 958 增产 10.1％；2013 年区域试验平均每公顷产量 12 954.0 千克，比对照品种郑单 958 增产 8.8％；两年区域试验平均每公顷产量 12 677.1 千克，比对照品种郑单 958 增产 9.4％。2013 年生产试验平均每公顷产量 12 254.3 千克，比对照品种郑单 958 增产 9.8％。

栽培要点：一般 4 月下旬至 5 月上旬播种，亩保苗 4 000 株。施足农家肥，一般每公顷施基肥玉米复合肥 300 千克，追肥尿素 300 千克。注意及时防治丝黑穗病和玉米螟。

适宜区域：吉林省玉米中晚熟区，大斑病重发区慎用。

该品种还通过了黄淮海夏玉米区（国审玉 20180296）的国家审定和黑龙江省（黑审玉 2016007）、内蒙古自治区（蒙审玉 2014004 号）和辽宁省（辽审玉 2017027）的审定，可在相关区域推广应用。

### （八）金博士 825

推荐理由：此品种在东华北中晚熟春玉米类型区推广面积较大，2022 年在我国的推广面积为 213 万亩。

审定编号：国审玉 20196004。

品种名称：金博士 825。

品种来源：金 140×金 118。

选育单位：河南金博士种业股份有限公司。

特征特性：东华北中晚熟春玉米组出苗至成熟 127 天，比对照郑单 958 早 3 天，需≥10 ℃年活动积温 2 650 ℃以上，属普通玉米品种。幼苗绿色，叶鞘紫色，叶缘紫色，花药紫色，颖壳紫色。株型紧凑，株高 251.3 厘米，穗位高 96.7 厘米，成株叶片数 20 片。果穗筒形，穗长 17.4 厘米，穗行数 16～18 行，穗轴红色。籽粒黄色、半马齿型，百粒重 36.7 克。人工接种抗病（虫）害鉴定，抗穗腐病，中抗灰斑病和茎腐病，感大斑病和丝黑穗病。籽粒容重 763 克/升、粗蛋白含量 10.16％、粗脂肪含量 4.66％、粗淀粉含量 74.80%、赖氨酸含量 0.33%。

产量表现：2016—2017 年东华北中晚熟春玉米组区域试验，平均每公顷产量 11 848.5 千克，比对照郑单 958 增产 5.5%；2017 年生产试验，平均每公顷产量 11 515.5 千克，比对照郑单 958 增产 4.7%。

栽培要点：选中上等肥力地块种植，4 月 20 日至 5 月 15 日播种，亩保苗 4 500～5 000 株。注意及时防治丝黑穗病。

适宜区域：吉林省四平市、松原市、长春市大部分地区和辽源市、白城市、吉林市部分地区以及通化市南部，黑龙江省第一积温带，辽宁省除东部山区和大连市、东港市以外大部分地区，内蒙古自治区赤峰市和通辽市大部分地区，山西省忻州市、晋中市、太原市、阳泉市、长治市、晋城市、吕梁市平川区和南部山区，河北省张家口市、承德市、秦皇岛市、唐山市、廊坊市、保定市北部、沧州市北部春播区，北京市春播区，天津市春播区，大斑病重发区慎用。

该品种还通过了黄淮海夏玉米组的国家审定（国审玉 20206215），可在相关区域推广应用。

### （九）龙单 90

推荐理由：此品种在东华北中晚熟春玉米类型区推广面积较大，2022 年在我国的推广面积为 208 万亩。

审定编号：黑审玉 2018050。

品种名称：龙单 90。

品种来源：以 H261 为母本、以 G439 为父本杂交选育而成。

选育单位：黑龙江省农业科学院玉米研究所。

特征特性：普通机收玉米品种。在适应区出苗至成熟生育天数为 122 天左右，需≥10 ℃年活动积温 2 500 ℃左右。该品种幼苗期第一叶鞘紫色，叶片绿色，茎绿色。株高 265 厘米，穗位高 95 厘米，成株可见 16 片叶。果穗圆柱形，穗轴红色，穗长 19.3 厘米，穗粗 4.8 厘米，穗行数 16～18 行，籽粒偏马齿型、黄色，百粒重 30.3 克。一年品质分析结果，容重 804 克/升，粗淀粉 72.81%，粗蛋白 11.03%，粗脂肪 4.60%。两年抗病接种鉴定结果，中感大斑病，丝黑穗病发病率为 2.3%～10.1%。

**产量表现：** 2016—2017 年生产试验平均每公顷产量 9 608.3 千克，较对照品种益农玉 10 号平均增产 8.9%。

**栽培要点：** 在适应区 4 月 25 日左右播种，选择中等以上肥力地块，采用直播栽培方式，每公顷保苗 7.5 万株左右。每公顷施基肥 10 吨左右、磷酸二铵 225 千克、硫酸钾 105 千克，拔节期至孕穗期每公顷追施尿素 225 千克左右。幼苗生长快，及时铲蹚管理，注意防虫，及时收获。肥水条件差的地块，种植密度不宜过大。

**适宜区域：** 适宜在黑龙江省≥10 ℃年活动积温 2 800 ℃以上区域作为机收籽粒品种种植。

### （十）先玉 1483

**推荐理由：** 此品种在东华北中晚熟春玉米类型区推广面积较大，2022 年在我国的推广面积为 199 万亩。

**审定编号：** 国审玉 20180094。

**品种名称：** 先玉 1483。

**品种来源：** PH2GAA×PH26JA。

**选育单位：** 铁岭先锋种子研究有限公司。

**特征特性：** 在东华北中晚熟春玉米区出苗至成熟 128.0 天，比对照郑单 958 早 1 天左右，属高淀粉玉米品种。幼苗绿色，叶鞘紫色，叶缘紫色，花药紫色，颖壳绿色。株型紧凑，株高 285.0 厘米，穗位高 107.0 厘米。穗长 19.0 厘米，穗行数 14～16 行，穗轴红色。籽粒黄色、半马齿型，百粒重 37.6 克。人工接种抗病虫害鉴定，抗茎腐病，中抗穗腐病，感大斑病、丝黑穗病和灰斑病。籽粒容重 782 克/升、粗蛋白含量 9.99%、粗脂肪含量 3.79%、粗淀粉含量 76.89%、赖氨酸含量 0.25%。

**产量表现：** 2016—2017 年东华北中晚熟春玉米组区域试验，平均每公顷产量 12 684.0 千克，比对照郑单 958 增产 9.1%；2017

年生产试验，平均每公顷产量 12 267.0 千克，比对照郑单 958 增产 10.8%。

栽培要点：选中等以上肥力地块种植，4 月下旬至 5 月上旬播种，亩保苗 4 500 株左右。注意及时防治丝黑穗病。

适宜区域：东华北中晚熟春玉米区的吉林省四平市、松原市、长春市大部分地区和辽源市、白城市、吉林市部分地区以及通化市南部，辽宁省除东部山区和大连市、东港市以外的大部分地区，内蒙古自治区赤峰市和通辽市大部分地区，山西省忻州市、晋中市、太原市、阳泉市、长治市、晋城市、吕梁市平川区和南部山区，河北省张家口市、承德市、秦皇岛市、唐山市、廊坊市、保定市北部、沧州市北部春播区，北京市春播区，天津市春播区，叶斑病重发区慎用。

该品种还通过了山西省（晋审玉 20180068）和甘肃省（甘审玉 20190030）的审定，可在相关区域推广应用。

### （十一）丹玉 405

推荐理由：此品种在东华北中晚熟春玉米类型区推广面积较大，2022 年在我国的推广面积为 163 万亩。

审定编号：辽审玉〔2008〕399。

品种名称：丹玉 405。

品种来源：丹玉 405 是由丹东农业科学院于 2003 年以丹 299 为母本、以丹 M9 - 2 为父本组配而成的单交种。母本来源于 PN78599 自交选系，父本来源于 M98.336×D3429 选系。

选育单位：丹东农业科学院。

特征特性：幼苗叶鞘紫色，叶片绿色，叶缘紫色，苗势强。株型半紧凑，株高 285 厘米，穗位高 121 厘米，成株叶片数 20～21 片。花丝绿色，花药浅紫色，颖壳绿色。果穗长锥形，穗柄短，苞叶中，穗长 25.0 厘米，穗行数 18～20 行，穗轴粉色，籽粒黄色，粒型为半马齿型，百粒重 35.3 克，出籽率 84.8%。经农业农村部农产品质量监督检验测试中心（沈阳）测定，籽粒容重 762.4

克/升、粗蛋白含量 9.42%、粗脂肪含量 5.42%、粗淀粉含量74.06%、赖氨酸含量 0.30%。辽宁省春播生育期 137 天左右，比对照丹玉 39 晚 2 天，属晚熟玉米杂交种。经 2007—2008 两年人工接种鉴定，抗大斑病（1～3 级）、灰斑病（1～3 级）、中抗弯孢菌叶斑病（1～5 级）、茎腐病（1～5 级）、丝黑穗病（发病株率0～6.8%）。

产量表现：2007—2008 年参加辽宁省玉米晚熟组区域试验，13 点次增产，2 点次减产，两年平均亩产 705.7 千克，比对照丹玉39 增产 14.7%；2007 年参加同组生产试验，平均亩产 596.7 千克，比对照丹玉 39 增产 3.0%。

栽培要点：在中等以上肥力地块种植，适宜密度为 2 600～3 000株/亩。

适宜区域：辽宁沈阳、铁岭、丹东、大连、鞍山、锦州、朝阳、葫芦岛等≥10 ℃年活动积温 3 000 ℃以上的晚熟玉米区。

该品种还通过了重庆市（渝审玉 2009010）和山东省（鲁审玉20196065）的审定，可在相关区域推广应用。

### （十二）宏硕 899

推荐理由：此品种在东华北中晚熟春玉米类型区推广面积较大，2022 年在我国的推广面积为 151 万亩。

审定编号：辽审玉 2013004。

品种名称：宏硕 899。

品种来源：D5433×T36。

选育单位：丹东市振安区丹兴玉米育种研究所。

特征特性：幼苗叶鞘紫色。株型紧凑，株高 286 厘米左右，穗位高 108 厘米左右，成株大约 20 片叶。雌穗花丝淡紫色，雄穗花药淡紫色。果穗筒形，苞叶长，穗长约 19.2 厘米，穗行数 14～18行，穗轴红色，籽粒黄色，穗中部籽粒类型为马齿型，百粒重约41.3 克，出籽率 82.8%。倒伏（折）率 4.2（0.3）%。经测定，籽粒容重 760 克/升、粗蛋白含量 10.30%、粗脂肪含量 3.78%、粗淀粉含量 74.25%、赖氨酸含量 0.31%。辽宁省春播生育期

130 天左右，比对照辽单 565 早 1 天，属中熟玉米杂交种。经 2012—2013 两年人工接种鉴定，抗大斑病（1～3 级）、灰斑病（1～3 级）、感弯孢叶斑病（3～7 级）、茎腐病（1～7 级）、中抗丝黑穗病（病株率 0～9.9%）。

产量表现：2012—2013 年参加辽宁省玉米中熟组区域试验，两年平均亩产 769.5 千克，比对照辽单 565 增产 10.5%；2013 年参加同组生产试验，平均亩产 714.8 千克，比对照辽单 565 增产 12.8%；21 点次增产。

栽培要点：适宜在中等以上肥力土壤上栽培，适宜密度为 4 000 株/亩。

适宜区域：辽宁省≥10 ℃年活动积温在 2 650 ℃以上的玉米区。

该品种还通过了山东省的审定（鲁审玉 20200006），可在相关区域推广应用。

## 六、黄淮海夏玉米类型区

该区主要包括：①河南省、山东省；②河北省保定市和沧州市的南部；③陕西省关中灌区；④山西省运城市和临汾市、晋城市部分平川地区；⑤江苏和安徽两省淮河以北地区；⑥湖北省襄阳市。

代表品种：登海 605、沃玉 3 号、秋乐 368、MY73、农大 778、郑单 958、裕丰 303、中科玉 505、农大 372、京科 999、MC121、伟科 702、迪卡 653、明天 695 等。

### （一）登海 605

推荐理由：此品种为 2023 年农业农村部推荐的主导玉米品种，同时被列入《国家农作物优良品种推广目录》，2022 年在我国的推广面积为 1 219 万亩。

审定编号：国审玉 2010009。

品种名称：登海 605。

品种来源：DH351×DH382。

选育单位：山东登海种业股份有限公司。

特征特性：在黄淮海地区出苗至成熟 101 天，比郑单 958 晚
1.0 天，需有效积温 2 550 ℃左右。幼苗叶鞘紫色，叶片绿色，叶
缘绿带紫色，花药黄绿色，颖壳浅紫色。株型紧凑，株高 259 厘
米，穗位高 99 厘米，成株叶片数 19～20 片。花丝浅紫色，果穗长
筒形，穗长 18 厘米，穗行数 16～18 行，穗轴红色，籽粒黄色、马
齿型，百粒重 34.4 克。经河北省农林科学院植物保护研究所接种
鉴定，高抗茎腐病，中抗玉米螟，感大斑病、小斑病、矮花叶病和
弯孢菌叶斑病，高感瘤黑粉病、褐斑病和南方锈病。经农业农村部
谷物品质监督检验测试中心（北京）测定，籽粒容重 766 克/升、
粗蛋白含量 9.35%、粗脂肪含量 3.76%、粗淀粉含量 73.40%、
赖氨酸含量 0.31%。

产量表现：2008—2009 年参加黄淮海夏玉米品种区域试验，
两年平均亩产 659.0 千克，比对照郑单 958 增产 5.3%。2009 年生
产试验，平均亩产 614.9 千克，比对照郑单 958 增产 5.5%。

栽培要点：一般在 6 月 5—15 日麦收后直播。适合在中等以上
肥力土壤上种植，留苗 3 500～4 000 株/亩。在苞叶干枯、籽粒基
部出现黑层、籽粒乳线消失时收获，此时玉米产量较高，一般在 9
月 25 日至 10 月 5 日。

适宜区域：该品种适宜在我国山东、河南、河北中南部、安徽
北部、山西运城地区夏播以及内蒙古、陕西、浙江种植，注意防治
瘤黑粉病、褐斑病，南方锈病重发区慎用。

该品种还通过了山东省（鲁农审 2011004 号）、内蒙古自治区
（蒙认玉 2011001 号）、浙江省（浙审玉 2012006）、宁夏回族自治
区（宁审玉 2015015）和甘肃省（甘审玉 2015023）的审定，可在
相关区域推广应用。

**（二）沃玉 3 号**

推荐理由：此品种为 2023 年农业农村部推荐的主导玉米品种，
同时被列入《国家农作物优良品种推广目录》，2022 年在我国的推
广面积为 609 万亩。

审定编号：国审玉 20180291。

品种名称：沃玉 3 号。

品种来源：M51×VK22-4。

选育单位：河北沃土种业股份有限公司。

特征特性：黄淮海夏玉米组出苗至成熟 101.7 天，比对照郑单958 晚熟 0.5 天。幼苗叶鞘紫色，叶片深绿色，叶缘紫色，花药紫色，颖壳浅紫色。株型紧凑，株高 276 厘米，穗位高 103 厘米，成株叶片数 20 片。果穗筒形，穗长 17.9 厘米，穗行数 16～18 行，穗粗 5.3 厘米，穗轴红色，籽粒黄色、马齿型，百粒重 35.2 克。接种鉴定，中抗茎腐病、小斑病、粗缩病，感穗腐病、弯孢菌叶斑病，高感瘤黑粉病、南方锈病。品质分析，籽粒容重 734 克/升、粗蛋白含量 10.55%、粗脂肪含量 4.36%、粗淀粉含量 73.19%、赖氨酸含量 0.30%。

产量表现：2016—2017 年参加黄淮海夏玉米组区域试验，两年平均亩产 681.2 千克，比对照郑单 958 增产 7.3%。2017 年生产试验，平均亩产 655.1 千克，比对照郑单 958 增产 5.35%。

栽培要点：一般每亩播种 4 000～4 500 株，水肥条件好的地块适当增加到每亩 5 000 株，一般不宜超过 5 000 株。播种期宜在 6月 10 日以前，可露地平播或贴茬直播。在水肥管理上，重施基肥，氮肥、磷肥、钾肥配合施用，中后期应适时追肥浇水。苗期及时防治棉铃虫、二点尾夜蛾。适时晚收，玉米籽粒出现黑层或乳线消失时及时收获，以发挥该品种的增产潜力。

适宜区域：适宜在黄淮海夏玉米区的河南省、山东省、河北省保定市和沧州市的南部、陕西省关中灌区、山西省运城市和临汾市、晋城市部分平川地区、江苏和安徽两省淮河以北地区、湖北省襄阳市种植。注意防治粗缩病、瘤黑粉病和穗腐病等病害。

该品种还通过了西北春玉米区（国审玉 20200397）、西南春玉米（中低海拔）区（国审玉 20210620）的国家审定和山西省（晋审玉 2013013）、安徽省（皖审玉 20200014）、河北省（冀审玉20239019）的审定，可在相关区域推广应用。

### （三）秋乐 368

推荐理由：此品种为 2023 年农业农村部推荐的主导玉米品种，同时被列入《国家农作物优良品种推广目录》，2022 年在我国的推广面积为 471 万亩。

审定编号：国审玉 20176035。

品种名称：秋乐 368。

品种来源：NK11×NK17－8。

选育单位：河南秋乐种业科技股份有限公司。

特征特性：在东华北春播区出苗至成熟 128 天，比对照品种郑单 958 早 2 天。株高 312 厘米，穗位高 129 厘米，花药浅紫色，花丝紫色。果穗筒形，穗长 19.3 厘米，穗粗 5.1 厘米，穗行数 16 行左右，穗轴红色，籽粒黄色、马齿型，百粒重 37.8 克。中抗玉米镰孢茎腐病，抗玉米镰孢穗腐病，感玉米大斑病和玉米丝黑穗病，高感玉米灰斑病。容重 783 克/升，粗蛋白含量 10.14%，粗脂肪含量 3.41%，粗淀粉含量 73.51%。在黄淮海夏播玉米区出苗至成熟 103 天，与对照品种郑单 958 相同，株高 299 厘米，穗位高 109 厘米。幼苗叶鞘紫色，花丝紫色，花药浅紫色，株型半紧凑，果穗筒形，穗长 17.5 厘米，穗粗 5.0 厘米，穗行数 16 行左右，百粒重 35.7 克。中抗茎腐病，感小斑病、弯孢菌叶斑病和穗腐病，高感瘤黑粉病和粗缩病。容重 783 克/升，粗蛋白含量 10.14%，粗脂肪含量 3.41%，粗淀粉含量 73.51%。

产量表现：2014—2015 年中玉科企绿色通道东华北春玉米品种区域试验，两年平均亩产 822.7 千克，比对照增产 6.14%。2016 年生产试验平均亩产 786.6 千克，比对照增产 11.88%。

2015—2016 年中玉科企绿色通道黄淮海夏玉米组区域试验，两年平均亩产 749.8 千克，比对照增产 15.85%。2016 年中玉科企绿色通道生产试验，平均亩产 674.0 千克，比对照增产 9.88%。

栽培要点：黄淮海夏玉米区适宜种植 4 000～4 500 株/亩。6 月 15 前播种。

适宜区域：吉林省四平市、松原市、长春市的大部分地区，辽源市、白城市、吉林市部分地区、通化市南部，辽宁省除东部山区和大连市、东港市以外的大部分地区，内蒙古自治区赤峰市和通辽市大部分地区，山西省忻州市、晋中市、太原市、阳泉市、长治市、晋城市、吕梁市平川区和南部山区，河北省张家口市、承德市、秦皇岛市、唐山市、廊坊市、保定市北部、沧州市北部春播区，北京市春播区，天津市春播区等东华北春玉米区。河南省、山东省、河北省保定市和沧州市的南部及以南地区，唐山市、秦皇岛市、廊坊市、沧州市北部、保定市北部夏播区，北京市、天津市夏播区，陕西省关中灌区，山西省运城市、临汾市、晋城市夏播区，安徽和江苏两省的淮河以北地区等黄淮海夏播玉米区。注意防治玉米瘤黑粉病、粗缩病、小斑病、弯孢菌叶斑病、丝黑穗病。

该品种还通过了河南省（豫审玉2017001）和内蒙古自治区（蒙审玉2017004号）的审定，可在相关区域推广应用。

### （四）MY73

推荐理由：此品种为2023年农业农村部推荐的主导玉米品种，2022年在我国的推广面积为10万亩。

审定编号：国审玉20206190。

品种名称：MY73。

品种来源：T1932×T856。

选育单位：河南省豫玉种业股份有限公司、河南省彭创农业科技有限公司。

特征特性：黄淮海夏玉米组出苗至成熟101天，比对照郑单958早熟1.3天。幼苗叶鞘紫色，花药绿色，株型紧凑，株高238厘米，穗位高94厘米，成株叶片数20片。果穗筒形，穗长16.6厘米，穗行数16～18行，穗粗4.8厘米，穗轴白色，籽粒黄色、硬粒，百粒重32.5克。接种鉴定，抗茎腐病，中抗小斑病、弯孢菌叶斑病、瘤黑粉病、南方锈病，感穗腐病。籽粒容重798克/升、粗蛋白含量10.57%、粗脂肪含量4.08%、粗淀粉含量72.14%、赖氨酸含量0.33%。

产量表现：2018—2019年参加黄淮海夏玉米组绿色通道区域

试验，两年平均亩产 678.4 千克，比对照郑单 958 增产 8.97%。2019 年生产试验，平均亩产 695.5 千克，比对照郑单 958 增产 8.59%。

栽培要点：在中等以上肥力地块栽培，5 月下旬至 6 月中旬播种，一般肥力地块每亩适宜种植 4 500～5 000 株，高肥力地块每亩适宜种植 5 000～5 500 株。

适宜区域：适宜在黄淮海夏玉米区的河南省、山东省、河北省保定市和沧州市的南部及以南地区、陕西省关中灌区、山西省运城市和临汾市、晋城市部分平川地区、江苏和安徽两省淮河以北地区、湖北省襄阳市种植。

### （五）农大 778

推荐理由：此品种 2023 年被列入《国家农作物优良品种推广目录》的苗头型品种，2022 年在我国的推广面积为 23 万亩。

审定编号：国审玉 20200357。

品种名称：农大 778。

品种来源：L239×C116A。

选育单位：中国农业大学。

特征特性：黄淮海夏玉米组出苗至成熟 103.5 天，与对照郑单 958 相同。幼苗叶鞘紫色，叶片绿色，叶缘白色，花药紫色，颖壳绿色。株型半紧凑，株高 258 厘米，穗位高 93 厘米，果穗筒形，穗长 18.3 厘米，穗行数 14～16 行，穗轴红色，籽粒黄色、半马齿型，百粒重 37.4 克。接种鉴定，感茎腐病，抗穗腐病，中抗小斑病，感弯孢菌叶斑病、瘤黑粉病、南方锈病。籽粒容重 765 克/升、粗蛋白含量 9.85%、粗脂肪含量 4.55%、粗淀粉含量 73.04%、赖氨酸含量 0.31%。

产量表现：2018—2019 年参加黄淮海夏玉米组联合体区域试验，两年平均亩产 674.1 千克，比对照郑单 958 增产 7.2%；2019 年生产试验，平均亩产 701.6 千克，比对照郑单 958 增产 5.1%。

栽培要点：适宜 5 月下旬至 6 月上中旬播种；种植密度为 4 500～5 000 株/亩；在中等以上肥力地块种植。

适宜区域：黄淮海夏玉米区的河南省，山东省，河北省保定市和沧州市的南部及以南地区，陕西省关中灌区，山西省运城市、临汾市、晋城市部分平川地区，江苏和安徽两省淮河以北地区，湖北省襄阳市。

该品种还通过了东华北春玉米区（国审玉 20170015）、东华北中晚熟春玉米组（国审玉 20226218）的国家审定和吉林省（吉审玉 2016046）的审定，可在相关区域推广应用。

## （六）郑单 958

推荐理由：此品种在黄淮海夏玉米类型区推广面积较大，2022 年在我国的推广面积为 1 453 万亩。该品种自 2004 年以来多年成为我国玉米种植面积最大的品种，并连续多次入选农业农村部主导品种。

审定编号：国审玉 20000009。

品种名称：郑单 958。

品种来源：郑 58×昌 7-2。

选育单位：河南省农业科学院粮食作物研究所。

特征特性：属中熟玉米杂交种，夏播生育期 96 天左右。幼苗叶鞘紫色，长势一般，株型紧凑，株高 246 厘米左右，穗位高 110 厘米左右，雄穗分枝中等，分枝与主轴夹角小。果穗筒形，有双穗现象，穗轴白色，果穗长 16.9 厘米，穗行数 14～16 行，行粒数 35 粒左右。结实性好，秃尖轻。籽粒黄色、半马齿型，千粒重 307 克，出籽率 88%～90%。抗大斑病、小斑病和瘤黑粉病，高抗矮花叶病（0 级），感茎腐病（25%），抗倒伏，较耐旱。籽粒粗蛋白含量 9.33%、粗脂肪含量 3.98%、粗淀粉含量 73.02%、赖氨酸含量 0.25%。

产量表现：1998 年、1999 年参加国家黄淮海夏玉米组区域试验，其中 1998 年 23 个试点平均亩产 577.3 千克，比对照掖单 19 增产 28%，达极显著水平，居首位；1999 年 24 个试点，平均亩产 583.9 千克，比对照掖单 19 增产 15.5%，达极显著水平，居首位。1999 年在同组生产试验中平均亩产 587.1 千克，居首位，29 个试点中有 27 个试点增产 2 个试点减产，有 19 个试点位居第一，在各省份均比当地对照品种增产 7％以上。

栽培要点：5 月下旬麦垄点种或 6 月上旬麦收后足墒直播；密度为 3 500 株/亩，中上等肥力地块 4 000 株/亩，高肥力地块 4 500株/亩；苗期发育较慢，注意增施磷钾肥提苗，重施拔节肥；大喇叭口期防治玉米螟。

适宜区域：黄淮海夏玉米区，北京南部及周边夏播区麦收后直播。

该品种还通过了河南省（豫玉 33）、山东省（鲁种审字第 0319号）、河北省（冀审玉 200002、冀审玉 2008040）、内蒙古自治区（蒙认玉 2002003）、新疆维吾尔自治区（新审玉 2003 年 005 号）、吉林省（吉审玉 2005028）、辽宁省（辽审玉 2005219）、天津市（津准引玉 2005003）、北京市（京审玉 2008005）、黑龙江省（黑审玉 2009004）、浙江省（浙审玉 2012008）和湖北省（鄂审玉2014002）的审定，可在相关区域推广应用。

## （七）裕丰 303

推荐理由：此品种 2023 年被列入《国家农作物优良品种推广目录》中的成长型品种，2022 年在我国的推广面积为 1 621 万亩。

审定编号：国审玉 2015010。

品种名称：裕丰 303。

品种来源：CT1669×CT3354。

选育单位：北京联创种业股份有限公司。

特征特性：东华北春玉米区出苗至成熟 125 天，与郑单 958 相同。幼苗叶鞘紫色，叶缘绿色，花药淡紫色，颖壳绿色。株型半紧凑，株高 296 厘米，穗位 105 厘米，成株叶片数 20 片。花丝淡紫到紫色，果穗筒形，穗长 19 厘米，穗行数 16 行，穗轴红色，籽粒黄色、半马齿型，百粒重 36.9 克。接种鉴定，高抗镰孢茎腐病，中抗弯孢菌叶斑病，感大斑病、丝黑穗病和灰斑病。籽粒容重 766克/升，粗蛋白含量 10.83％，粗脂肪含量 3.40％，粗淀粉含量74.65％，赖氨酸含量 0.31％。黄淮海夏玉米区出苗至成熟 102

天，与郑单 958 相同。株高 270 厘米，穗位高 97 厘米，成株叶片数 20 片，穗长 17 厘米，穗行数 14～16 行，百粒重 33.9 克。接种鉴定，中抗弯孢菌叶斑病，感小斑病、大斑病、茎腐病、高感瘤黑粉病、粗缩病和穗腐病。籽粒容重 778 克/升、粗蛋白含量 10.45%、粗脂肪含量 3.12%、粗淀粉含量 72.70%、赖氨酸含量 0.32%。

产量表现：2013—2014 年参加东华北春玉米品种区域试验，两年平均亩产 880.1 千克，比对照增产 6.3%；2014 年生产试验，平均亩产 856.5 千克，比对照郑单 958 增产 8.8%。2013—2014 年参加黄淮海夏玉米品种区域试验，两年平均亩产 684.6 千克，比对照增产 4.7%；2014 年生产试验，平均亩产 672.7 千克，比对照郑单 958 增产 5.6%。

栽培要点：在中上等肥力地块种植，亩种植 3 800～4 200 株。

适宜区域：北京、天津、河北北部、内蒙古赤峰和通辽，山西、辽宁、吉林中晚熟区。注意防治大斑病、丝黑穗病和灰斑病。该品种还适宜在北京、天津、河北保定及保定以南地区、山西南部、河南、山东、江苏、安徽淮北、陕西关中灌区夏播种植。注意防治粗缩病和穗腐病，瘤黑粉病高发区慎用。

该品种还通过了西北春玉米区（国审玉 20170030）、东华北中晚熟青贮玉米组和黄淮海夏播青贮玉米组（国审玉 20206266）的国家审定和陕西省（陕审玉 2015003 号）、湖北省（鄂审玉 2017014、鄂审玉 20210009）、安徽省（皖审玉 2017003）的审定，可在相关区域推广应用。

## （八）中科玉 505

推荐理由：此品种 2023 年被列入《国家农作物优良品种推广目录》中的成长型品种，2022 年在我国的推广面积为 1 377 万亩。

审定编号：国审玉 20206267。

品种名称：中科玉 505。

品种来源：CT1668×CT3354。

选育单位：北京联创种业有限公司、河南隆平联创农业科技有限公司。

特征特性：黄淮海夏播青贮玉米组出苗至收获 93.1 天，比对照雅玉青贮 8 号早熟 2.8 天。幼苗叶鞘紫色，叶片绿色，叶缘绿色，花药紫色，花丝浅紫色，颖壳绿色。株型半紧凑，株高 286 厘米，穗位高 113 厘米，成株叶片数 20 片。果穗筒形，穗长 17.7 厘米，穗行数 14～16 行，穗粗 4.9 厘米，穗轴红色，籽粒黄色、半马齿型，百粒重 33.7 克。接种鉴定，中抗茎腐病、小斑病、弯孢菌叶斑病、南方锈病，高感瘤黑粉病。全株粗蛋白含量 8.25%、淀粉含量 27.6%、中性洗涤纤维含量 41.2%、酸性洗涤纤维含量 21.6%。

产量表现：2018—2019 年参加黄淮海夏播青贮玉米组绿色通道区域试验，两年平均亩产（干重）1 389.3 千克，比对照雅玉青贮 8 号增产 7.19%；2019 年生产试验，平均亩产（干重）1 273.1 千克，比对照雅玉青贮 8 号增产 5.85%。

栽培要点：在中等肥力以上地块种植，5 月下旬至 6 月中上旬播种，每亩种植 4 500～5 000 株。在乳线 1/2 时带穗全株收获。注意防治瘤黑粉病。

适宜区域：适宜在黄淮海夏玉米区的河南省，山东省，河北省保定市和沧州市的南部，陕西省关中灌区，山西省运城市、临汾市、晋城市部分平川地区，江苏和安徽两省淮河以北地区，湖北省襄阳市作青贮玉米种植。

该品种还通过了东北中熟春玉米区（国审玉 20176025）的国家审定和陕西省（陕审玉 2015005 号、陕审玉 2018051 号）、河南省（豫审玉 2016002）、山东省（鲁审玉 20160011）、安徽省（皖审玉 2017004）、河北省（冀审玉 20170077）的审定，可在相关区域推广应用。

### （九）农大 372

推荐理由：此品种在该区推广面积较大，2022 年在我国的推广面积为 443 万亩。

审定编号：国审玉 2015014。

品种名称：农大372。

品种来源：X24621×BA702。

选育单位：北京华奥农科玉育种开发有限责任公司。

特征特性：农大372在黄淮海夏玉米区从出苗至成熟需要103天，与对照郑单958相同。幼苗叶鞘紫色，叶片绿色，叶缘浅紫色，花药浅紫色，颖壳浅紫色。株型半紧凑，株高280厘米，穗位高105厘米，成株叶片数21片。花丝绿色，果穗长筒形，穗长21厘米，穗行数14～16行，穗轴红色，籽粒黄色、半马齿型，百粒重35.7克。接种鉴定，抗玉米镰孢茎腐病和玉米大斑病，中抗玉米小斑病、玉米腐霉茎腐病，感玉米弯孢菌叶斑病和玉米穗腐病，高感玉米瘤黑粉病、玉米粗缩病。籽粒容重764克/升、粗蛋白含量8.61%、粗脂肪含量3.05%、粗淀粉含量75.86%、赖氨酸含量0.28%。

产量表现：2013—2014年参加黄淮海夏玉米品种区域试验，两年平均亩产691.1千克，比对照增产6.1%；2014年生产试验，平均亩产689.3千克，比对照郑单958增产8.3%。

栽培要点：小麦收获后应及时播种，播种期不迟于6月18日。每亩种植4 500～5 000株。

适宜区域：适宜我国河北保定以南地区、山西南部、山东、河南、江苏淮北、安徽淮北、陕西关中灌区夏播种植。

该品种还通过了河北省（冀审玉20190048）和天津市（津审玉20190008）的审定，可在相关区域推广应用。

## （十）京科999

推荐理由：此品种2023年被列入《国家农作物优良品种推广目录》中的苗头型品种，2022年在我国的推广面积为251万亩。

审定编号：国审玉20200323。

品种名称：京科999。

品种来源：京1110×京J2418。

选育单位：北京市农林科学院玉米研究中心、河南省现代种业有限公司。

特征特性：黄淮海夏玉米组出苗至成熟 102 天，比对照郑单 958 早熟 1.2 天。幼苗叶鞘紫色，花药浅紫色，株型紧凑，株高 269.8 厘米，穗位高 94 厘米，成株叶片数 19 片。果穗筒形，穗长 17.8 厘米，穗行数 14～18 行，穗轴红色，籽粒黄色、半马齿型，百粒重 33.1 克。接种鉴定，中抗茎腐病、小斑病，感穗腐病、瘤黑粉病，高感弯孢菌叶斑病，籽粒容重 740 克/升、粗蛋白含量 8.31%、粗脂肪含量 3.90%、粗淀粉含量 75.60%、赖氨酸含量 0.26%。

产量表现：2018—2019 年参加黄淮海夏玉米组联合体区域试验，两年平均亩产 665.4 千克，比对照郑单 958 增产 6.57%；2019 年生产试验，平均亩产 693.9 千克，比对照郑单 958 增产 8.1%。

栽培要点：适宜播种期为 6 月中旬到下旬，每亩种植 4 500～5 000 株，在中等以上肥力地块栽培，注意预防弯孢菌叶斑病等病害及植株倒伏倒折。

适宜区域：适宜在黄淮海夏玉米区的河南省，山东省，河北省保定市和沧州市的南部，陕西省关中灌区、山西省运城市、临汾市、晋城市部分平川地区，江苏和安徽两省淮河以北地区，湖北省襄阳市种植。

### （十一）MC121

推荐理由：此品种为 2023 年农业农村部推荐的主导玉米品种，同时被列入《国家农作物优良品种推广目录》，2022 年在我国的推广面积为 180 万亩。

审定编号：国审玉 20180070。

品种名称：MC121。

品种来源：京 72464×京 2416，亲本京 2416 具有较强抗性，在耐高温干旱和抗锈病方面表现突出。

选育单位：北京市农林科学院玉米研究中心。

特征特性：黄淮海夏玉米组出苗至成熟 100 天，比对照郑单 958 早熟 2 天。幼苗叶鞘紫色，花药紫色，株型紧凑，株高 269.0 厘米，穗位高 102.5 厘米，成株叶片数 19 片。果穗筒形，穗长 17.1 厘米，穗行数 14～16 行，穗轴白色，籽粒黄色、半马齿型，百粒重 35.0 克。接种鉴定，中抗穗腐病、小斑病，感弯孢菌叶斑病、茎腐病、瘤黑粉病，高感粗缩病。品质分析，籽粒容重 744 克/升、粗蛋白含量 8.52％、粗脂肪含量 3.81％、粗淀粉含量 74.2％、赖氨酸含量 0.28％。

产量表现：2015—2016 年参加黄淮海夏玉米组区域试验，两年平均亩产 712.2 千克，比对照郑单 958 增产 7.5％；2017 年生产试验，平均亩产 641.3 千克，比对照郑单 958 增产 5.6％。

栽培要点：在黄淮海夏玉米区中等以上肥力地块栽培，夏播 6 月中旬到下旬播种，亩种植 4 500～5 000 株。

适宜区域：适宜在黄淮海夏玉米区的河南省、山东省、河北省保定市和沧州市的南部，陕西省关中灌区，山西省运城市、临汾市、晋城市部分平川地区，江苏和安徽两省淮河以北地区，湖北省襄阳市种植。注意预防瘤黑粉病和粗缩病。

此品种还通过了京津冀地区的联合审定（京津冀审玉 20180004），可在相关区域推广应用。

### （十二）伟科 702

推荐理由：此品种在黄淮海夏玉米类型区推广面积较大，2022 年在我国的推广面积为 412 万亩。

审定编号：国审玉 2012010。

品种名称：伟科 702。

品种来源：WK858×WK798－2。

选育单位：郑州伟科作物育种科技有限公司、河南金苑种业有限公司。

特征特性：该品种在黄淮海夏播区出苗至成熟 100 天，均比对照郑单 958 晚熟 1 天。幼苗叶鞘紫色，叶片绿色，叶缘紫色，花药黄色，颖壳绿色。株型紧凑，保绿性好，株高 252～272 厘米，穗位高 107～125 厘米，成株叶片数 20 片。花丝浅紫色，果穗筒形，穗长 17.8～19.5 厘米，穗行数 14～18 行，穗轴白色，籽粒黄色、半马齿型，百粒重 33.4～39.8 克。黄淮海夏玉米区接种鉴定，中抗大斑病、南方锈病，感小斑病和茎腐病，高感弯孢菌叶斑病和玉米螟。籽粒容重 733～770 克/升、粗蛋白含量 9.14％～9.64％、粗脂肪含量 3.38％～4.71％、粗淀粉含量 72.01％～74.43％、赖氨酸含量 0.28％～0.30％。

产量表现：2010—2011 年参加黄淮海夏玉米品种区域试验，两年平均亩产 617.9 千克，比对照品种增产 6.4％；2011 年生产试验，平均亩产 604.8 千克，比对照郑单 958 增产 8.1％。

栽培要点：在中等以上肥力地块栽培，亩种植 4 000 株左右，一般不超过 4 500 株；黄淮海夏玉米区注意防治小斑病、茎腐病和弯孢菌叶斑病，西北春玉米区注意防治矮花叶病和丝黑穗病。

适宜区域：河南、河北保定及其以南地区、山东、陕西关中灌区、江苏北部、安徽北部，夏播种植。

该品种还通过了内蒙古自治区（蒙审玉 2010042 号）、河南省（豫审玉 2011008）和河北省（冀审玉 2012016 号）的审定，可在相关区域推广应用。

### （十三）迪卡 653

推荐理由：此品种在黄淮海夏玉米类型区推广面积较大，2022 年在我国的推广面积为 293 万亩。

审定编号：豫审玉 2015011。

品种名称：迪卡 653。

品种来源：H3659Z×G4675Z。

选育单位：中种国际种子有限公司。

特征特性：夏播生育期 98～105 天。叶色深绿，叶鞘绿色，第一叶尖端圆到匙形；全株叶片 18～20 片，株型半紧凑，株高 270.0～281.2 厘米，穗位高 118.0～123.0 厘米，田间倒折率 0.1％～5.2％；雄穗颖片绿色，雄穗分枝数 11～15 个，花药绿色，花丝浅紫色；果穗筒形，穗长 16.3～17.2 厘米，秃尖长 0.4 厘米，穗粗 4.6～4.7 厘米，穗行数 12.0～16.0 行，行粒数 36.4～38.8 粒；穗轴白色，籽粒黄色、半马齿型，千粒重 348.7～353.3 克，出籽率 89.2%～91.1%。接种鉴定，抗大斑病，中抗小斑病、矮花叶病、茎腐病，高抗弯孢菌叶斑病，感瘤黑粉病、玉米螟；2013 年接种鉴定，中抗大斑病，抗弯孢菌叶斑病、茎腐病、小斑病，感玉米螟、瘤黑粉病，高感矮花叶病；蛋白质含量 11.69%，粗淀粉含量 72.22%，粗脂肪含量 4.05%，赖氨酸含量 0.31%，容重 736 克/升。

产量表现：2012 年河南省玉米品种区域试验（4 500 株/亩，一组），9 点汇总，7 点增产，2 点减产，增产点率 77.8%，平均亩产 731.6 千克，比对照郑单 958 增产 2.0%，差异不显著；2013 年续试（4 500 株/亩，三组），9 点汇总，9 点增产，增产点率 100%，平均亩产 629.9 千克，比对照郑单 958 增产 9.0%，差异极显著。2014 年河南省玉米品种生产试验（4 500 株/亩，二组），13 点汇总，13 点增产，增产点率 100%，平均亩产 670.3 千克，比对照郑单 958 增产 9.0%。

栽培要点：适时麦后直播，密度以 4 500～5 000 株/亩为宜。

适宜区域：适宜在河南省各地推广种植。

### （十四）明天 695

推荐理由：此品种在黄淮海夏玉米类型区推广面积较大，2022 年在我国的推广面积为 130 万亩。

审定编号：国审玉 20190204。

品种名称：明天 695。

品种来源：11F34×DZ72。

选育单位：江苏明天种业科技股份有限公司。

特征特性：黄淮海夏玉米组出苗至成熟 103.5 天，比对照郑单 958 早熟 0.3 天。幼苗叶鞘紫色，叶片深绿色，叶缘绿色，花药浅紫色，颖壳浅紫色。株型紧凑，株高 270 厘米，穗位高 99 厘米，成株叶片数 19 片。果穗长筒形，穗长 18.4 厘米，穗行数 14～16 行，穗粗 5.2 厘米，穗轴红色，籽粒黄色、马齿型，百粒重 38.5 克。接种鉴定，中抗茎腐病、小斑病，感南方锈病，高感穗腐病、弯孢菌叶斑病、瘤黑粉病。品质分析，籽粒容重 736 克/升、粗蛋白含量 8.96％、粗脂肪含量 3.79％、粗淀粉含量 74.47％、赖氨酸含量 0.30％。

产量表现：2017—2018 年参加黄淮海夏玉米组联合体区域试验，两年平均亩产 661.5 千克，比对照郑单 958 增产 8.6％。2018年生产试验，平均亩产 634.6 千克，比对照郑单 958 增产 6.9％。

栽培要点：黄淮海夏玉米区适宜 5 月 5 日至 6 月 20 日种植，每亩种植 4 500～5 000 株，等行或宽窄行种植，高水肥田块可适当增加密度，低水肥田块可适当减小密度。播种时注意足墒下种，保证一播全苗，保证苗齐苗壮，3 叶期间苗，4 叶期定苗，采取分期施肥方式，少施提苗肥，重施穗肥，每亩施尿素 30～40 千克，后期注意防旱排涝。苗期注意防治蓟马、棉铃虫、菜青虫等虫害，大喇叭口期用辛硫磷颗粒丢芯防治玉米螟，遇旱及时浇水，及时中耕锄草，保证全生育期无草荒，玉米籽粒乳线消失出现黑粉层后适时收获。

适宜区域：适宜在黄淮海夏玉米区的河南省，山东省，河北省保定市和沧州市的南部，陕西省关中灌区，山西省运城市、临汾市、晋城市部分平川地区，江苏和安徽两省淮河以北地区，湖北省襄阳市种植。

该品种还通过了河北省的审定（冀审玉 20170003），可在相关区域推广应用。

## 七、京津冀早熟夏玉米类型区

该玉米类型区主要包括：①河北省唐山市、秦皇岛市、廊坊市、沧州市北部、保定市北部夏播区；②北京市夏播区；③天津市夏播区。

代表品种：京农科 728、NK815、MC812 等。

### （一）京农科 728

推荐理由：此品种在 2023 年被列入《国家农作物优良品种推广目录》骨干型品种，2022 年在我国的推广面积为 49 万亩。首批通过机收籽粒品种国审，具有早熟优质、抗旱节水耐密抗倒、脱水快、适宜全程机械化等突出优势，实现黄淮海夏玉米区早熟宜机收与高产多抗兼备，被选为国家良种重大攻关标志性成果。

审定编号：国审玉 2012003。

品种名称：京农科 728。

品种来源：京 MC01×京 2416，亲本京 2416 具有较强的抗性，在耐高温干旱和抗锈病方面表现突出。

选育单位：北京农业科学院种业科技有限公司。

特征特性：京津唐夏播区出苗至成熟 98 天，与对照京玉 7 号相同，比京单 28 早熟 1 天。幼苗叶鞘紫色，叶片绿色，叶缘淡紫色，花药淡紫色，颖壳淡紫色；株型紧凑，株高 276 厘米，穗位高 94.5 厘米，成株叶片数 19 片，花丝淡红色，果穗筒形，穗长 17.7 厘米，穗行数 14～16 行，穗轴红色，籽粒黄色、半马齿型，百粒重 37.1 克。接种鉴定，中抗大斑病、小斑病和茎腐病，感弯孢菌叶斑病，高感玉米螟。籽粒容重 757 克/升、粗蛋白含量 9.03%、粗脂肪含量 4.12%、粗淀粉含量 73.33%、赖氨酸含量 0.31%。

产量表现：2010—2011 年参加京津唐夏玉米品种区域试验，两年平均亩产 715.2 千克，比对照品种增产 8.8%；2011 年生产试验，平均亩产 690.4 千克，比对照京单 28 增产 7.4%。

栽培要点：在中等以上肥力地块栽培，6 月中旬、下旬播种，密度为 4 000～4 500 株/亩；注意防治弯孢菌叶斑病和玉米螟。

适宜区域：适宜在北京，天津和河北唐山、廊坊、沧州及保定北部地区夏播。

该品种还通过了黄淮海夏玉米区的国家审定（国审玉 20170007）和北京市（京审玉 2014006）、黑龙江省（黑审玉 2016017）、内蒙古自治区（蒙认玉 2016011）和河北省（冀审玉 20180063）的审定，可在相关区域推广应用。

### （二）NK815

推荐理由：此品种在京津冀早熟夏玉米类型区推广面积较大，2022 年在我国的推广面积为 271 万亩。玉米制种亩产 1 034.62 千克，创造了玉米制种全国高产纪录。粗淀粉含量 75.80%，达到高淀粉玉米标准，可用作高淀粉特用玉米。

审定编号：国审玉 20200155。

品种名称：NK815。

品种来源：京 B547×C1120。

选育单位：北京市农林科学院玉米研究中心。

特征特性：东华北中熟春玉米组出苗至成熟 128 天，比对照先玉 335 早熟 1 天。幼苗叶鞘浅紫色，叶片绿色，花药紫色，株型紧凑，株高 285 厘米，穗位高 105 厘米，成株叶片数 20 片。果穗筒形，穗长 19.1 厘米，穗行数 16～18 行，穗粗 5.2 厘米，穗轴红色、籽粒黄色、半马齿型，百粒重 41.2 克。接种鉴定，感大斑病、丝黑穗病、灰斑病，中抗茎腐病、穗腐病，籽粒容重 747 克/升、粗蛋白含量 9.72%、粗脂肪含量 3.22%、粗淀粉含量 73.82%、赖氨酸含量 0.30%。黄淮海夏玉米组出苗至成熟 102 天，比对照郑单 958 早熟 1 天。幼苗叶鞘紫色，叶片绿色，花药紫色，株型紧凑，株高 267 厘米，穗位高 93 厘米，成株叶片数 19 片。果穗筒形，穗长 17.2 厘米，穗行数 16～18 行，穗粗 5.2 厘米，穗轴红色、籽粒黄色、半马齿型，百粒重 35.3 克。接种鉴定，感茎腐病、穗腐病、小斑病、弯孢菌叶斑病、瘤黑粉病，中抗南方锈病。籽粒容重 756.0 克/升、粗蛋白含量 9.90%、粗脂肪含量 4.10%、粗淀粉含量 74.64%、赖氨酸含量 0.29%。

产量表现：2018—2019 年参加东华北中熟春玉米组联合体区域试验，两年平均亩产 798.8 千克，比对照先玉 335 增产 4.9%；2019 年生产试验，平均亩产 801.7 千克，比对照先玉 335 增产 3.0%；2018—2019 年参加黄淮海夏玉米组联合体区域试验，两年平均亩产 647.2 千克，比对照郑单 958 增产 3.2%。2019 年生产试验，平均亩产 661.7 千克，比对照郑单 958 增产 2.4%。

栽培要点：东华北中熟春玉米组，在中等以上肥力地块种植，4 月下旬至 5 月上旬播种，建议种植密度 3 800～4 500 株/亩；黄淮海夏玉米组，在中等以上肥力地块种植，6 月上中旬播种，种植密度 4 500～5 000 株/亩。

适宜区域：东华北中熟春玉米区的辽宁省东部山区和辽北部分

地区，吉林省吉林市、白城市、通化市大部分地区和辽源市、长春市、松原市部分地区，黑龙江省第一积温带，内蒙古自治区兴安盟、赤峰市、通辽市、呼和浩特市、包头市等部分地区，河北省张家口市坝下丘陵及河川中熟区和承德市中南部中熟区，山西省北部大同市、朔州市盆地和中部及东南部丘陵区；黄淮海夏玉米区河南省、山东省，河北省保定市和沧州市南部，陕西省关中灌区、山西省运城市、临汾市、晋城市部分平川地区，江苏和安徽两省淮河以北地区，湖北省襄阳市种植。

该品种还通过京津冀联合审定（京津冀审玉 20170001），成为首个京津冀联合审定的夏玉米新品种，可在相关区域推广应用。

### （三）MC812

**推荐理由：**此品种在京津冀早熟夏玉米类型区推广面积较大，2022 年在我国的推广面积为 269 万亩，通过抗锈京 2416 优种提升，实现免疫型高抗锈病。

**审定编号：**国审玉 20190284。

**品种名称：**MC812。

**品种来源：**京 B547×京 2416。

**选育单位：**北京市农林科学院玉米研究中心。

**特征特性：**黄淮海夏玉米组出苗至成熟 102 天，比对照郑单 958 早熟 2 天。幼苗叶鞘紫色，叶片绿色，花药紫色，株型紧凑，株高 260 厘米，穗位高 97 厘米，成株叶片数 19 片。果穗筒形，穗长 16.9 厘米，穗行数 14～16 行，穗粗 5.2 厘米，穗轴红色，籽粒黄色、半马齿型，百粒重 35.5 克。接种鉴定，中抗小斑病，感茎腐病、弯孢菌叶斑病，高感穗腐病、瘤黑粉病、南方锈病。品质分析，籽粒容重 766 克/升、粗蛋白含量 9.60%、粗脂肪含量 4.40%、粗淀粉含量 72.59%、赖氨酸含量 0.31%。

**产量表现：**2017—2018 年参加黄淮海夏玉米组联合体区域试验，两年平均亩产 643.5 千克，比对照郑单 958 增产 5.6%；2018 年生产试验，平均亩产 600.4 千克，比对照郑单 958 增产 1.1%。

**栽培要点：**在中等以上肥力地块种植，5 月下旬至 6 月中旬播种，每亩种植 4 500～5 000 株；注意防治瘤黑粉病、南方锈病和穗腐病。

适宜区域：黄淮海夏玉米区的河南省，山东省，河北省保定市和沧州市的南部，陕西省关中灌区，山西省运城市、临汾市、晋城市部分平川地区，江苏和安徽两省淮河以北地区、湖北省襄阳市种植。

该品种还通过了东华北中熟春玉米组的国家审定（国审玉 20200156）和北京市的审定（京审玉 2015003），可在相关区域推广应用。

## 八、西北春玉米类型区

该玉米类型区主要包括：①内蒙古巴彦淖尔市大部分地区、鄂尔多斯市大部分地区；②陕西省榆林地区、延安地区；③宁夏引扬黄灌区；④甘肃省陇南市、天水市、庆阳市、平凉市、白银市、定西市、临夏州海拔 1 800 米以下地区及武威市、张掖市、酒泉市大部分地区；⑤新疆昌吉回族自治州阜康市以西至博乐市以东地区、北疆沿天山地区、伊犁哈萨克自治州西部平原地区。

代表品种：先玉 335、大丰 30、先玉 1225、华美 1 号等。

### （一）先玉 335

推荐理由：此品种在京津冀夏玉米类型区推广面积较大，2022 年在我国的推广面积为 475 万亩。

审定编号：甘审玉 2011001。

品种名称：先玉 335。

品种来源：PH6WC×PH4CV。

选育单位：铁岭先锋种子研究有限公司。

特征特性：幼苗叶鞘紫色，叶片绿色，叶缘绿色；单株叶片数 19～21 片，株型半紧凑，株高 313 厘米，穗位高 131 厘米；花药粉红色，花丝紫色，颖壳绿色。果穗筒形，穗轴红色，穗长 19.5 厘米，穗粗 5.2 厘米，轴粗 2.7 厘米，穗行数 16.9 行，行粒数 39.8 粒；籽粒马齿型、黄色；出籽率 86.1%，千粒重 346.3 克。

粗蛋白含量 10.94％，粗淀粉含量 74.91％，粗脂肪含量 4.11％，赖氨酸含量 0.331％。生育期 139 天，比对照沈单 16 晚熟 2 天。高抗红叶病、中抗丝黑穗病、大斑病、瘤黑粉病、抗茎腐病、矮花叶病。

产量表现：在 2009—2010 年甘肃省玉米品种区域试验中，平均亩产 874.2 千克，比对照沈单 16 增产 7.5％。在 2010 年的生产试验中，平均亩产 933.4 千克，比对照沈单 16 增产 13.8％。

栽培要点：4 月上旬至 5 月上中旬播种。亩保苗 3 500～4 500 株。基肥亩施农家肥 1 500 千克、磷酸二铵 15～20 千克、钾肥 10～15 千克、氮肥 10 千克。拔节前期结合灌水第一次追肥，亩施氮肥 20 千克。抽雄期结合灌水第二次追肥，亩施氮肥 20 千克，灌浆前期结合灌水第三次追肥，亩施氮肥 20 千克。

适宜区域：适宜在甘肃省酒泉、武威、白银、临夏、临洮、清水等地种植。

该品种还通过了东华北春玉米区（国审玉 2006026）、黄淮海夏玉米区（国审玉 2004017）的国家审定和辽宁（辽审玉 2005250 号）、新疆（新审玉 2007 年 35 号、新审玉 2022 年 62 号）、宁夏（宁审玉 2008002）、内蒙古（蒙认玉 2008023）、黑龙江（黑审玉 2009006）、甘肃（甘审玉 2011001）、云南（滇审玉米 2012019 号）的审定，可在相关区域推广应用。

### （二）大丰 30

推荐理由：此品种在该区推广面积较大，2022 年在我国的推广面积为 144 万亩。

审定编号：晋审玉 2012007。

品种名称：大丰 30。

品种来源：A311×PH4CV。

选育单位：山西大丰种业有限公司。

特征特性：生育期 127 天左右。幼苗叶鞘深紫色，圆到匙形，叶缘紫色。株型半紧凑，总叶片数 21 片，株高 325 厘米，穗位高 110 厘米，雄穗主轴与分枝角度中，侧枝姿态直，一级分枝

4～5个，侧枝以上的主轴长28.8厘米，花药紫色，颖壳紫色，花丝由淡黄色转红色，果穗筒形，穗轴深紫色，穗长18.8厘米，穗行数16～18行，行粒数40.4粒，籽粒黄色、马齿型，百粒重40.5克，出籽率89.7%。抗病鉴定，中抗茎腐病，感丝黑穗病、大斑病、穗腐病、矮花叶病、粗缩病。品质分析，容重756克/升、粗蛋白含量9%、粗脂肪含量3.57%、粗淀粉含量75.45%。

产量表现：2009—2010年参加山西省早熟玉米品种区域试验，2009年亩产721.2千克，比对照长城799增产5.9%；2010年亩产714.7千克，比对照增产20.8%，两年平均亩产718.0千克，比对照增产12.8%；2010年早熟区生产试验，平均亩产698.5千克，比当地对照增产15.1%；2011年参加中晚熟玉米品种（4200密度组）区域试验，平均亩产901.8千克，比对照先玉335增产6.5%；2011年生产试验，平均亩产797.9千克，比当地对照增产9.4%。

栽培要点：适宜播期为4月下旬；亩留苗4 000株左右；亩施优质农家肥3 000～4 000千克，拔节期追施尿素40千克。

适宜区域：山西春播早熟及中晚熟玉米区。

该品种还通过了宁夏（宁审玉2012006、宁审玉2015021）、内蒙古（蒙认玉2015013）、甘肃（甘审玉20180015）、河南（豫审玉20180004）、山东（鲁审玉20180034）和河北（冀审玉20180053）的审定，可在相关区域推广应用。

### （三）先玉1225

推荐理由：此品种在京津冀夏玉米类型区推广面积较大，2022年在我国的推广面积为254万亩。

审定编号：甘审玉2015022。

品种名称：先玉1225。

品种来源：PHHJC×PH1CRW。

选育单位：铁岭先锋种子研究有限公司北京分公司。

特征特性：出苗至成熟139.0天，比对照沈单16晚2.0天，属高淀粉玉米品种。幼苗绿色，叶鞘紫色，叶缘红绿色，茎基浅紫色，花药紫色，颖壳浅紫色。株型半紧凑，株高 317.0 厘米，穗位高 112.0 厘米，成株叶片数 20 片。花丝紫色，果穗筒形，穗长 19.5 厘米，穗行数 17 行，行粒数 38.1 粒，穗轴红色。籽粒黄色、半马齿型，百粒重 38.9 克。人工接种抗病（虫）害鉴定，高抗丝黑穗病、茎腐病、瘤黑粉病和红叶病，中抗大斑病和矮花叶病。籽粒容重 751.2 克/升、粗蛋白含量 9.74%、粗脂肪含量 3.53%、粗淀粉含量 78.17%、赖氨酸含量 0.32%。

产量表现：2013—2014 年甘肃省玉米品种区域试验，平均每公顷产量 14 431.5 千克，比对照沈单 16 增产 9.5%；2014 年生产试验，平均每公顷产量 14 811.0 千克，比对照沈单 16 增产 12.2%。

栽培要点：4 月中旬播种，每公顷保苗 6.75 万株左右。每公顷基肥施农家肥 22.5 吨、磷酸二铵 225～300 千克、钾肥 150～225 千克、氮肥 150 千克，拔节期追施氮肥 300 千克、大喇叭口期追施氮肥 300 千克。

适宜区域：甘肃省河西及中部地区。

该品种还通过了东华北中晚熟春玉米组的国家审定（国审玉20180092）和辽宁（辽审玉 2015008）、吉林（吉审玉 2016053）、河北（冀审玉 2016030）、宁夏（宁审玉 20190015）的省级审定，可在相关区域推广应用。

### （四）华美 1 号

推荐理由：此品种在京津冀夏玉米类型区推广面积较大，2022年在我国的推广面积为 107 万亩。

审定编号：新审玉 2018 年 21 号。

品种名称：华美 1 号。

品种来源：HF12202×HM12111。

选育单位：甘肃恒基种业有限责任公司。

特征特性：北疆春播中熟玉米区生育期 119.4 天，比对照早1.4 天。幼苗叶鞘紫色，尖端圆形，叶片深绿色。株形半紧凑，总叶片数 19 片，株高 269 厘米，穗位高 109 厘米，雄穗主轴与分枝角度中，一级分枝 3～5 个，最高位侧枝以上的主轴长 30 厘米，花药紫色，颖壳紫色，花丝绿色，果穗筒形，穗轴粉红色，穗长 18.4 厘米，穗行数 16.0 行，行粒数 39.9 粒，籽粒黄色、马齿型，百粒重 33.3 克。

产量表现：2016—2017 年新疆维吾尔自治区中熟组区域试验，两年平均亩产 1 001.9 千克，比对照增产 6.51％；2017 年生产试验，平均亩产 995.1 千克，比对照增产 2.74％。

栽培要点：选中等以上肥力地块种植，4 月下旬至 5 月上旬播种，一般每公顷保苗 7.50 万～8.50 万株。注意及时防治丝黑穗病和玉米螟。

适宜区域：新疆北疆春播中熟玉米区，吉林省玉米中晚熟区，山西太原以北春播早熟及中晚熟玉米区，甘肃省中晚熟春玉米区，内蒙古乌兰浩特市、赤峰市、通辽市、呼和浩特市、包头市、巴彦淖尔市、鄂尔多斯市≥10 ℃年活动积温 2 750 ℃以上地区，黑龙江第一积温带上限地区，辽宁省东部山区和辽北部分地区。

该品种还通过了山西（晋审玉 2016011）、陕西（陕审玉 2018021）和河北（冀审玉 20180024）的省级审定，可在相关区域推广应用。

## 九、西南春玉米类型区

该玉米类型主要包括：①四川省、重庆市、湖南省、湖北省和陕西省南部海拔 800 米及以下的丘陵、平坝、低山地区；②贵州省贵阳市、黔南州、黔东南州、铜仁市、遵义市海拔 1 100 米以下地区；③云南省中部昆明、楚雄、玉溪、大理、曲靖等州市的丘陵、平坝、低山地区；④广西壮族自治区桂林市、贺州市。

代表品种：川单 99、中单 808、罗单 297、正大 999、蠡玉 16 等。

### （一）川单 99

推荐理由：此品种为 2023 年农业农村部推荐的主导玉米品种，2022 年在我国的推广面积为 87 万亩。

审定编号：国审玉 20210096。

品种名称：川单 99。

品种来源：ZNC442×SCML0849。

选育单位：四川农业大学玉米研究所、广西壮族自治区农业科学院玉米研究所。

特征特性：西南青贮玉米组出苗至收获 113.6 天，比对照雅玉青贮 8 号晚熟 1 天。幼苗叶鞘紫色，叶片绿色，叶缘紫色，花药黄色，颖壳紫色。株型半紧凑，株高 302 厘米，穗位高 124 厘米。接种鉴定，中抗大斑病、灰斑病、中抗小斑病、纹枯病、抗南方锈病、茎腐病。全株粗蛋白含量 8.5%、淀粉含量 31.9%、中性洗涤纤维含量 36.5%、酸性洗涤纤维含量 17.8%。西南春玉米（中低海拔）组出苗至成熟 126.6 天，比对照中玉 335 晚熟 0.6 天。幼苗叶鞘紫色，叶片绿色，叶缘紫色，花药黄色，颖壳紫色。株型半紧凑，株高 318 厘米，穗位高 127 厘米，成株叶片数 21 片。果穗长筒形，穗长 19.2 厘米，穗行数 14～20 行，穗粗 5.1 厘米，穗轴红色，籽粒黄色、马齿型，百粒重 33.05 克。接种鉴定，抗茎腐病、南方锈病、中抗大斑病、灰斑病、小斑病、纹枯病。籽粒容重 755 克/升、粗蛋白含量 10.66%、粗脂肪含量 4.47%、粗淀粉含量 72.85%、赖氨酸含量 0.33%。

产量表现：2019—2020 年参加西南青贮玉米组区域试验，两年平均亩产（干重）1 290.7 千克，比对照雅玉青贮 8 号增产 8.2%；2020 年生产试验，平均亩产（干重）1 244.5 千克，比对照雅玉青贮 8 号增产 6.7%；2019—2020 年参加西南春玉米（中低海拔）组区域试验，两年平均亩产 581.5 千克，比对照中玉 335 增产 14.0%；2020 年生产试验，平均亩产 572.8 千克，比对照中玉 335 增产 11.1%。

栽培要点：适宜春播；种植密度为 3 500 株/亩左右（中低海拔）；肥水管理应重施基肥，轻施拔节肥，重施攻苞肥；综合防治病虫害。

适宜区域：西南春玉米类型区的四川省、重庆市、湖南省、湖北省、陕西省南部海拔 800 米及以下的丘陵、平坝、低山地区，贵州省贵阳市、黔南州、黔东南州、铜仁市、遵义市海拔 1 100 米以下地区，云南省中部昆明、楚雄、玉溪、大理、曲靖等州市的丘陵、平坝、低山地区，广西桂林市、贺州市。

该品种还通过了黄淮海夏播青贮玉米组的国家审定（国审玉20220504）和云南（滇审玉米 2019063）、四川（川审玉20202038）、广西（桂审玉 2020001）的审定，可在相关区域推广应用。

### （二）中单 808

**推荐理由：**此品种在 2023 年被列入《国家农作物优良品种推广目录》骨干型品种，2022 年在我国的推广面积为 69 万亩。

**审定编号：**国审玉 2006037。

**品种名称：**中单 808。

**品种来源：**CL11×NG5。

**选育单位：**中国农业科学院作物科学研究所。

**特征特性：**在西南地区出苗至成熟 114 天，在东北地区出苗至成熟 129 天，均与对照农大 108 相同。幼苗叶鞘紫色，叶片深绿色，叶缘绿色，花药黄色，颖壳黄色。株型半紧凑，株高 260～300 厘米，穗位高 120～140 厘米，成株叶片数 20 片。花丝绿色，果穗筒形，穗长 20 厘米，穗行数 14～16 行，穗轴红色，籽粒黄色、半马齿型，百粒重 32.8～40.0 克。在西南区域试验中平均倒伏（折）率 7.8%。经接种鉴定，抗茎腐病、丝黑穗病、大斑病和灰斑病，中抗大斑病、小斑病、纹枯病和玉米螟，高抗纹枯病，感弯孢菌叶斑病。籽粒容重 752 克/升、粗蛋白含量 10.73%、粗脂肪含量 4.33%、粗淀粉含量 70.15%、赖氨酸含量 0.29%。

**产量表现：**2003 年参加全国玉米区域试验，在西南区产量为 565.3 千克/亩，比对照农大 108 增产 11.94%；在东华北区产量为 807.1 千克/亩，比对照农大 108 增产 23.1%，在 127 个参试品种中排第一位。2004 年参加西南区和东华北区春玉米区域试验，产量为 642.06 千克/亩，比对照农大 108 增产 17.71%，在参试品种中排第一位；在东华北区产量为 699.4 千克/亩，比对照农大 108 增产 8.17%。2005 年参加西南区和东华北玉米区域试验，产量为 623.53 千克/亩，比对照农大 108 增产 21.59%，在参试品种中排第一位。

栽培要点：每亩适宜种植 3 000 株左右，注意防倒伏。

适宜区域：北京市、天津市、河北省北部、四川省、云南省、湖南省，春播种植，注意防倒伏。

该品种还通过了河北省（冀审玉 2006006 号）、重庆市（渝引玉 2009001）和湖北省（鄂审玉 2010012）的审定，可在相关区域推广应用。

### （三）罗单 297

推荐理由：此品种在 2023 年被列入《国家农作物优良品种推广目录》苗头型品种，2022 年在我国的推广面积为 41 万亩。

审定编号：国审玉 20210582。

品种名称：罗单 297。

品种来源：R200×DT927。

选育单位：罗平县高山玉米研究所、云南大天种业有限公司。

特征特性：西南春玉米（中高海拔）组出苗至成熟 131.4 天，比对照中玉 335 晚熟 3.0 天。幼苗叶鞘紫色，叶片绿色，叶缘绿色，花药黄色，颖壳紫色。株型半紧凑，株高 288 厘米，穗位高 119 厘米，成株叶片数 17 片。果穗筒形，穗长 20.0 厘米，穗行数 16 行，穗粗 5.0 厘米，穗轴白色，籽粒黄色、半马齿型，百粒重 36.7 克。接种鉴定，中抗大斑病、丝黑穗病、灰斑病、茎腐病、穗腐病、小斑病、纹枯病，高感南方锈病。籽粒容重 790 克/升、粗蛋白含量 11.37%、粗脂肪含量 3.84%、粗淀粉含量 73.55%、赖氨酸含量 0.28%。西南春玉米（中低海拔）组出苗至成熟 123.3 天，比对照中玉 335 晚熟 0.1 天。幼苗叶鞘紫色，叶片绿色，叶缘绿色，花药黄色，颖壳紫色。株型半紧凑，株高 295 厘米，穗位高 125 厘米，成株叶片数 17 片。果穗筒形，穗长 19.7 厘米，穗行数 16 行，穗粗 4.9 厘米，穗轴白色，籽粒黄色、半马齿型，百粒重 35.0 克。接种鉴定，中抗大斑病、丝黑穗病、灰斑病、茎腐病、穗腐病、小斑病、纹枯病，高感南方锈病。籽粒容重 783 克/升、粗蛋白含量 11.94%、粗脂肪含量 4.03%、粗淀粉含量 72.28%、赖氨酸含量 0.32%。

产量表现：2018—2019 年参加西南春玉米（中高海拔）组联合体区域试验，两年平均亩产 699.9 千克，比对照中玉 335 增产 9.6%；2019 年生产试验，平均亩产 730.3 千克，比对照中玉 335 增产 13.2%；2018—2019 年参加西南春玉米（中低海拔）组联合体区域试验，两年平均亩产 621.3 千克，比对照中玉 335 增产 8.70%；2019 年生产试验，平均亩产 584.1 千克，比对照中玉 335 增产 7.5%。

栽培要点：西南春玉米（中高海拔）组一般适宜播期为 4 月中上旬，播种前精细整地，每亩种植 3 800～4 000 株，重施基肥，适施苗肥和拔节肥，重施攻苞肥，注意防治南方锈病，及时收获，收获后及时脱粒、晾晒。西南春玉米（中低海拔）组春播、夏播均可，一般适宜播期为 4 月中上旬，播种前精细整地，每亩种植 2 800～3 200 株，重施基肥，适施苗肥和拔节肥，重施攻苞肥，注意综合防治病虫害，及时收获，收获后及时脱粒、晾晒。

适宜区域：西南春玉米类型区（中高海拔）的四川省甘孜州、阿坝州、凉山州及盆周山区海拔 800～2 200 米的地区，贵州省贵阳市、毕节市、安顺市、六盘水市、黔西南州海拔 1 000～2 200 米地区，云南省昆明市、楚雄州、大理白族自治州、保山市、丽江市、德宏州、临沧市、普洱市、玉溪市、红河州、文山市、曲靖市、昭通市海拔 1 000～2 200 米地区，重庆市、湖南省、湖北省、陕西省南部海拔 800 米及以下的丘陵、平坝、低山地区，广西壮族自治区桂林市、贺州市。

该品种还通过了云南的审定（滇审玉米 2019060），可在相关区域推广应用。

### （四）正大 999

推荐理由：此品种在西南春玉米类型区推广面积较大，2022 年在我国的推广面积为 192 万亩。

审定编号：湘审玉 2012002。

品种名称：正大 999。

品种来源：CTL20×CTL26。

选育单位：襄樊正大农业开发有限公司。

特征特性：生育期 110 天。幼苗叶鞘紫色，叶片深绿色，株型半紧凑。株高 265.5 厘米，穗位高 116 厘米，成株叶片数 21～22 片。果穗长筒形，穗长 20.9 厘米，秃顶 1.1 厘米，穗粗 5.2 厘米，穗行数 16.4 行，行粒数 36～42 粒，百粒重 31.3 克。穗轴红色，籽粒半马齿型、黄色。田间表现较抗大斑病、小斑病，中抗纹枯病，抗倒性较好。籽粒含粗蛋白 11.40%、粗脂肪 4.50%、粗淀粉 69.13%、赖氨酸 0.35%，容重 751 克/升。

产量表现：2010 年区域试验平均亩产 508.9 千克，比对照临奥 1 号增产 9.91%，极显著增产；2011 年区域试验平均亩产 549.2 千克，比对照增产 7.43%，极显著增产；两年区域试验平均亩产 529.05 千克，比对照增产 8.69%。

栽培要点：湖南中部 3 月下旬播种，湖南南部 3 月中下旬播种，湖南北部 3 月底到 4 月初播种；每亩种植 2 500～3 000 株；施足基肥，每亩施三元（N：P：K 为 15：15：15）复合肥 30 千克左右；适施苗肥，每亩施尿素 6～8 千克；重施穗肥，在 10 叶全展时每亩用 20～25 千克尿素作穗肥；及时防治玉米螟和纹枯病；前期注意控氮，后期注意防止倒伏。

适宜区域：湖南省。

该品种还通过了广西（桂审玉 2003003）、重庆（渝引玉 2005005）、湖北（鄂审玉 2007009）、广东（粤审玉 2014005）和陕西（陕审玉 2008009）的审定，可在相关区域推广应用。

## （五）蠡玉 16

推荐理由：此品种在西南春玉米类型区推广面积较大，2022 年在我国的推广面积为 171 万亩。

审定编号：鄂审玉 2008006。

品种名称：蠡玉 16。

品种来源：953×91158。

选育单位：石家庄蠡玉科技开发有限公司。

特征特性：株型半紧凑，株高及穗位适中。幼苗叶鞘紫红色，成株叶片较宽大，叶色浓绿。果穗筒形，穗轴白色。籽粒黄色、中间型。区域试验中株高 256.8 厘米，穗位高 111.3 厘米，穗长 17.6 厘米，穗粗 5.2 厘米，秃尖长 1.0 厘米，每穗 17.3 行，每行 34.1 粒，千粒重 305.1 克，干穗出籽率 86.1%。生育期 109.0 天，比华玉 4 号早 0.5 天。田间大斑病 0.6 级，小斑病 0.6 级，青枯病病株率 3.7%，锈病 0.3 级，穗粒腐病 0.5 级，纹枯病病情指数 15.5，抗倒性优于华玉 4 号。品质经农业农村部谷物及制品质量监督检验测试中心测定，容重 763 克/升，粗淀粉含量 71.18%，粗蛋白含量 10.12%，粗脂肪含量 3.85%，赖氨酸含量 0.31%。

产量表现：2006—2007 年参加湖北省玉米低山平原组品种区域试验，两年区域试验平均亩产 615.06 千克，比对照华玉 4 号增产 12.38%。2006 年亩产 654.97 千克，比华玉 4 号增产 15.50% 极显著增产；2007 年亩产 575.15 千克，比华玉 4 号增产 9.03%，极显著增产。

栽培要点：适时播种，合理密植。3 月下旬至 4 月上旬播种，单作每亩 3 000～3 500 株。施足基肥，及时追肥。基肥一般亩施三元复合肥 50 千克、锌肥 1 千克；苗肥亩施尿素 5～10 千克；大喇叭口期施穗肥，亩施尿素 20～25 千克。加强田间管理，苗期注意蹲苗，中后期培土壅苑，抗旱排涝。注意防治青枯病、纹枯病、锈病、地老虎、玉米螟等。

适宜区域：湖北省低山、丘陵、平原地区，作春玉米种植。

该品种还通过了河北省（冀审玉 2003001）、陕西省（陕审玉 2005006）、内蒙古自治区（蒙认玉 2005012 号）、北京市（京审玉 2005011）、河南省（豫引玉 2006022）、天津市（津准引玉 2006015）、吉林省（吉审玉 2007035）、湖北省（鄂审玉 2008006）、江苏省（苏审玉 200902）、浙江省（浙引种〔2011〕第 003 号）和山东省（鲁农审 2013014）的审定，可在相关区域推广应用。

## 十、热带亚热带玉米类型区

该玉米类型主要包括：①广西壮族自治区；②海南省、广东省、福建省漳州以南地区；③贵州省与广西壮族自治区接壤的低热河谷地带；④云南省文山、红河、临沧、思茅、西双版纳、德宏等州市海拔 800 米以下地区。

代表品种：正大 808，先达 901，正大 619，迪卡 007，迪卡 008 等。

### （一）正大 808

推荐理由：此品种在 2023 年被列入《国家农作物优良品种推广目录》骨干型品种，2022 年在我国的推广面积为 82 万亩。

审定编号：桂审玉 2010007 号。

品种名称：正大 808。

品种来源：Y708M×F880。

选育单位：襄阳正大农业开发有限公司。

特征特性：生育期春季平均 111 天，秋季平均 103 天，幼苗长势上，后期田间评定中上，株型半紧凑，株高 281 厘米，穗位高 117 厘米，穗筒形，籽粒黄色、半马齿型，果穗外观中，轴白色，穗长 17.7 厘米，穗粗 5.39 厘米，秃顶长 2.2 厘米，穗行 12～20 行，平均穗行数 16.7 行，日产量 4.66 千克，千粒重 298 克，出籽率 82.2%，空秆率 1.8%，倒伏率 12.7%，倒折率 1.8%，田间调查大斑病 1～3 级，平均 1.2 级，小斑病 1～3 级，平均 1.2 级，纹枯病 12.9%，粒腐病 0，茎腐病 0.2%，锈病 1～3 级，平均 1.2 级，青枯病 1.1%，丝黑穗病 0。抗病虫接种鉴定，高抗大斑病、小斑病、茎腐病、抗纹枯病、锈病，感玉米螟。籽粒容重 770 g/L、粗蛋白含量 10.44%、粗脂肪含量 4.43%、粗淀粉含量 71.04%、赖氨酸含量 0.28%。

产量表现：2008 年春秋两季区域试验平均亩产 505.0 千克（区域试验代号：YX2774），比对照种桂单 22 增产 7.6%，排第 1 位，增产点次 72.7%；2009 年春秋两季生产试验平均亩产 460.0

千克，比对照正大 619（CK）平均增产 3.3%，增产点 70.0%。

栽培要点：气温稳定在 12 ℃以上为适播期。亩种植 3 200～
3 500 株，亩用种 1.5～2.0 千克。施足基肥，早施苗肥，重施攻苞
肥，一般亩施农家肥 1 500 千克、尿素 20 千克、磷肥 40 千克、钾
肥 25 千克，攻苞肥在抽雄前 15 天深施，一般亩施碳酸氢铵 15 千
克、尿素 7.5 千克。

适宜区域：热带亚热带玉米类型区，全区土壤肥力要求中等
以上。

该品种还通过了贵州（黔审玉 2013013、黔审玉 20180012）和
云南（滇审玉米 2015026）的审定，可在相关区域推广应用。

### （二）先达 901

推荐理由：此品种在 2023 年被列入《国家农作物优良品种推
广目录》成长型品种，2022 年在我国的推广面积为 25 万亩。

审定编号：滇审玉米 2019248 号。

品种名称：先达 901。

品种来源：NP5024×NP5063。

选育单位：先正达（中国）投资有限公司隆化分公司。

特征特性：两年区域试验平均生育期 100 天。幼苗第一叶顶
端圆形、叶鞘花青苷显色强。叶片弯曲程度弱、与茎秆夹角小。
植株叶鞘花青苷显色无到极弱，株高、穗位高较矮。散粉期晚，
雄穗颖片除基部外花青苷显色强、侧枝弯曲程度中、与主轴的夹
角小，雄穗最低位侧枝以上的主轴长度为极长，雄穗最高位侧枝以
上的主轴长度长、雄穗侧枝长度长、一级侧枝数目少、花药花青苷
显色强、花丝花青苷显色中到强，植株茎秆"之"字形程度无到极
弱，果穗穗柄长度极短，穗筒形，籽粒中等黄色、偏马齿型，穗轴
颖片花青苷显色无或极弱。平均穗行数 14.4 行，行粒数 33.7 粒。
2017 年区域试验倒伏倒折率之和 4.05%，倒伏倒折率之和≥
10.0% 的试验点百分率为 11.1%。2018 年区域试验，倒伏倒折率
之和 1.43%，倒伏倒折率之和≥10.0% 的试验点百分率为 0。抗性
鉴定，高抗穗腐病、大斑病，中抗灰斑病，抗锈病，感纹枯病。品

质分析，籽粒容重 765 g/L、粗蛋白含量 9.67%、粗脂肪含量 3.36%、粗淀粉含量 72.16%、赖氨酸含量 0.32%。

产量表现：2017 年区域试验平均亩产 589.5 千克，较对照周玉 0913 增产 12.8%，极显著增产，增产点率 77.78%；2018 年续试，平均亩产 649.96 千克，较对照周玉 0913 增产 14.7%，极显著增产，增产点率 87.5%；2018 年生产试验平均亩产 622.1 千克，较对照增产 16.98%，增产点率 80%。

栽培要点：适时播种，合理密植，3 000～3 300 株/亩，重施基肥和穗肥，氮肥、磷肥、钾肥均衡施用，适时收获。注意防治纹枯病。

适宜区域：云南省海拔 1 000 米以下的玉米种植区。

该品种还通过了贵州（黔审玉 20180011）和广西（桂审玉 2010003）的审定，可在相关区域推广应用。

### （三）正大 619

推荐理由：此品种在热带亚热带玉米类型区推广面积较大，2022 年在我国的推广面积为 36 万亩。

审定编号：桂审玉 200007 号。

品种名称：正大 619。

品种来源：F06×F19。

选育单位：南宁地区种子公司。

特征特性：该品种春播全生育期 130 天。株型松散，叶片平展，株高 260～280 厘米，穗位高 90～110 厘米，果穗锥形，穗轴白色，穗行 16 行，行粒数 46～48 粒，籽粒金黄色、半硬粒型，千粒重 230 克。经广西大学实验中心分析，籽粒粗蛋白含量 9.28%、赖氨酸含量 0.25%。气生根发达，抗倒能力强。

产量表现：1997 年春季参加南宁地区玉米品种比较试验，平均亩产 542.9 千克，与桂单 22 产量持平，1998 年和 1999 年春季分别参加南宁地区玉米品种对比试验，平均亩产分别为 544.5 千克和 497.9 千克，分别比桂单 22 增产 13.0%和 4.0%。1997—2000 年在南宁地区累计种植 8 296 亩，一般亩产 450～550 千克。

栽培要点：因该品种种子粒小、顶土能力较差，注意播种时精细整地，盖种土层不宜过厚或板结，以免影响出苗率；亩种 3 500 株左右；氮肥、磷肥、钾肥配合施用，基肥以有机肥加磷肥为主，全生育期要求亩施氮 25 千克、五氧化二磷 8 千克、氧化钾 20 千克；注意防治病虫害。①父母本行比 1∶4。②父本分期播种。Ⅰ期播 10%，与母本同期；Ⅱ期播 50%，比母本迟 5～7 天；Ⅲ期播 40%，比母本迟 10～12 天。③人工辅助授粉。④田间保证隔离安全，严格去杂去雄。

适宜区域：广西壮族自治区全区。

该品种还通过了广东省（粤审玉 2006016）和云南省（滇审玉米 2017034）的审定，可在相关区域推广应用。

### （四）迪卡 007

推荐理由：此品种在热带亚热带玉米类型区推广面积较大，2022 年在我国的推广面积为 33 万亩。

审定编号：桂审玉 200003 号。

品种名称：迪卡 007。

品种来源：PA212×PA31。

选育单位：广西壮族自治区玉米研究所。

特征特性：该品种在南宁春播全生育期 117 天，秋播全生育期 97 天，株高 242 厘米，穗位高 107 厘米。苗势强，叶斜上展，秆硬，根系发达，抗倒、耐旱，成熟时秆青叶绿。果穗筒形，穗长 17 厘米，穗粗 4.5 厘米，秃尖 0.8 厘米，穗行 14 行，行粒数 36 粒，千粒重 286 克，出籽率 83.0%。籽粒橘黄色，硬粒型。高抗大斑病、小斑病，抗纹枯病、瘤黑粉病、青枯病。

产量表现：1997 年参加预备试验，亩产 396.0 千克，比对照桂单 19 增产 15.3%；1998—1999 年参加广西壮族自治区区域试验，两年平均亩产 408.8 千克，比对照桂单 19 增产 23.4%，居首位。两年 32 点次中有 31 点次比对照增产，其中有 26 点次显著或极显著增产，1 点次比对照减产，但不显著。1999 年晚季玉米在武鸣、都安、平果等地进行生产试验，平均亩产 414.0 千克，比当地主栽品种平均增产 14.0%。

栽培要点：①适时早播，广西南部大寒前后播种，广西中部大寒至立春播种，广西北部立春至雨水播种；②亩种植 3 200 株左右；③及时定苗，中耕管理，4 叶期定苗，进行 2～3 次中耕，及时追肥。父本催芽露白后与母本同播；母本密度为 3 500～3 800 株/亩，父本密度为 4 000 株/亩。

适宜区域：广西壮族自治区全区。

该品种还通过了云南省［滇特（版纳）审玉米 2010028］和广东省（粤审玉 2015010）的审定，可在相关区域推广应用。

### （五）迪卡 008

推荐理由：此品种在热带亚热带玉米类型区推广面积较大，2022 年在我国的推广面积为 40 万亩。

审定编号：桂审玉 2008007 号。

品种名称：迪卡 008。

品种来源：H1087×T3261。

选育单位：孟山都科技有限责任公司。

特征特性：生育期春季平均 119 天，秋季平均 99 天。株型平展，株高 245 厘米，穗位高 109 厘米，穗筒形，籽粒黄色、硬型，果穗外观优，穗轴白色，穗长 17.4 厘米，穗粗 4.9 厘米，秃顶长 1.4 厘米，平均穗行数 14.7 行，日产量 4.44 千克，千粒重 309 克，出籽率 83.69%，空秆率 0.1%，倒伏率 2.5%，倒折率 0，田间调查大斑病平均 0.8 级，小斑病平均 0.8 级，纹枯病 3.5%，粒腐病 0，茎腐病 0，锈病 0.8 级，青枯病 0，丝黑穗病 0。抗大斑病、小斑病、茎腐病、锈病，中抗纹枯病，高抗玉米螟。籽粒容重 761 克/升、粗蛋白含量 9.4%、粗脂肪含量 4.94%、粗淀粉含量 71.75%、赖氨酸含量 0.3%。

产量表现：2006 年春秋两季区域试验平均亩产 476 千克，比对照正大 619 增产 5.4%，亩产幅度 288.9～578.9 千克，增产点次 72.7%；2007 年春秋两季生产试验平均亩产 485.7 千克，比对照桂单 22 平均增产 10.7%，增产点次 75%，比对照正大 619 平均增产 2.5%，增产点次 83.3%。

栽培要点：①播种时亩施农家肥 1 000～1 500 千克、尿素 10 千克、磷肥 30 千克、钾肥 10 千克；②山坡地 3 000～3 200 株/亩，丘陵地 3 200～3 500 株/亩，平原地 3 500～4 000 株/亩；③施肥以氮肥为主，配合磷钾肥，追肥在拔节期和大喇叭口期分两次进行，或者在小喇叭口期一次性追施，根据自然降水情况合理排灌，调节田间水分，保证玉米正常生长；④苗期喷洒农药防治蓟马和地下害虫，大喇叭口期丢心防治玉米螟。

适宜区域：适宜在广西壮族自治区全区种植，土壤肥力要求中等以上。

该品种还通过了广东省的审定（粤审玉 2014006），可在相关区域推广应用。

## 十一、东南春玉米类型区

该玉米类型主要包括：①安徽和江苏两省淮河以南地区；②上海市、浙江省、江西省、福建省中北部。

代表品种：苏玉 29 等。

推荐理由：此品种在 2023 年被列入《国家农作物优良品种推广目录》骨干型品种，2022 年在我国的推广面积为 46 万亩。

审定编号：国审玉 2010016。

品种名称：苏玉 29。

品种来源：苏 95 - 1×JS0451。

选育单位：江苏省农业科学院粮食作物研究所。

特征特性：在东南玉米区出苗至成熟 102 天，与农大 108 相同。幼苗叶鞘紫色，叶片绿色，叶缘红色，花药红色，颖壳红色。株型紧凑，株高 230 厘米，穗位高 95 厘米，成株叶片数 20 片。花丝红色，果穗长筒形，穗长 18 厘米，穗行数 14～16 行，穗轴白色，籽粒黄色、半马齿型，百粒重 28.7 克。区域试验平均倒伏（折）率 5.5%。经中国农业科学院作物科学研究所两年接种鉴定，中抗茎腐病，感大斑病、小斑病和纹枯病，高感矮花叶病和玉米螟。经农业农村部谷物品质监督检验测试中心（北京）测定，籽粒容重 724 克/升、粗蛋白含量 9.58%、粗脂肪含量 3.17%、粗淀粉含量 69.62%、赖氨酸含量 0.31%。

产量表现：2008—2009 年参加东南玉米品种区域试验，两年平均亩产 461.5 千克，比对照农大 108 增产 11.5%；2009 年生产试验，平均亩产 482.7 千克，比对照农大 108 增产 4.7%。

栽培要点：在中等以上肥力地块栽培，每亩适宜种植 4 500 株，注意防止倒伏（折），防治玉米螟。

适宜区域：适宜在江苏省中南部、安徽省南部、江西省、福建省春播种植，矮花叶病重发区慎用。

该品种还通过了安徽省（皖引玉 201204）和江苏省（苏审玉 201304）的审定，可在相关区域推广应用。

# 第二节　特专型玉米品种简介

## 一、京科糯 2000

推荐理由：此品种 2023 年被列入《国家农作物优良品种推广目录》特专型品种，该品种已通过国家审定及北京、上海、浙江、黑龙江等 20 多个省级审定，并成为我国第一个在国外审定的玉米品种，一直是我国鲜食玉米种植面积最大、范围最广的主导品种，已累计种植 1 亿亩以上，并走出国门，成为越南等加入"一带一路"沿线国家的主栽品种，每年种植 100 万亩以上，占越南糯玉米种植面积的 2/3。

审定编号：国审玉 2006063。

品种名称：京科糯 2000。

品种来源：母本京糯 6 号，来源于中糯 1 号；父本 BN2，来源于紫糯 3 号。

选育单位：北京市农林科学院玉米研究中心。

特征特性：在西南地区出苗至采收 85 天左右，与对照渝糯 7 号相同。幼苗叶鞘紫色，叶片深绿色，叶缘绿色，花药绿色，颖壳粉红色。株型半紧凑，株高 250 厘米，穗位高 115 厘米，成株叶片数 19 片。花丝粉红色，果穗长锥形，穗长 19 厘米，穗行数 14 行，百粒重（鲜籽粒）36.1 克，籽粒白色，穗轴白色。在西南区域试验中平均倒伏（折）率 6.9%。经四川省农业科学院植物保护研究所两年接种鉴定，中抗大斑病和纹枯病，感小斑病、丝黑穗病和玉米螟，高感茎腐病。经西南鲜食糯玉米区域试验组织专家品尝鉴定，达到部颁鲜食糯玉米二级标准。经四川省绵阳市农业科学研究所两年测定，支链淀粉含量占总淀粉含量的 100%，满足《糯玉米》（NY/T 524—2002）要求。

产量表现：2004—2005 年参加西南鲜食糯玉米品种区域试验，15 点次增产，7 点次减产，两年区域试验平均亩产（鲜穗）880.4 千克，比对照渝糯 7 号增产 9.6%。

栽培要点：每亩适宜种植 3 500 株左右，应隔离种植和适期早播，注意防止倒伏和防治茎腐病、玉米螟。

适宜区域：适宜在四川、重庆、湖南、湖北、云南、贵州作鲜食糯玉米品种种植。茎腐病重发区慎用，注意适期早播和防止倒伏。

该品种还通过了吉林省（吉审玉 2008056）、上海市（沪农品审玉米〔2009〕第 008 号）、福建省（闽审玉 2010003）、北京市（京审玉 2010014）、新疆（新审糯玉 2014 年 52 号）和宁夏回族自治区（宁审玉 2015030）的审定，可在相关区域推广应用。

## 二、万糯 2000

推荐理由：此品种 2023 年被列入《国家农作物优良品种推广目录》特专型品种，2022 年在我国的推广面积为 36 万亩。

审定编号：国审玉 2016008。

品种名称：万糯 2000。

品种来源：W67×W68。

选育单位：河北华穗种业有限公司。

特征特性：东南地区春播出苗至鲜穗采收 81 天，比苏玉糯 5

号晚1天。幼苗叶鞘浅紫色，叶片深绿色，叶缘白色，花药浅紫色，颖壳绿色。株型半紧凑，株高202.8厘米，穗位高77.2厘米，成株叶片数20片。花丝绿色，果穗长筒形，穗长18.8厘米，穗行数14～16行，穗轴白色，籽粒白色、硬粒型，百粒重（鲜籽粒）37.9克，平均倒伏（折）率4.5%。接种鉴定，中抗腐霉病、茎腐病和纹枯病，感小斑病。品尝鉴定86.7分；品质检测，支链淀粉含量占总淀粉含量的97.3%，皮渣率9.3%。

西南地区春播出苗至鲜穗采收86天，比渝糯7号晚1天。株型半紧凑，株高207.7厘米，穗位高80.3厘米，穗长19.3厘米，穗行数14～16行，百粒重（鲜籽粒）37.2克。接种鉴定，感小斑病和纹枯病。品尝鉴定87.5分；品质检测，支链淀粉含量占总淀粉含量的98.9%，皮渣率12.7%。

产量表现：2014—2015年参加东南鲜食糯玉米品种区域试验，两年平均亩产鲜穗894.3千克，比苏玉糯5号增产25.1%；2014—2015年参加西南鲜食糯玉米品种区域试验，两年平均亩产鲜穗848.6千克，比渝糯7号增产4.2%。

栽培要点：在中等以上肥力地块栽培，每亩种植3 500株，隔离种植。注意防治苗期地下害虫及玉米螟。

适宜区域：江苏中南部、安徽中南部、上海、浙江、江西、福建、广东、广西、海南、重庆、贵州、湖南、湖北、四川、云南，作鲜食糯玉米春播。注意防治小斑病和纹枯病。

该品种还通过了2015年东华北春玉米区的国家审定（国审玉2015032）和上海市（沪农品审玉米〔2014〕第004号）、河北省（冀审玉2014035）、广东省（粤审玉2015001）的审定，可在相关区域推广应用。

## 三、农科糯336

推荐理由：此品种为2023年农业农村部推荐的玉米主导品种，通过了四大生态区国审，入选"中国农业农村十项重大新产品"，为我国审定范围最广的甜加糯鲜食玉米品种。

审定编号：国审玉 20200021。

品种名称：农科糯 336。

品种来源：ZN3×D6644-2。

选育单位：北京市农林科学院玉米研究中心。

特征特性：北方（东华北）鲜食糯玉米组出苗至鲜穗采收81.9 天，比对照京科糯 569 早熟 2.2 天。幼苗叶鞘紫色，叶片绿色，叶缘绿色，花药浅紫色，颖壳绿色。株型半紧凑，株高 230 厘米，穗位高 92 厘米，成株叶片数 19.0 片。果穗筒形，穗长 20.3 厘米，穗行数 14～16 行，穗粗 5.2 厘米，穗轴白色，籽粒白色、甜加糯，百粒重 40.3 克。接种鉴定，感大斑病、丝黑穗病，抗瘤黑粉病。皮渣率 5.26%，品尝鉴定 88.9 分，支链淀粉含量占总淀粉含量的 98.69%。北方（黄淮海）鲜食糯玉米组出苗至鲜穗采收73.5 天，比对照苏玉糯 2 号晚熟 0.3 天。幼苗叶鞘紫色，叶片绿色，叶缘绿色，花药浅紫色，颖壳绿色。株型半紧凑，株高 209 厘米，穗位高 76 厘米，成株叶片数 19.0 片。果穗筒形，穗长18.7 厘米，穗行数 14～16 行，穗粗 4.9 厘米，穗轴白色，籽粒白色、甜加糯，百粒重 39.47 克。接种鉴定，感丝黑穗病、小斑病、瘤黑粉病，高感矮花叶病、南方锈病。皮渣率 7.39%，品尝鉴定87.9 分，支链淀粉含量占总淀粉含量的 98.16%。

南方（东南）鲜食糯玉米组出苗至鲜穗采收 77.3 天，比对照苏玉糯 5 号早熟 1.9 天。幼苗叶鞘紫色，叶片绿色，叶缘绿色，花药浅紫色，颖壳绿色。株型半紧凑，株高 199.3 厘米，穗位高70.5 厘米，成株叶片数 19.0 片。果穗筒形，穗长 18.4 厘米，穗行数 14～16 行，穗粗 5.2 厘米，穗轴白色，籽粒白色、甜加糯，百粒重 37.4 克。接种鉴定，高抗茎腐病，中抗南方锈病，高感小斑病、纹枯病，感瘤黑粉病。皮渣率 9.4%，品尝鉴定 87.3 分，支链淀粉含量占总淀粉含量的 97.1%。南方（西南）鲜食糯玉米组出苗至鲜穗采收 87.6 天，比对照渝糯 7 号早熟 1.6 天。幼苗叶鞘紫色，叶片绿色，叶缘绿色，花药浅紫色，颖壳绿色。株型半紧凑，株高 202 厘米，穗位高 74 厘米，成株叶片数 19 片。果穗锥形，穗长 17.7 厘米，穗行数 14～16 行，穗粗 5.1 厘米，穗轴白色、籽粒白色、甜加糯，百粒重 39.7 克。接种鉴定，感丝黑穗病、小斑病和纹枯病。皮渣率 9.4%，品尝鉴定 85.4 分，支链淀粉含量占总淀粉含量的 97.1%。

产量表现：2017—2018 年参加北方（东华北）鲜食糯玉米组联合体区域试验，两年平均亩产 958.2 千克，比对照京科糯 569 增产 0.2%；参加北方（黄淮海）鲜食糯玉米组联合体区域试验，两年平均亩产 815.6 千克，比对照苏玉糯 2 号增产 8.94%；参加南方（东南）鲜食糯玉米组联合体区域试验，两年平均亩产 831.0 千克，比对照苏玉糯 5 号增产 18.62%；参加南方（西南）鲜食糯玉米组联合体区域试验，两年平均亩产 863.9 千克，比对照渝糯 7 号减产 0.10%。

栽培要点：一般春播 4 月中旬至 5 月上旬，离地面 5 厘米土壤温度稳定通过 12 ℃以上方可播种。与其他玉米采取空间或时间隔离，防止串粉。每亩适宜种植 3 000～3 500 株。施足基肥，重施穗肥，增加钾肥。适时采收。糯玉米采收鲜果穗，采收期较短，授粉后 22～25 天为最佳采收期。注意防治大斑病、丝黑穗病、小斑病、瘤黑粉病、矮花叶病和南方锈病。

适宜区域：黑龙江省第五积温带至第一积温带、吉林、辽宁、内蒙古、河北、山西、北京、新疆、宁夏、甘肃、陕西等≥10 ℃年活动积温 1 900 ℃以上的玉米春播区；北京、天津、河北中南部、河南、山东、陕西关中灌区、山西南部、安徽和江苏两省淮河以北地区等玉米夏播区；东南鲜食甜玉米、鲜食糯玉米类型区的安徽和江苏两省淮河以南地区、上海、浙江、江西、福建、广东、广西、海南；四川、重庆、贵州、湖南、湖北、陕西南部海拔 800 米及以下的丘陵、平坝、低山地区及云南中部的丘陵、平坝、低山地区，作鲜食玉米种植。

## 四、金冠 218

推荐理由：此品种 2023 年被列入《国家农作物优良品种推广

目录》特专型品种，2022 年在我国的推广面积为 3 万亩。

审定编号：国审玉 2016014。

品种名称：金冠 218。

品种来源：甜 62×甜 601。

选育单位：北京中农斯达农业科技开发有限公司、北京四海种业有限责任公司。

特征特性：东华北春玉米区出苗至鲜穗采收 90 天。幼苗叶鞘绿色。株型半紧凑，株高 253.4 厘米，穗位高 103.8 厘米，成株叶片数 17～20 片。花丝绿色，果穗筒形，穗长 23.1 厘米，穗粗 5.0 厘米，穗行数 16～18 行，穗轴白色，籽粒黄色、甜质型，百粒重（鲜籽粒）34.8 克。接种鉴定，中抗大斑病，感丝黑穗病。品尝鉴定 85.5 分，皮渣率 5.97%，还原糖含量 9.56%，水溶性糖含量 29.50%。

黄淮海夏玉米区出苗至鲜穗采收 77 天。株高 233.0 厘米，穗位高 89.0 厘米。穗长 21.6 厘米，穗粗 5.0 厘米，百粒重（鲜籽粒）37.7 克。接种鉴定，抗小斑病，中抗茎腐病，感矮花叶病和瘤黑粉病。品尝鉴定 84.76 分，皮渣率 8.78%，还原糖含量 7.85%，水溶性糖含量 23.68%。

产量表现：2014—2015 年参加东华北鲜食甜玉米品种区域试验，两年平均亩产鲜穗 1 061.0 千克，比对照中农大甜 413 增产 23.5%；2014—2015 年参加黄淮海鲜食甜玉米品种区域试验，两年平均亩产鲜穗 1 025.8 千克，比对照中农大甜 413 增产 26.9%。

栽培要点：在中等以上肥力地块栽培，4 月下旬至 7 月上旬播种，亩种植 3 500 株。隔离种植，适时采收。

适宜区域：北京、河北、山西、内蒙古、黑龙江、吉林、辽宁、新疆，作鲜食甜玉米春播。注意防治丝黑穗病。还适宜在北京、天津、河北、山东、河南、陕西、江苏北部、安徽北部作鲜食甜玉米夏播。注意防治矮花叶病和瘤黑粉病。

该品种还通过了江西（赣审玉 2012004）、天津（津审玉 2011007）、北京（京审玉 2014008）、湖南（湘审玉 2015010）和福建（闽审玉 2016002）的审定，可在相关区域推广应用。

### 五、京科甜 608

**推荐理由：**此品种是优质高端水果加工兼用型玉米品种，高产稳产，抗病抗逆性强，籽粒糖度高，获中国种子协会颁发的"2020年全国十大优秀甜玉米品种"称号。

**审定编号：**国审玉 20180349。

**品种名称：**京科甜 608。

**品种来源：**T3587×T8367。

**选育单位：**北京市农林科学院玉米研究中心。

**特征特性：**北方（东华北）鲜食甜玉米组出苗至鲜穗采收79.5 天，比对照中农大甜 413 早 3.5 天。幼苗叶鞘绿色，叶片绿色，叶缘绿色，花药黄色，颖壳绿色。株型平展，株高 232.2 厘米，穗位高 77.2 厘米，成株叶片数 17.8 片。果穗长筒形，穗长22 厘米，穗行数 17.7 行，穗粗 4.95 厘米，穗轴白色，籽粒黄色、甜质型，百粒重 35.2 克。接种鉴定，中抗大斑病，感丝黑穗病。皮渣率 6.51%，还原糖含量 8.33%，水溶性总含糖量 28.42%。品尝鉴定 87.7 分。

**产量表现：**2016—2017 年参加北方（东华北）鲜食甜玉米组品种试验，两年平均亩产 922.5 千克，比对照中农大甜 413 增产 15.83%。

**栽培要点：**为防止串粉要与其他类型玉米空间隔离。每亩适宜种植 4.50 万～5.25 万株。肥水集中，甜玉米生育期短，采收鲜果穗，因此前期应高肥水条件。及时采收，授粉后 21～23 天为最佳采收期。注意防治丝黑穗病等当地主要病害。

**适宜区域：**适宜在黑龙江第五积温带至第一积温带、吉林、辽宁、内蒙古、河北、山西、北京、天津、新疆、宁夏、甘肃、陕西等≥10 ℃年活动积温 1 900 ℃以上玉米春播区作鲜食甜玉米种植。

该品种还通过了北京的审定（京审玉 20200007），可在相关区域推广应用。

## 六、申科甜 811

推荐理由：此品种为 2023 年农业农村部推荐的玉米主导品种。

审定编号：沪审玉 2021006。

品种名称：申科甜 811。

品种来源：SHL10×SHL11。

选育单位：上海市农业科学院。

特征特性：2021 年春播试验出苗至鲜穗采收平均 78.4 天。幼苗叶鞘绿色，株型半紧凑，株高 223.9 厘米，穗位高 71.9 厘米，倒伏率 0.5%，倒折率 0.3%，空秆率 0.8%，双穗率 0。穗筒形，粒色黄色，穗轴白色，穗长 19.7 厘米，穗粗 5.1 厘米，秃尖 0.7厘米，平均穗行数 18 行，行粒数 38 粒，鲜百粒重 33.0 克，鲜出籽率 65.5%。2021 年经浙江省农业科学院玉米与特色旱粮研究所抗病接种鉴定，中抗小斑病、纹枯病、南方锈病。

产量表现：2021 年春季杭州、象山、温州、绍兴、江山等试点引种适应性试验，平均亩产 999.0 千克，比对照浙甜 2088 增产 13.6%。

栽培要点：①需要与其他品种玉米隔离种植，隔离距离要求500 米；②种植密度以每亩 3 200～3 500 株为宜，采用大小行种植，大行 80～100 厘米，小行 40～50 厘米；③上海地区春播以 3月底 4 月初为宜（地表温度稳定通过 12 ℃），加强苗期管理，力争壮苗早发；④注意防治地老虎和玉米螟，确保种植密度，使用无残毒农药，采收前 30 天禁用农药；⑤适时采收，上海地区春播在吐丝后 18～21 天采收，秋播在吐丝后 20～22 天采收。

适宜区域：适宜在上海、河北和安徽淮河以南鲜食玉米类型区种植。该品种还通过了河北的审定（冀审玉 20229030），可在相关区域推广应用。

## 七、京科糯 768

推荐理由：2021 年通过四大生态区国审，果穗上所有籽粒都是糯质，每颗糯质籽粒糖度值平均可达 12 以上，显著高于普通糯玉米，带有明显的甜味，形成"糯中带甜"的特殊口感。多次获得"全国十大优秀糯玉米品种""优势加工品种"等称号。

审定编号：国审玉 20210638。

品种名称：京科糯 768。

品种来源：CQ56×ZN3。

选育单位：北京市农林科学院玉米研究中心。

特征特性：南方（西南）鲜食糯玉米组出苗至鲜穗采收 87.0天，比对照渝糯 7 号早 1.0 天。幼苗叶鞘浅紫色，叶片深绿色，叶缘白色，花药浅紫色，颖壳绿色。株型半紧凑，株高 229 厘米，穗位高 100 厘米，成株叶片数 18～19 片。果穗长锥形，穗长 19.5 厘米，穗行数 14～16 行，穗粗 5.8 厘米，穗轴白色，籽粒白色、糯质，百粒重 37.5 克。接种鉴定，感丝黑穗病、小斑病、纹枯病，皮渣率 7.9%，品尝鉴定 86.9 分，支链淀粉含量占总淀粉含量的97.0%。南方（东南）鲜食糯玉米组出苗至鲜穗采收 79.0 天，与对照苏玉糯 5 号相当。幼苗叶鞘浅紫色，叶片深绿色，叶缘白色，花药浅紫色，颖壳绿色。株型半紧凑，株高 210 厘米，穗位高 87 厘米，成株叶片数 18 片。果穗长锥形，穗长 19.9 厘米，穗行数 14～16 行，穗粗 5.0 厘米，穗轴白色，籽粒白色、糯质，百粒重 36.2克。接种鉴定，高感小斑病、瘤黑粉病、南方锈病，中抗纹枯病。皮渣率 7.9%，品尝鉴定 89.0 分，支链淀粉含量占总淀粉含量的97.0%。北方（东华北）鲜食糯玉米组出苗至鲜穗采收 87.0 天，比对照京科糯 569 早 1.0 天。幼苗叶鞘浅紫色，叶片深绿色，叶缘白色，花药浅紫色，颖壳绿色。株型半紧凑，株高 269 厘米，穗位高 127 厘米，成株叶片数 21～22 片。果穗长锥形，穗长 21.7 厘米，穗行数 14～18 行，穗粗 5.2 厘米，穗轴白色，籽粒白色、糯质，百粒重 38.0 克。接种鉴定，感大斑病、丝黑穗病，中抗瘤黑粉病，皮渣率 6.93%，品尝鉴定 88.0 分，支链淀粉占总淀粉含量的 98.16%。北方（黄淮海）鲜食糯玉米组出苗至鲜穗采收 75.0天，比对照苏玉糯 2 号晚 1.0 天。幼苗叶鞘浅紫色，叶片深绿色，叶缘白色，花药浅紫色，颖壳绿色。株型半紧凑，株高 247 厘米，穗位高 113 厘米,成株叶片数 19～20 片。果穗长锥形,穗长 20.4 厘米,穗行数 14～16 行,穗粗 4.9 厘米,穗轴白色,籽粒白色、糯质,百粒重 36.3 克。接种鉴定,中抗小斑病,感丝黑穗病,高感瘤黑粉病、矮花叶病,皮渣率 7.25%,品尝鉴定 88.3 分,支链淀粉含量占总淀粉含量的 97.84%。

产量表现:2019—2020 年参加南方(西南)鲜食糯玉米组联合体区域试验,两年平均亩产 897.9 千克,比对照渝糯 7 号增产 7.4%;2019—2020 年参加南方(东南)鲜食糯玉米组联合体区域试验,两年平均亩产 860.3 千克,比对照苏玉糯 5 号增产 24.2%;2019—2020 年参加北方(东华北)鲜食糯玉米组联合体区域试验,两年平均亩产 1 041.4 千克,比对照京科糯 569 增产 0.8%;2019—2020 年参加北方(黄淮海)鲜食糯玉米组联合体区域试验,两年平均亩产 885.8 千克,比对照苏玉糯 2 号增产 15.1%。

栽培要点:南方一般 3 月中旬至 4 月上旬春播,与其他玉米采取空间或时间隔离,防止串粉。每亩适宜种植 3 000～3 500 株。施足基肥,重施穗肥,增加钾肥。注意防治病虫害。适时采收。糯玉米采收鲜果穗,采收期较短,授粉后 22～25 天为最佳采收期。北方一般春播 4 月中旬至 5 月上旬,与其他玉米采取空间或时间隔离,防止串粉。每亩适宜种植 3 000～3 500 株。施足基肥,重施穗肥,增加钾肥。注意防治病虫害。适时采收。糯玉米采收鲜果穗,采收期较短,授粉后 22～25 天为最佳采收期。

适宜区域:适宜在西南鲜食糯玉米类型区的四川省、重庆市、贵州省、湖南省、湖北省、陕西省南部海拔 800 米及以下的丘陵、平坝、低山地区及云南省中部的丘陵、平坝、低山地区种植。适宜在东南鲜食糯玉米类型区的安徽和江苏两省淮河以南地区、上海市、浙江省、江西省、福建省、广东省、广西壮族自治区、海南省种植。适宜在北方鲜食糯玉米类型区的黑龙江省第五积温带至第一积温带、吉林、辽宁、内蒙古、河北、山西、北京、天津、新疆、宁夏、甘肃、陕西等≥10 ℃年活动积温 1 900 ℃以上的玉米春播种植区种植。适宜在黄淮海鲜食糯玉米类型区的北京、天津、河北中南部、河南、山东、陕西关中灌区、山西南部、安徽和江苏两省淮河以北地区种植。

## 八、京紫糯 219

推荐理由：2021 年通过四大生态区国审，果穗籽粒亮紫色，富含花青素，营养价值高，是好吃、好看、营养好的品种。

审定编号：国审玉 20210641。

品种名称：京紫糯 219。

品种来源：ZN3×CQ01。

选育单位：北京市农林科学院玉米研究中心。

特征特性：北方（黄淮海）鲜食糯玉米组出苗至鲜穗采收 74.0 天，与对照苏玉糯 2 号相同。幼苗叶鞘浅紫色，叶片深绿色，叶缘白色，花药黄色，颖壳绿色。株型半紧凑，株高 243 厘米，穗位高 107 厘米，成株叶片数 19～20 片。果穗长筒形，穗长 18.3 厘米，穗行数 16～18 行，穗粗 5.1 厘米，穗轴紫色，籽粒紫色、糯质，百粒重 33.7 克。接种鉴定，高感丝黑穗病、瘤黑粉病、矮花叶病，抗小斑病。皮渣率 6.78%，品尝鉴定 87.7 分，支链淀粉含量占总淀粉含量的 98.39%。南方（西南）鲜食糯玉米组出苗至鲜穗采收 86.0 天，比对照渝糯 7 号早 1.0 天。幼苗叶鞘浅紫色，叶片深绿色，叶缘白色，花药黄色，颖壳绿色。株型半紧凑，株高 222 厘米，穗位高 86 厘米，成株叶片数 18 片。果穗短筒形，穗长 17.4 厘米，穗行数 16～18 行，穗粗 5.8 厘米，穗轴紫色，籽粒紫色、糯质，百粒重 34.3 克。接种鉴定，感丝黑穗病、小斑病、纹枯病，皮渣率 9%，品尝鉴定 87.6 分，支链淀粉含量占总淀粉含量的 97.7%。南方（东南）鲜食糯玉米组出苗至鲜穗采收 79.0 天，与对照苏玉糯 5 号相同。幼苗叶鞘浅紫色，叶片深绿色，叶缘白色，花药黄色，颖壳绿色。株型半紧凑，株高 207 厘米，穗位高 80 厘米，成株叶片数 17～18 片。果穗短筒形，穗长 17.7 厘米，穗行数 16～18 行，穗粗 5.2 厘米，穗轴紫色，籽粒紫色、糯质，百粒重 33.2 克。接种鉴定，中抗小斑病、纹枯病，高感瘤黑粉病，感南方锈病，皮渣率 9％，品尝鉴定 88.6 分，支链淀粉含量占总淀粉含量的 97.7％。北方（东华北）鲜食糯玉米组出苗至鲜穗采收 87.0 天，比对照京科糯 569 早 1.0 天。幼苗叶鞘浅紫色，叶片深绿色，叶缘白色，花药黄色，颖壳绿色。株型半紧凑，株高 263 厘米，穗位高 115 厘米，成株叶片数 20～21 片。果穗长筒形，穗长 19.0 厘米，穗行数 16～18 行，穗粗 5.3 厘米，穗轴紫色，籽粒紫色、糯质，百粒重 34.6 克。接种鉴定，感大斑病、丝黑穗病、瘤黑粉病，皮渣率 5.94％，品尝鉴定 86.9 分，支链淀粉含量占总淀粉含量的 98.02％。

产量表现：2019—2020 年参加北方（黄淮海）鲜食糯玉米组联合体区域试验，两年平均亩产 853.2 千克，比对照苏玉糯 2 号增产 10.8％；2019—2020 年参加南方（西南）鲜食糯玉米组区域试验，两年平均亩产 873.0 千克，比对照渝糯 7 号增产 4.4％；2019—2020 年参加南方（东南）鲜食糯玉米组区域试验，两年平均亩产 840.4 千克，比对照苏玉糯 5 号增产 21.3％；2019—2020 年参加北方（东华北）鲜食糯玉米组联合体区域试验，两年平均亩产 1 004.2 千克，比对照京科糯 569 减产 2.8％。

栽培要点：南方一般 3 月中旬至 4 月上旬春播，与其他玉米采取空间或时间隔离，防止串粉。每亩适宜种植 3 000～3 500 株。施足基肥，重施穗肥，增加钾肥。注意防治病虫害。适时采收。糯玉米采收鲜果穗，采收期较短，授粉后 22～25 天为最佳采收期。北方一般 4 月中旬至 5 月上旬春播，与其他玉米采取空间或时间隔离，防止串粉。每亩适宜种植 3 000～3 500 株。施足基肥，重施穗肥，增加钾肥。注意防治病虫害。适时采收。糯玉米采收鲜果穗，采收期较短，授粉后 22～25 天为最佳采收期。

适宜区域：适宜在黄淮海鲜食糯玉米类型区的北京市、天津市、河北省中南部、河南省、山东省、陕西省关中灌区、山西省南部、安徽和江苏两省淮河以北地区等玉米夏播区种植。适宜在西南鲜食糯玉米类型区的四川省、重庆市、贵州省、湖南省、湖北省、陕西省南部海拔 800 米及以下的丘陵、平坝、低山地区及云南省中部的丘陵、平坝、低山地区种植。适宜在东南鲜食糯玉米类型区的安徽和江苏两省淮河以南地区、上海市、浙江省、江西省、福建省、广东省、广西壮族自治区、海南省种植。适宜在北方鲜食糯玉米类型区的黑龙江省第五积温带至第一积温带、吉林省、辽宁省、内蒙古自治区、河北省、山西省、北京市、天津市、新疆维吾尔自治区、宁夏回族自治区、甘肃省、陕西省等≥10 ℃年活动积温1 900 ℃以上玉米春播区种植。

## 九、北农青贮 368

**推荐理由**：此品种 2023 年被列入《国家农作物优良品种推广目录》特专型品种。

**审定编号**：国审玉 20180175。

**品种名称**：北农青贮 368。

**品种来源**：60271×2193。

**选育单位**：北京农学院。

**特征特性**：黄淮海夏播青贮玉米组出苗至收获 100 天，比对照雅玉青贮 8 号早 1 天。幼苗叶鞘紫色，叶片绿色，株型半紧凑，株高 282 厘米，穗位高 126 厘米。接种鉴定，中抗小斑病、弯孢菌叶斑病，感大斑病、纹枯病和丝黑穗病。品质分析，全株粗蛋白含量 7.70%～8.67%，淀粉含量 27.80%～33.46%，中性洗涤纤维含量 36.83%～42.60%，酸性洗涤纤维含量 16.04%～19.51%。

**产量表现**：2014—2015 年参加黄淮海夏播青贮玉米组区域试验，两年平均亩产（干重）1 264 千克，比对照雅玉青贮 8 号增产 5.0%；2016 年生产试验，平均亩产（干重）1 186 千克，比对照雅玉青贮 8 号增产 7.7%。

**栽培要点**：选择于牛羊养殖基地附近、路道便捷的中上等肥力田地种植，以便收获运输。黄淮海地区 6 月上旬至 6 月中旬夏播，播种深度为 3.0～4.0 厘米。每亩种植 4 500～5 500 株。基肥亩施含量 45% 的三元复合肥或者玉米专用肥 40～50 千克、硫酸锌 1～2 千克；在拔节期，亩施三元复合肥 20～30 千克或尿素 20 千克另加钾肥 5～8 千克；中后期可结合浇水每亩施用尿素 30 千克。在乳线 1/2 时，带穗全株收获。

适宜区域：该品种符合国家玉米品种审定标准，已通过审定。适宜在黄淮海夏玉米区的河南省，山东省，河北省保定市和沧州市的南部，陕西省关中灌区，山西省运城市、临汾市、晋城市部分平川地区，江苏和安徽两省淮河以北地区，湖北省襄阳市作青贮玉米种植。

该品种还通过了北京市（京审玉 2015006）和甘肃省（甘审玉20200093）的审定，可在相关区域推广应用。

## 十、京科青贮 932

推荐理由：该品种具有生物产量高、营养品质优、持绿抗病、耐密抗倒、适应区域广和易制种等优势，是我国优质青贮玉米品种之一。在我国推广面积较大，在黑龙江省、山东省、河南省等黄淮海夏玉米区已累计推广 100 万亩。

审定编号：国审玉 20190043。

品种名称：京科青贮 932。

品种来源：京 X005×MX1321。

选育单位：北京市农林科学院玉米研究中心。

特征特性：黄淮海夏播青贮玉米组出苗至收获 97.6 天，比对照雅玉青贮 8 号早 2.4 天。幼苗叶鞘紫色，株型半紧凑，株高 286厘米，穗位高 113 厘米。2016 年接种鉴定，高抗茎腐病、中抗小斑病、弯孢菌叶斑病；2017 年接种鉴定，中抗小斑病，感茎腐病、弯孢菌叶斑病、南方锈病，高感瘤黑粉病。全株粗蛋白含量8.05％～8.20％，淀粉含量 30.07％～36.87％，中性洗涤纤维含量 36.34％～41.58％，酸性洗涤纤维含量 15.76％～16.99％。

产量表现：2016—2017 年参加黄淮海夏播青贮玉米组区域试验，两年平均亩产（干重）1 258.5 千克，比对照雅玉青贮 8 号增产 6.52％；2017 年生产试验，平均亩产（干重）1 070 千克，比对照雅玉青贮 8 号增产 9.9％。

栽培要点：中等以上肥力地块栽培，夏播播种期 6 月中旬，每亩种植 4 000～4 500 株。注意瘤黑粉病的防治。

适宜区域：河南省，山东省，河北省保定市和沧州市的南部，陕西省关中灌区、山西省运城市、临汾市、晋城市部分平川地区，江苏和安徽两省淮河以北地区，湖北省襄阳市等黄淮海夏播地区，作为青贮玉米种植。

该品种还通过了东华北中晚熟青贮玉米组的国家审定（国审玉20180174）和北京市（京审玉 2015008）、黑龙江省（黑审玉20190039）的审定，可在相关区域推广应用。

## 十一、沈爆 6 号

推荐理由：此品种 2023 年被列入《国家农作物优良品种推广目录》特专型品种。

审定编号：国审玉 20180186。

品种名称：沈爆 6 号。

品种来源：TQ5×沈爆 QG2。

选育单位：沈阳农业大学特种玉米研究所。

特征特性：春播生育期 118 天，与对照相同。夏播生育期 105天，比对照晚 2 天。幼苗叶鞘紫色，叶片绿色，叶缘绿色，株型平展，株高 257.5 厘米，穗位高 120 厘米，成株叶片数 20 片。果穗长筒形，穗长 19.25 厘米，穗行数 14 行，穗粗 3.4 厘米，穗轴白色，籽粒黄色，百粒重 18.85 克。接种鉴定，抗大斑病、穗腐病、小斑病、瘤黑粉病，高抗丝黑穗病。膨胀倍数 30 倍，花形为球形花，爆花率 98%。

产量表现：2016—2017 年参加爆裂玉米组品种试验，两年平均亩产 337.8 千克，比对照沈爆 3 号增产 0.8%。增产试验点比例为 65%。

栽培要点：在中等以上肥力地块栽培，防止在低洼易涝地块种植。春播区 4 月中下旬至 5 月上旬播种，夏播区 6 月中下旬播种。东北春玉米区每亩种植 4 000～4 200 株，新疆、宁夏、甘肃等地每亩种植5 500～6 000 株。其他田间管理与普通玉米相同，待充分成熟时收获。

适宜区域：适宜在辽宁、宁夏、吉林、新疆、天津地区春播，适宜在山东地区夏播。

# 第十一章　玉米加工产品介绍

长期以来，玉米是人们赖以生存的主要粮食之一，但由于玉米类型众多，表现出各具特色的籽粒构造、营养成分、加工品质以及食用风味等特征，因而各自有着特殊的用途。目前，玉米被食用的仅占较小比例，大部分被用作饲料，同时随着社会经济的迅速发展，玉米深加工产品因较高的利润而越来越受到投资者的青睐，呈快速发展趋势。

## 一、食用

玉米是我国重要的粮食之一，在西部地区及一些内陆山区更是如此。玉米的营养成分优于稻米、薯类等，缺点是颗粒大、食味差、黏性小。随着玉米加工工业的发展，玉米的食用品质不断改善，形成了种类多样的玉米食品：

### 1. 特质玉米粉和胚粉

玉米籽粒脂肪含量较高，在贮藏过程中会因脂肪氧化而产生不良味道。加工而成的特制玉米粉含油量降到1%以下，可改善食用品质。

粒度较细。适合与面粉掺混做各种面食。由于玉米富含蛋白质和较多的维生素，制成的食品营养价值高，是儿童和老年人的食用佳品。

### 2. 膨化食品

玉米膨化食品是20世纪70年代以来兴起的方便食品，具有疏松多孔、结构均匀、质地柔软的特点，不仅色、香、味俱佳，而且提高了营养价值和食品消化率。

### 3. 玉米片

玉米片是一种快餐食品，便于携带，保存时间长，既可直接食用，又可制作其他食品，还可采用不同佐料制成各种风味的方便食品，用水、奶、汤冲泡即可食用。

### 4. 甜玉米（甜糯玉米）

可以充当蔬菜或者鲜食，加工产品包括整穗速冻、籽粒速冻、罐头等。

### 5. 玉米笋

可以充当蔬菜或者鲜食，加工产品包括速冻食品和罐头等。

### 6. 玉米啤酒

玉米蛋白质含量与稻米接近而低于大麦、淀粉含量与稻米接近而高于大麦，因此是比较理想的啤酒生产原料。

## 二、饲用

我国大约 70％的玉米被用作饲料，在其他国家也基本如此，玉米是畜牧业赖以发展的重要饲料。

### 1. 玉米籽粒

玉米籽粒，特别是黄粒玉米是良好的饲料，可直接作为猪、牛、马、鸡、鹅等畜禽的饲料，特别适用于猪、肉牛、奶牛、肉鸡。随着饲料工业的发展、浓缩饲料和配合饲料的广泛应用，单纯被用作饲料的玉米的量已大为减少。

### 2. 玉米秸秆

玉米秸秆也是良好的饲料，是牛的高能饲料，可以代替部分玉米籽粒。玉米秸秆的缺点是含蛋白质和钙较少，因此需要加以补充。秸秆青贮不仅可以保持茎叶鲜嫩多汁，而且在青贮过程中微生物作用产生乳酸等物质，增强了适口性。

### 3. 玉米加工副产品的饲料应用

玉米湿磨、干磨、淀粉、糊精、糖等加工过程中生产的胚、麸皮、浆液等副产品也是重要的饲料资源，在美国占饲料加工原料的5％以上。

## 三、工业加工

玉米加工可以分为三个层次：第一层次是以玉米为原料，加工玉米淀粉、玉米蛋白等初级制品；第二层次就是以第一层次加工的初级制品为原料进一步加工成玉米糖浆、淀粉糖浆、果葡萄糖浆、饴糖和各种变性淀粉、酒精等产品；第三层次就是把第二层次的各种糖发酵，进一步加工制成黄原胶、普鲁蓝、甘油、山梨醇、各种甜味素、酸味素和各种氨基酸等产品。随着科技的进步和产品的开发，玉米深加工产品层出不穷。

**1. 玉米淀粉**

玉米在淀粉生产中占有重要位置，世界上大部分淀粉是用玉米生产的。为适应玉米淀粉量与质的要求，玉米淀粉的加工工艺已取得了引人注目的发展。特别是在发达的国家，玉米淀粉加工已形成重要的工业生产行业。

**2. 玉米酒精**

玉米为发酵工业提供了丰富而经济的糖类。通过酶解生成的葡萄糖是发酵工业的良好原料，进一步发酵可生成酒精。目前巴西、美国等国玉米酒精转化发展较快，其产品是非常好的绿色能源。

**3. 玉米制糖**

随着科技的发展，以淀粉为原料的制糖工业兴起，制糖淀粉品种、产量和应用范围大大增加，其中以玉米为原料的制糖工业尤为引人注目。预计未来玉米糖将占甜味市场的50%，玉米将成为重要的制糖原料。

**4. 玉米油**

玉米油是由玉米胚加工制得的植物油脂，主要由不饱和脂肪酸组成，其中的亚油酸是人体必需的脂肪酸，是人体细胞的组成部分，在人体内可与胆固醇结合，呈流动性，参与正常代谢，玉米油中的谷固醇具有降低胆固醇的功效，富含维生素 E，有抗氧化作用，可预防多种疾病，并具有一定的抗癌作用。

# 参 考 文 献

白宝璋，1987. 钼在植物体中的生理作用 [J]. 吉林农业大学学报，9（3）：
　5-9.

北京农业大学《肥料手册》编写组，1979. 肥料手册 [M]. 北京：农业出版社.

毕研文，夏光利，毕军，等，2003. 夏玉米施用氮、磷、钾、锌肥的研究 [J].
　安徽农业科学，31（3）：488-489.

曹广才，黄长玲，2001. 特用玉米品种种植利用 [M]. 北京：中国农业科技
　出版社.

曹建良，2000. 永恒的产业：21世纪中国农业的思考 [M]. 北京：中国农业
　出版社.

曹云者，宁振荣，赵同科，2003. 夏玉米需水及耗水规律的研究 [J]. 华北农
　学报，18（2）：47-50.

董振国，1992. 黄淮海平原高产田作物群体结构特征 [J]. 应用生态学报
　（3）：240-246.

范贻山，1983. 高产夏玉米需肥规律的研究 [J]. 山东农业科学（3）：1-5.

冯轲，刘兴华，任新康，等，2008. 玉米杂交制种技术要求 [J]. 中国种业
　（5）：64.

傅应春，陈国平，1982. 夏玉米需肥规律的研究 [J]. 作物学报，8（1）：1-8.

高明，田子玉，蔡红梅，等，2008. 我国与美国玉米生产的差距浅析 [J]. 玉
　米科学，16（3）：147-149.

郭晓红，孙清政，刘成涛，等，2009. 调节玉米杂交制种花期不遇的关键措施
　[J]. 中国种业（11）：58.

郭中义，孟祥锋，高新国，等，2003. 玉米施用氮磷钾肥的增产效应 [J]. 安
　徽农业科学，33（3）：49.

韩萍，李海燕，王丹，等，2008. 美国玉米生产概述 [J]. 中国农学通报，
　10（24）：243-247.

何天祥，夏明忠，蔡光泽，等，2000. 玉米公顷产量超15 000千克配套技术

研究 [J]. 玉米科学，8 (3)：54 - 56.

胡昌浩，潘子龙，1982. 夏玉米同化产物积累与养分吸收分配规律的研究Ⅰ：
　　氮、磷、钾的吸收、分配与转移规律 [J]. 中国农业科学 (2)：38 - 48.

鞠正春，贾晓东，2005. 玉米贮藏与加工新技术 [M]. 北京：中国农业出版社.

巨晓棠，张福锁，2003. 关于氮肥利用率的思考 [J]. 生态环境，12 (2)：
　　192 - 197.

柯炳繁，谭向勇，1998. 我国玉米加工转化现状及发展对策 [J]. 中国农村经
　　济 (6)：22 - 26.

孔庆凤，张爱华，2009. 玉米杂交制种后期管理技术 [J]. 种子世界 (12)：44.

李宝华，2005. 玉米杂交制种基地的选择与配置 [J]. 中国种业 (12)：55.

李登海，2000. 从事紧凑型玉米育种的回顾与展望 [J]. 作物杂志 (5)：1 - 5.

李明，2010. 世界玉米生产回归和展望 [J]. 玉米科学，18 (3)：165 - 169.

李少昆，赖军臣，2009. 玉米病虫草害诊断专家系统 [M]. 北京：中国农业
　　科学技术出版社.

李少昆，王崇桃，2009. 中国玉米生产技术的演变与发展 [J]. 中国农业科
　　学，42 (6)：1941 - 1951.

李少昆，王崇桃，2010. 玉米生产技术创新扩散 [M]. 北京：科学出版社.

刘传兵，王黎明，杜世凯，等，2009. 南繁玉米病虫害发生特点及防治措施
　　[J]. 现代农业科技 (13)：161，163.

刘更另，金维续，1991. 中国有机肥料 [M]. 北京：农业出版社.

刘绍棣，程绍义，于翠芳，等，1990. 紧凑型玉米株型及生理特性研究 [J].
　　华北农学报，5 (3)：20 - 27.

刘卫新，和明怀，2008. 玉米杂交种子生产应遵循的技术原则 [J]. 河北农业
　　科技 (18)：61.

刘艳鹏，蒋卫杰，余宏军，2007. 无土栽培中应用有机肥料的研究进展 [J].
　　内蒙古农业大学学报，28 (3)：260 - 263.

米国华，陈范骏，春亮，等，2007. 玉米氮高效品种的生物学特征 [J]. 植物
　　营养与肥料学报，13 (1)：155 - 159.

农业部种植业管理司，全国农业技术推广服务中心，农业部玉米专家指导组，
　　2008. 全国玉米高产创建配套栽培技术规程 [M]. 北京：中国农业出版社.

全国农业技术推广服务中心，2007. 玉米病虫防治分册 [M]. 北京：中国农
　　业科学技术出版社.

全国农业技术推广服务中心，2010.2010 年全国农作物重大病虫害发生趋势

[J]. 中国植保导刊，30（3）：32-35.

全国农业技术推广中心，农业部玉米专家指导组，2009. 玉米优势区生产技术指南［M］. 北京：中国农业科学技术出版社.

山东农业大学，1995. 作物栽培学［M］. 北京：中国农业科学技术出版社.

山东省农业科学院，2004. 中国玉米栽培学［M］. 上海：上海科学技术出版社.

石洁，刘玉英，张老章，2004. 对黄淮海区几种新的或有加重趋势的玉米病虫害的分析［J］. 种子世界（6）：32-34.

石洁，王振英，何康来，2005. 黄淮海地区夏玉米病虫害发生趋势与原因分析［J］. 植物保护，31（5）：63-65.

石晋文，刘建英，任瑞丽，等，2004. 青贮玉米的贮藏与加工技术［J］. 内蒙古农业科技（S2）：58-59.

檀国庆，刘星贰，1993. 玉米熟期分类系统［J］. 杂粮作物（1）：49-51.

唐立新，2010. 黑龙江省保护性耕作势在必行［J］. 黑龙江农业科学（7）：156-158.

佟屏亚，2000. 中国近代玉米病虫害防治研究史略［J］. 中国科技史料，21（3）：242-250.

王彬，韩赞平，张泽民，2008. 提高玉米杂交制种产量和质量的技术措施［J］. 中国种业（7）：58-59.

王德清，2007. 玉米杂交种子生产中存在的问题及解决方法［J］. 陕西农业科学（4）：41-42.

王海生，吴晓明，1994. 春玉米对氮磷钾养分的吸收与分配［J］. 浙江农业大学学报，20（5）：538-542.

王庆成，刘开昌，2004. 山东夏玉米高产栽培理论与实践［J］. 玉米科学，12（专刊）：60-62，65.

王树安，1995. 作物栽培学各论（北方本）［M］. 北京：中国农业出版社.

王晓鸣，2005. 玉米病虫害发生特点及苗期病虫害鉴别与防治［J］. 作物杂志（2）：35-36.

王晓鸣，2005. 玉米抗病虫性鉴定与调查技术［J］. 作物杂志（6）：53-55.

王晓鸣，2005. 玉米生长中后期病虫害鉴别与防治［J］. 作物杂志（3）：38-40.

王晓鸣，戴法超，廖琴，等，2002. 玉米病虫害田间手册：病虫害鉴别与抗性鉴定［M］. 北京：中国农业科学技术出版社.

王元东，段民孝，刑锦丰，等，2008. 玉米理想株型育种的研究进展与展望［J］. 玉米科学，16（3）：47-50.

王忠孝，王庆成，牛玉贞，1988. 夏玉米高产规律的研究Ⅰ：氮、磷、钾养分的积累与分配［J］. 山东农业科学（4）：10-14.

文堂，殷春芳，2005. 玉米制种基地建设中几个问题的处理［J］. 种子科技（6）：331.

肖俊夫，刘战东，陈玉民，2008. 中国玉米需水量与需水规律研究［J］. 玉米科学，16（4）：21-25.

徐秀德，姜钰，王丽娟，董怀玉，等，2008. 玉米新病害：鞘腐病研究初报［J］. 中国农业科学，41（10）：3083-3087.

许明学，荆绍凌，苗万波，2000. 玉米杂交育种的历史回顾与展望［J］. 玉米科学，8（1）：28-30.

岳德荣，2004. 中国玉米品质区划及产业布局［M］. 北京：中国农业出版社.

张成利，田宏斌，胡金，等，2009. 玉米杂交制种生产中花期相遇及调节方法初探［J］. 种子世界（9）：48.

张福锁，王激清，张卫峰，等，2008. 中国主要粮食作物肥料利用率现状与提高途径［J］. 土壤学报，45（5）：915-924.

张宏宇，2009. 粮食与种子贮藏技术［M］. 北京：金盾出版社.

张锦川，2010. 吉林保护性耕作技术四种模式［J］. 农技科技推广（3）：22-25.

张敏，周凤英，2010. 粮食贮藏学［M］. 北京：科学技术出版社.

张明峰，祁双贵，1996. 美国玉米发展概况［J］. 作物杂志（1）：38-39.

张秋芳，2001. 作物硫素营养的生理作用及其胁迫研究［J］. 江西农业大学学报，23（5）：136-139.

张世煌，李少昆，2010. 国内外玉米产业技术发展报告［M］. 北京：中国农业科学技术出版社.

张卫峰，李亮科，陈新平，等，2009. 我国复合肥发展现状及存在的问题［J］. 磷肥与复肥，24（2）：14-16.

张延礼，2000. 玉米贮藏期贮粮害虫的发生与防治［J］. 云南农业科技（6）：45.

张瑛，2000. 美国玉米生产概况及高产栽培技术［J］. 杂粮作物，20（3）：10-13.

张跃进，姜玉英，冯晓东，等，2009. 2009年全国农作物重大病虫害发生趋势［J］. 中国植保导刊，29（3）：33-36.

张跃进，王建强，姜玉英，等，2008. 2008年全国农作物重大病虫害发生趋势预测［J］. 中国植保导刊，28（3）：38-40.

张智猛，郭景伦，李伯航，等，1994. 不同肥料分配方式下高产夏玉米氮、磷、钾吸收、积累与分配的研究 [J]. 玉米科学，4（2）：50-55.

章履孝，1991. 玉米的理想株型育种 [J]. 江苏农业学报，7（1）：45-48.

赵久然，王荣焕，2009. 美国玉米持续增产的因素及其对我国的启示 [J]. 玉米科学，17（5）：156-159，163.

赵明，赵征宇，蔡葵，等，2004. 畜禽有机肥料当季速效氮磷钾养分释放规律 [J]. 山东农业科学（5）：59-61.

赵明江，曹青海，刘洋，等，2009. 玉米膜下滴灌栽培技术操作规程 [J]. 农业科技与信息（15）：27-28.

赵致禧，姚正良，钟红清，等，2002. 西北灌区春玉米杂交制种技术规范 [J]. 中国种业（10）：45-47.

中国储备粮管理总公司，2008. 储粮磷化氢熏蒸技术区域优化 [M]. 北京：中国农业科学技术出版社.

中国农业科学院土壤肥料研究所，1994. 中国肥料 [M]. 上海：上海科学技术出版社.

朱兆良，1998. 我国氮肥的使用现状、问题和对策：中国农业持续发展中的肥料问题 [M]. 南京：江苏科学技术出版社.

Donald C M，1968. The breeding of crop ideotypes [J]. Euphytica，17：385-403.

Heath D V，F G Gregory，1938. The constancy of the meannet assimilation rate and its ecological importance [J]. Annual Botany，2：811-818.

Mock J J，Pearce R B，1975. Ideotype of maize [J]. Euphytica，24（3）：613-623.

Karlen D L，1987. Nitrogen，phosphorus and potassium accumulation rates by corn on Norfolk Ioamy Sand [J]. Agronomy Journal，79：649-656.

Pepper G E，Pearce R B，Mock J J，1977. Leaf orientation and yield of Maize [J]. Crop Science（17）：883-886.

Rhoads F M，1981. Fertilizers cheduling yield and nutrient uptake of irrigated corn [J]. Agronomy Journal，73：971-974.

京科 938 群体

## 12. 京农玉 658（陈传永提供）

京农玉 658 果穗

京农玉 658 植株

## 13. 京农科 235（陈传永提供）

京农科 235 田间表现

## 10. 硕秋 702 （陈传永提供）

硕秋 702 果穗

硕秋 702 乳线

硕秋 702 植株

## 11. 京科 938 （陈传永提供）

京科 938 田间表现

## 8. 现代 959（解强提供）

现代 959 田间表现

## 9. 荃科 789（朱全贵提供）

荃科 789 果穗

荃科 789 植株

## 6. NK815（王晓光提供）

京津冀三地联审玉米品种 NK815

## 7. 京科 836（贾晓军提供）

京科 836 果穗

京科 836 田间表现

## 4. 京农科 728（贾晓军提供）

京农科 728 果穗

世界种子联盟主席和秘书长视察京农科 728

京农科 728 机收籽粒现场

## 5. MC812（陈传永提供）

籽粒、果穗双机收玉米品种 MC812

## 1. 京科 968（王荣焕、冯培煜提供）

京科 968 果穗

甘肃制种基地京科 968 规模化制种

## 2. 京科 999（陈传永提供）

京科 999 果穗

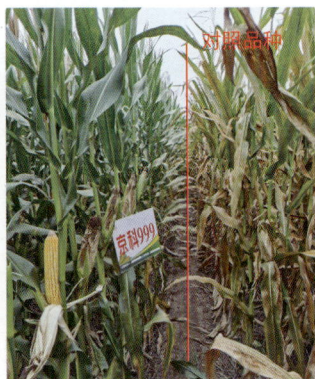

京科 999 高抗锈病

## 3. MC121（陈传永、贾晓军提供）

籽粒、果穗双机收玉米品种 MC121

MC121 高抗锈病